E. W. Schmid
G. Spitz
W. Lösch

**Physikalische Simulationen
mit dem Personalcomputer**

Erich W. Schmid   Gerhard Spitz
Wolfgang Lösch

Physikalische Simulationen mit dem Personalcomputer

Mechanik · Elektrizität
Wärme · Quantenmechanik

Zweite, verbesserte Auflage

Mit 152 Abbildungen, 53 Übungsaufgaben
mit vollständigen Lösungen und 1 Diskette

Springer-Verlag
Berlin Heidelberg New York
London Paris Tokyo
Hong Kong Barcelona
Budapest

Professor Dr. Erich W. Schmid
Dr. Gerhard Spitz
Wolfgang Lösch

Institut für Theoretische Physik, Universität Tübingen,
Auf der Morgenstelle 14, D-72076 Tübingen

ISBN 3-540-56651-1 Springer-Verlag Berlin Heidelberg New York
ISBN 3-540-18310-8 1. Auflage Springer-Verlag Berlin Heidelberg New York

Die Deutsche Bibliothek – CIP-Einheitsaufnahme
Schmid, Erich W.: Physikalische Simulationen mit dem Personalcomputer: Mechanik,
Elektrizität, Wärme, Quantenmechanik/Erich W. Schmid; Gerhard Spitz; Wolfgang Lösch.
– 2., verb. Aufl. – Berlin; Heidelberg; New York; London; Paris; Tokyo; Hong Kong; Barcelona;
Budapest; Springer, 1993. Engl. Ausg. u. d. T.: Schmid, Erich W.: Theoretical physics on the
personal computer ISBN 3-540-56651-1 (Berlin . . .) NE: Spitz, Gerhard; Lösch, Wolfgang

Dieses Werk ist urheberrechtlich geschützt. Die dadurch begründeten Rechte, insbesondere
die der Übersetzung, des Nachdrucks, des Vortrags, der Entnahme von Abbildungen und
Tabellen, der Funksendung, der Mikroverfilmung oder der Vervielfältigung auf anderen
Wegen und der Speicherung in Datenverarbeitungsanlagen, bleiben, auch bei nur aus-
zugsweiser Verwertung, vorbehalten. Eine Vervielfältigung dieses Werkes oder von Teilen
dieses Werkes ist auch im Einzelfall nur in den Grenzen der gesetzlichen Bestimmungen des
Urheberrechtsgesetzes der Bundesrepublik Deutschland vom 9. September 1965 in der
jeweils geltenden Fassung zulässig. Sie ist grundsätzlich vergütungspflichtig. Zuwiderhand-
lungen unterliegen den Strafbestimmungen des Urheberrechtsgesetzes.

© Springer-Verlag Berlin Heidelberg 1993
Printed in Germany

Die Wiedergabe von Gebrauchsnamen, Handelsnamen, Warenbezeichnungen usw. in diesem Werk berechtigt auch ohne besondere Kennzeichnung nicht zu der Annahme, daß solche
Namen im Sinne der Warenzeichen- und Markenschutz-Gesetzgebung als frei zu betrachten
wären und daher von jedermann benutzt werden dürften.

Zur Beachtung: Vor der Verwendung der in diesem Buch enthaltenen Programme ziehen
Sie bitte die technischen Anleitungen und Handbücher der jeweiligen Computerhersteller zu
Rate. Die Autoren und der Verlag übernehmen keine gesetzliche Haftung für Schäden durch
1. unsachgemäße Ausführung der in diesem Buch enthaltenen Anweisungen und Programme, 2. Fehler, die trotz sorgfältiger und umfassender Prüfung in den Programmen verblieben
sein sollten.

Überzuggestaltung: Struve & Partner, Heidelberg
56/3140 – 5 4 3 2 1 0 – Gedruckt auf säurefreiem Papier

Vorwort zur zweiten Auflage

Als die erste Auflage des Buches erschien, war der Titel „Theoretische Physik mit dem Personal Computer" passend. „Theoretische Physik" deutete an, daß es um das Lösen von physikalischen Gleichungen geht, und „Personal Computer" garantierte, daß die ausgewählten Beispiele einfach und leicht verständlich sind. Inzwischen sind aber die Personal Computer 30 bis 50 mal leistungsfähiger geworden und werden von theoretischen Physikern auch in der Forschung eingesetzt. Wir wollen aber nach wie vor den Lernenden nur einen Einstieg in die Verwendung von Computern in der Theoretischen Physik vermitteln. Um diesen Eindruck zu bewahren und zu präzisieren, haben wir den Titel des Buches geändert. Er lautet nun „Physikalische Simulationen mit dem Personalcomputer – Mechanik, Elektrizität, Wärme, Quantenmechanik".

Die Neuauflage des Buches bietet Erweiterungen und Verbesserungen. Es können nun außer dem IBM Profort Compiler zwei weitere FORTRAN Compiler verwendet werden, nämlich der Microsoft FORTRAN Compiler (ab Version 4.0) und der Compiler FORTRAN/2 von IBM. Daß nicht jeder FORTRAN-77 Compiler verwendet werden kann, bedarf vielleicht einer Erklärung. Auf der Diskette wird ein eigenes Graphik-Paket mitgeliefert, welches über Assembler-Programme (und über FORTRAN-Spracherweiterungen) die Hardware der Maschine anspricht. Da verschiedene Compiler die Parameter auf verschiedene Weise an Unterprogramme übergeben, müssen die Assembler-Programme dem jeweiligen Compiler angepaßt werden. Für die drei oben genannten Compiler haben wir diese Anpassung durchgeführt.

Die Liste der Personalcomputer, auf denen wir die Programme getestet haben, ist länger geworden. Hinzugekommen sind die Computer der PS/2 Reihe von IBM, der PC-D Reihe von Siemens bzw. von Siemens-Nixdorf sowie zahlreiche IBM-kompatible Fabrikate.

Kapitel 1 wurde neu geschrieben. Die weiteren Kapitel wurden korrigiert und verbessert. An die Stelle des Anhangs mit dem Ausdruck der Programme ist nun eine Diskette getreten.

Wir hoffen, daß das Buch auch unter dem neuen Titel viele Freunde finden wird.

Tübingen, April 1993 *E.W. Schmid, G. Spitz*

Vorwort zur ersten Auflage

Grundlage dieses Buches ist die Lehrveranstaltung „Computeranwendungen in der Theoretischen Physik", die seit 1979 an der Universität Tübingen angeboten wird. Die Lehrveranstaltung hatte zunächst den Zweck, Studenten auf eine numerische Diplomarbeit in der Theoretischen Physik vorzubereiten. Es zeigte sich aber bald, daß der Kurs auch als Ergänzung zu den Grundvorlesungen in der Theoretischen Physik wertvoll ist. Während der Unterricht in diesem Fach früher hauptsächlich durch die Herleitung von Gleichungen geprägt war, kann nun durch Anwendungsbeispiele das Verständnis vertieft werden. Eine anschauliche graphische Darstellung der numerischen Ergebnisse erweist sich als wichtig, um die Physik hervorzuheben. Wertvoll ist ferner der Dialog mit der Maschine. Der Computer soll am Ende eines jeden Rechenvorganges fragen: „Rechnung mit neuen Eingabedaten wiederholen (ja/nein)?". Der Student kann dann mit „ja" antworten und neue Daten eingeben, z. B. neue Anfangswerte für Ort und Geschwindigkeit zum Lösen einer Bewegungsgleichung.

Das Programmieren eines benutzerfreundlichen Dialogs ist zwar nicht schwierig, aber aufwendig. Im Kurs wurden daher zunächst nur die numerischen Programmteile von den Studenten programmiert. Dazu wurden in vorhandenen Programmen die numerischen Teile gelöscht und vom Studenten neu erstellt. Erst später wurde auch das Programmieren der graphischen Ausgabe und des Dialogs geübt.

In der Anfangsphase des Kurses wirkten mehrere Mitarbeiter bei der Vorbereitung der Übungsprogramme mit. Wir danken hier besonders den Herren Dr. K. Hahn, Dr. R. Kircher, Dr. H. Leeb, Dr. M. Orlowski und Dr. H. Seichter. Für Anregung und Beratung bei dem Beispiel „Elektronenlinse" danken wir den Herren Prof. Dr. F. Lenz und Prof. Dr. E. Kasper.

Bis 1985 wurde der Kurs auf Terminals des Zentrums für Datenverarbeitung der Universität Tübingen abgehalten. Mit dem Aufkommen von leistungsfähigen Personal Computern kam von Seiten der Studenten der Wunsch, den Kurs auf diese Geräte umzustellen. Mit dankenswerter Hilfe der Firma IBM wurden im Rahmen einer Diplomarbeit (W. Lösch) die FORTRAN-Programme zu allen Kapiteln für Personal Computer neu geschrieben. Um die Programme einem größeren Kreis von Interessenten zugänglich zu machen, entstand schließlich dieses Buch. Wir wünschen viel Spaß am Personal Computer!

Tübingen, im Oktober 1987   *Erich W. Schmid*   *Gerhard Spitz*

Inhaltsverzeichnis

1. **Einleitung** 1
   - 1.1 Programmierung der numerischen Programmteile 4
   - 1.2 Programmierung der Ein/Ausgabe 6

2. **Numerische Differentiation und Einführung in den Bildschirmdialog** 12
   - 2.1 Problemstellung 12
   - 2.2 Mathematisches Verfahren 13
   - 2.3 Programmierung 14
   - 2.4 Übungsaufgaben 19
   - 2.5 Lösung der Übungsaufgaben 20

3. **Numerische Integration** 22
   - 3.1 Problemstellung 22
   - 3.2 Numerische Methoden 23
     - 3.2.1 Die Trapezregel 23
     - 3.2.2 Die SIMPSON-Regel 24
     - 3.2.3 Die Integration nach NEWTON-COTES 25
     - 3.2.4 Die GAUSS-LEGENDRE-Integration 26
   - 3.3 Programmierung 29
   - 3.4 Übungsaufgaben 34
   - 3.5 Lösung der Übungsaufgaben 34

4. **Die harmonische Schwingung mit Gleit- und Haftreibung, graphische Ausgabe von Kurven** 36
   - 4.1 Problemstellung 36
   - 4.2 Numerische Behandlung 37
     - 4.2.1 Transformation der Differentialgleichung 37
     - 4.2.2 Das EULER-Verfahren 38
   - 4.3 Programmierung 39
   - 4.4 Übungsaufgaben 43
   - 4.5 Lösung der Übungsaufgaben 43

5. Die anharmonische freie und erzwungene Schwingung ... 45
- 5.1 Problemstellung 45
- 5.2 Numerische Behandlung 46
  - 5.2.1 Verbesserung des EULER-Verfahrens 46
  - 5.2.2 Das RUNGE-KUTTA-Verfahren 48
- 5.3 Programmierung 49
- 5.4 Übungsaufgaben 53
- 5.5 Lösung der Übungsaufgaben 53

6. Gekoppelte harmonische Schwingungen 56
- 6.1 Problemstellung 56
- 6.2 Numerisches Verfahren 58
- 6.3 Programmierung 58
- 6.3 Übungsaufgaben 60
- 6.5 Lösung der Übungsaufgaben 61

7. Die Flugbahn eines Raumschiffs als Lösung der Hamilton-Gleichungen 63
- 7.1 Problemstellung 63
- 7.2 Mathematische Methode 68
  - 7.2.1 Schrittweitenanpassung beim RUNGE-KUTTA-Verfahren 68
  - 7.2.2 Koordinatentransformation 70
- 7.3 Programmierung 72
  - 7.3.1 HAMILTONsche Bewegungsgleichungen 72
  - 7.3.2 Automatische Schrittweitenanpassung beim RUNGE-KUTTA-Verfahren 74
  - 7.3.3 Koordinatentransformation 76
  - 7.3.4 Hauptprogramm 79
- 7.4 Übungsaufgaben 84
- 7.5 Lösung der Übungsaufgaben 85

8. Das himmelsmechanische Dreikörperproblem 87
- 8.1 Problemstellung 87
- 8.2 Mathematische Methode 91
- 8.3 Programmierung 91
- 8.4 Übungsaufgaben 95
- 8.5 Lösung der Übungsaufgaben 95

9. Berechnung elektrischer Felder nach dem Verfahren der sukzessiven Überrelaxation 97
- 9.1 Problemstellung 97
- 9.2. Numerische Methode 99
  - 9.2.1 Diskretisierung der LAPLACE-Gleichung 99
  - 9.2.2 Die Methode der sukzessiven Überrelaxation 101
- 9.3 Programmierung 102
- 9.4 Übungsaufgaben 108
- 9.5 Lösung der Übungsaufgaben 109

10. Die Van der Waals'sche Gleichung 111
- 10.1 Problemstellung 111
- 10.2 Numerische Methode 113
- 10.3 Programmierung 116
- 10.4 Übungsaufgaben 123
- 10.5 Lösung der Übungsaufgaben 124

11. Lösung der Fourierschen Wärmeleitungsgleichung und das „Geokraftwerk" 126
- 11.1 Problemstellung 126
- 11.2 Lösungsmethode 128
- 11.3 Programmierung 130
- 11.4 Übungsaufgaben 133
- 11.5 Lösung der Übungsaufgaben 134

12. Gruppen- und Phasengeschwindigkeit am Beispiel einer Wasserwelle 137
- 12.1 Problemstellung 137
- 12.2 Numerische Methode 142
- 12.3 Programmierung 144
- 12.4 Übungsaufgaben 147
- 12.5 Lösung der Übungsaufgaben 147

13. Lösung der radialen Schrödinger-Gleichung mit dem Fox-Goodwin-Verfahren 149
- 13.1 Problemstellung 149
- 13.2 Numerisches Lösungsverfahren 153
- 13.3 Programmierung 155
- 13.4 Übungsaufgaben 158
- 13.5 Lösung der Übungsaufgaben 160

14. Der quantenmechanische harmonische Oszillator 164

- 14.1 Problemstellung 164
- 14.2 Numerische Methode 165
- 14.3 Programmierung 168
- 14.4 Übungsaufgaben 171
- 14.5 Lösung der Übungsaufgaben 172

15. Lösung der Schrödinger-Gleichung in Oszillatordarstellung 173

- 15.1 Problemstellung 173
- 15.2 Numerisches Verfahren 175
- 15.3 Programmierung 176
- 15.4 Übungsaufgaben 178
- 15.5 Lösung der Übungsaufgaben 179

16. Der Grundzustand des Heliumatoms nach dem Hylleraas-Verfahren 181

- 16.1 Problemstellung 181
- 16.2 Aufstellung der Zustandsbasis und der Matrixgleichung 183
- 16.3 Programmierung 189
- 16.4 Übungsaufgaben 197
- 16.5 Lösung der Übungsaufgaben 198

17. Die Kugelfunktionen 199

- 17.1 Problemstellung 199
- 17.2 Numerische Methode 202
- 17.3 Programmierung 204
- 17.4 Übungsaufgaben 206
- 17.5 Lösung der Übungsaufgaben 206

18. Die sphärischen Besselfunktionen ... 209

- 18.1 Problemstellung 209
- 18.2 Mathematische Methode 212
- 18.3 Programmierung 213
- 18.4 Übungsaufgaben 216
- 18.5 Lösung der Übungsaufgaben 216

19. Streuung eines ungeladenen Teilchens am kugelsymmetrischen Potential ... 218

- 19.1 Problemstellung 218
- 19.2 Mathematische Behandlung des Streuproblems 221

19.3	Programmierung	224
19.4	Übungsaufgaben	228
19.5	Lösung der Übungsaufgaben	228

Literatur 231

Stichwortverzeichnis 235

1. Einleitung

Die Lösung numerischer Probleme in der Theoretischen Physik war bis vor etwa einem Jahrzehnt noch die Domäne von Großrechenanlagen. Inzwischen gibt es Personal Computer, die ebenso leistungsfähig sind, wie es die Großrechenanlagen der sechziger Jahre waren. Neben ihrer hohen Rechenleistung bieten Personal Computer Möglichkeiten des Dialogs und der schnellen graphischen Ausgabe von Ergebnissen, die vor zwanzig Jahren noch nicht verfügbar waren. Die Personal Computer eröffnen uns damit ein weites Feld von Möglichkeiten in Lehre und Forschung.

In der Lehre war es früher üblich, das Verständnis der Grundgleichungen der Theoretischen Physik durch deren Herleitung zu vermitteln. Durch das Lösen von Übungsaufgaben konnte das Verständnis zwar gefestigt und vertieft werden, aber die Zahl der analytisch lösbaren Beispiele ist leider recht begrenzt. Der Personal Computer ermöglicht es uns nun, die Zahl der Beispiele durch Hinzunahme von numerisch lösbaren Beispielen erheblich zu vergrößern. Die Rechenergebnisse lassen sich auf instruktive Weise graphisch darstellen. Hinzu kommt, daß man im Dialog mit dem Computer die physikalischen Parameter bzw. die Rand- oder Anfangsbedingungen leicht verändern kann und so eine ganze Lösungsmannigfaltigkeit kennenlernt. Der Zusammenhang zwischen Theorie und Experiment wird dadurch besonders deutlich. Der Schwerpunkt im Unterricht verlagert sich heute von der Herleitung der Gleichungen in Richtung Anwendung.

Auch bei Forschungsaufgaben in der Theoretischen Physik ist der Personal Computer ein brauchbares Hilfsmittel. Er leistet wertvolle Dienste beim Entwickeln und Austesten neuer Rechenprogramme. Wer jahrelang mit Großrechenanlagen gearbeitet hat, die im sog. Time-Sharing-Betrieb viele Benutzer gleichzeitig bedienen, der weiß es zu schätzen, wenn er einen Computer ganz für sich hat und sich nicht in eine Warteschlange einreihen muß. Um die auf dem Personal Computer entwickelten Programme für komplizierte wissenschaftliche Untersuchungen einzusetzen, wird man immer noch auf Großrechenanlagen zurückgreifen. Am günstigsten ist es, wenn eine Kabelverbindung zwischen Personal Computer und Großrechenanlage besteht.

Das vorliegende Buch soll dazu beitragen, den Einsatz des Personal Computers in Lehre und Forschung zu erleichtern. Bei der Erprobung der Programme standen Personal Computer vom Typ IBM PC/AT zur Verfügung, mit mathematischem Coprozessor, 512 KB Hauptspeicher, Festplatte, EGA-

Karte und PROFESSIONAL FORTRAN Compiler. Die Programme wurden versuchsweise auch auf Rechnern vom Typ IBM PC/XT, IBM PS/2, Siemens PC-D sowie mehreren IBM-kompatiblen Geräten getestet. In den meisten Fällen gab es dabei keine Probleme, vorausgesetzt, die Rechner waren mit einer der üblichen Graphikkarten ausgerüstet. Die Programme wurden auch mit einem FORTRAN-Compiler getestet, der ohne mathematischen Coprozessor auskommt.

Unsere Entscheidung, als Programmiersprache FORTRAN zu verwenden, mag auf Kritik stoßen. Es gibt heute mehrere geeignete Programmiersprachen, und jede dieser Sprachen hat überzeugte Anhänger. Die Mehrzahl der existierenden numerischen Programme der Physik sind aber in FORTRAN geschrieben, und daran wird sich in den nächsten Jahren auch kaum etwas ändern. Wir verwenden deshalb FORTRAN, und zwar die derzeit am weitesten verbreitete Form FORTRAN 77. Leider ist es nicht möglich, alle auf dem Markt erhältlichen FORTRAN 77-Compiler zu verwenden. Die Buch-Diskette enthält ein eigenes Graphik-Paket mit Assembler-Routinen, deren Einbindung bei den verschiedenen Compilern auf verschiedene Weise geschieht. Im Gegensatz zur ersten Auflage des Buches sind nun drei Compiler erlaubt, nämlich PROFESSIONAL FORTRAN, Microsoft FORTRAN (ab Version 4.0) und IBM FORTRAN/2.

Im nachfolgenden Abschnitt 1.1 werden wir kurz auf die Methoden eingehen, die bei der Programmierung der numerischen Programmteile verwendet wurden. In Abschnitt 1.2 folgt dann eine Beschreibung der Bibliotheken, die wir für die graphische Ein/Ausgabe entwickelt haben. Diese beiden Abschnitte sollte der Leser zunächst einmal überschlagen. Wir empfehlen, als erstes die Buchdiskette zu installieren und mit den Übungsprogrammen zu experimentieren.

Vor Beginn der Installation der Buch-Diskette müssen die softwaremäßigen Voraussetzungen geschaffen werden. Wir gehen davon aus, daß der Leser über einen Personal Computer mit Festplatte verfügt und daß auf der Festplatte einer der drei genannten FORTRAN-Compiler installiert ist. Über einen PATH-Befehl muß das System Zugang zum Compiler haben. Ferner muß über einen SET-Befehl angegeben werden, wo sich die FORTRAN-Bibliothek befindet. Wenn sich diese z.B. im Verzeichnis C:\FORT\LIBRARY befindet, dann muß der SET-Befehl lauten:

```
SET LIB = C:\FORT\LIBRARY .
```

Jetzt kann die Buchdiskette installiert werden. Man legt auf der Festplatte ein neues Verzeichnis an und kopiert alle Programme der Diskette auf dieses Verzeichnis. Die Datei SOURCES enthält eine Graphik-Bibliothek, die Übungsprogramme und Hilfsprogramme in komprimierter Form.

Aus der genannten Quelldatei werden nun die relevanten Programme und Daten extrahiert und die Graphik-Bibliothek aufgebaut. Man erreicht dies durch Eingabe des Befehls

```
INSTALL .
```

Über den Bildschirm wird der Benutzer um einige Informationen gebeten. Als erstes muß angegeben werden, welche Version der Graphik-Bibliothek gewünscht wird und welcher der drei erlaubten FORTRAN-Compiler bereitsteht.

Von der Graphik-Bibliothek existieren zwei Versionen:

- Die „standalone" Version spricht die Graphik-Hardware direkt an, unter Zuhilfenahme der im Computer eingebauten Software. Diese Version funktioniert mit jedem der drei genannten Compiler und unterstützt die meisten der gebräuchlichen Graphik-Karten. Ein Verzeichnis der möglichen Graphik-Karten ist in Abschnitt 1.2 angegeben.
- Die VDI-Version verwendet zur Herstellung der Graphik das Graphics Development Toolkit (GDT) und das Virtual Device Interface (VDI). Es wird vorausgesetzt, daß die passenden VDI Device Driver geladen sind. Da die Microsoft FORTRAN-Compiler kein Interface zum Graphics Development Toolkit enthalten, kann diese Version nur mit dem PROFESSIONAL FORTRAN-Compiler oder dem IBM FORTRAN/2-Compiler verwendet werden.

Das Installations-Programm fordert den Benutzer auf, noch einmal zu kontrollieren, ob alle für das Graphik-Paket notwendigen Voraussetzungen an Hard- und Software erfüllt sind. Sollte man feststellen, daß etwas fehlt, dann kann die Installation abgebrochen werden. Es wird empfohlen, die gegebenen Hinweise sorgfältig zu lesen, bevor mit der Installation fortgefahren wird.

Im weiteren Verlauf der Installation werden alle Programme und Daten aus der Quelldatei extrahiert. Die Graphik-Programme werden kompiliert und in der Graphik-Bibliothek abgelegt. Dies kostet etwas Zeit, von wenigen Minuten bis zu einer halben Stunde, je nach Schnelligkeit des Rechners. Es ist nicht notwendig, während dieser Phase vor der Maschine zu sitzen. Nach Installation der Graphik-Bibliothek wird ein Testprogramm aufgerufen, welches prüft, ob die Graphik richtig arbeitet.

Nach diesem Test kann man jedes der Übungsprogramme zu den Kapiteln des Buches starten durch Eingabe des Befehls

   RUN name ,

wobei „name" der Programmname ohne den Zusatz „FOR" ist, also KAP-02, KAP-03,..., KAP-19 . Durch den Aufruf mit RUN wird das Programm übersetzt und ausgeführt. Das durch die Übersetzung entstandene Maschinenprogramm wird anschließend wieder gelöscht. Wenn das Maschinenprogramm nicht gelöscht werden soll, wird der Aufruf

   COLI name

verwendet. Weitere Aufrufe des Programms erfolgen dann einfach durch Eingabe des Programmnamens. Hinweise, wie man die Diskette unter anderen als den angegebenen Voraussetzungen installieren kann, findet man in Abschnitt 1.2.

1.1 Programmierung der numerischen Programmteile

Die Sprache FORTRAN 77 ist in der ANSI-Norm X3.9-1978 definiert. Wir verwenden die Sprache in der Form, die in der Norm als *voller* Standard bezeichnet wird. Einige Konstruktionen, die im sog. eingeschränkten Standard oder dem älteren FORTRAN 66 Standard fehlen, werden wir häufig verwenden, z.B. die Möglichkeit, bei Feldern Untergrenzen anzugeben. Nur ein Compiler, welcher den vollen Sprachstandard beherrscht, wird die numerischen Programmteile dieses Buchs ohne Änderungen verarbeiten können.

Wir haben bei der Programmierung darauf geachtet, daß man im Buchtext abgedruckte Formeln ohne weiteres im Programm wiedererkennt. So wurde z.B. in Kapitel 3 die SIMPSON-Regel (3.14),

$$I \approx I_S = \frac{h}{3} f_1 + \frac{4h}{3} f_2 + \frac{2h}{3} f_3 + \frac{4h}{3} f_4 + \ldots + \frac{4h}{3} f_{n-1} + \frac{h}{3} f_n , \qquad (1.1a)$$

$$\text{mit} \quad f_i = f(a + (i-1)h) , \quad i = 1, 2, \ldots, n , \quad h = \frac{b-a}{n-1} , \qquad (1.1b)$$

in das in Abb. 1.1 gezeigte Programmstück umgesetzt. Um Rechenzeit zu sparen, hätte man die Faktoren $2h/3$ und $4h/3$ aus den Schleifen herausziehen können. Auch hätte sich die Multiplikation im Argument von F vermeiden lassen, und schließlich hätte man die beiden Schleifen vereinigen können. Dadurch wäre dann etwa das in Abb. 1.2 gezeigte Programmstück entstanden. Der Zusammenhang mit der ursprünglichen Formel (1.1) ist jetzt nicht mehr sofort zu erkennen. Man muß im einzelnen durchspielen, was das Programmstück eigentlich macht. Außerdem müssen die Variablen IS1 und IS2 neu eingeführt und deklariert werden. Von solchen Möglichkeiten der Optimierung wurde deshalb im Buch nur Gebrauch gemacht, wenn sich damit die Antwortzeiten am Computer erheblich verringern ließen.

```
      IS=H/3.D0*(F(A)+F(B))                         110
      DO 20 I=2,N-1,2                               111
         IS=IS+4.D0/3.D0*H*F(A+(I-1)*H)             112
20    CONTINUE                                      113
      DO 30 I=3,N-2,2                               114
         IS=IS+2.D0/3.D0*H*F(A+(I-1)*H)             115
30    CONTINUE                                      116
```

Abb. 1.1. Umsetzung von Gl. (1.1) im Hauptprogramm KAP3 (vgl. Abb. 3.3)

```
      IS1=0
      IS2=0
      X=A
      DO 20 I=2,N-1,2
        X=X+H
        IS1=IS1+F(X)
        X=X+H
        IS2=IS2+F(X)
20    CONTINUE
      IS=H/3.D0*(4*IS1+2*IS2+F(A)-F(B))
```

Abb. 1.2. Optimierte Programmversion

Mit der Erfahrung im Programmieren wächst beim Lernenden meist auch der Wunsch, Programme bezüglich Rechengeschwindigkeit und Bedarf an Speicherplatz zu optimieren. Wir laden den Leser dazu ein, dies an den Programmen dieses Buches zu üben. Es sei aber auch gesagt, daß erfahrene Programmierer nur an den Stellen optimieren, wo eine wirkliche Einsparung zu erwarten ist, und im übrigen so programmieren, daß die Programme übersichtlich und leicht zu lesen sind.

Bei der Programmierausbildung wird heute darauf geachtet, den Studenten frühzeitig einen übersichtlichen und durchschaubaren Programmierstil nahezubringen. Dazu gehört es, daß man die Programme in „Module" zerlegt, die wohldefinierte Aufgaben durchführen. In FORTRAN werden Module meist durch Unterprogramme realisiert. Die Modultechnik macht die Programme nicht nur übersichtlicher, sie macht es auch möglich, daß mehrere Programmierer unter klarer Aufgabenteilung am selben Projekt arbeiten. Man sollte die Modultechnik aber nicht übertreiben. Manche Algorithmen, wie z.B. das EULER-Verfahren in Kapitel 4, sind so einfach und kurz, daß wir darauf verzichtet haben, dafür Unterprogramme zu schreiben.

Manchmal ist es schwierig zu entscheiden, ob man ein Unterprogramm vom Typ FUNCTION oder vom Typ SUBROUTINE einführen soll. Ein FUNCTION-Unterprogramm ist im Hauptprogramm einfacher zu verwenden, ein Unterprogramm vom Typ SUBROUTINE dagegen ist flexibler. Oszillatorfunktionen oder BESSEL-Funktionen z.B. werden meist über Rekursionsformeln ausgerechnet, die als Zwischenergebnisse die Funktionswerte für alle Funktionen mit einem niedrigeren Index als dem aktuellen liefern. Verwendet man ein Unterprogramm vom Typ SUBROUTINE, dann kann man alle Funktionswerte dem Hauptprogramm als Feld übergeben und eventuell dort verwenden. Bei FUNCTION-Unterprogrammen ist dagegen nur die Übergabe eines einzigen Funktionswertes vorgesehen. Um Beispiele für beide Möglichkeiten zu geben, haben wir bei den Oszillatorfunktionen in Kapitel 14 die Form SUBROUTINE gewählt und bei den BESSEL-Funktionen in Kapitel 18 die Form FUNCTION.

Die Übersichtlichkeit der Programme haben wir durch Einrücken bei IF-Blöcken und DO-Schleifen verbessert. Nach Beginn eines IF-Blocks und einer DO-Schleife wird einheitlich um eine Spalte eingerückt; beim END IF-Statement und beim abschließenden CONTINUE-Statement einer Schleife wird die Einrückung beendet.

Veraltete FORTRAN-Statements, wie assigned GO TO, arithmetisches IF oder RETURN auf Marken, wurden vermieden. Bei gewöhnlichen GO TO-Statements wurde darauf geachtet, daß sie die Übersichtlichkeit des Programms nicht zu sehr beeinträchtigen. Wir haben es weitgehend vermieden, mit einem GO TO-Statement zwischen ein anderes GO TO und dessen Sprungziel hineinzuspringen.

Die Programme wurden auf einem IBM PC/AT mit dem PROFESSIONAL FORTRAN-Compiler entwickelt. Sie wurden anschließend auch mit dem Microsoft FORTRAN-Compiler und dem IBM FORTRAN/2-Compiler getestet.

In einem Punkt sind wir bei der Programmierung von der ANSI-Norm für FORTRAN 77 abgewichen: Nach der Norm müßten Fortsetzungszeilen in Spalte 6 mit einem Zeichen eingeleitet werden, das im FORTRAN-Zeichensatz vorkommt, also mit einer Zahl, einem Buchstaben oder einem der wenigen vorgesehenen Sonderzeichen, wie „+" oder „*". Alle diese Zeichen können zu Verwechslungen führen, wenn man beim Lesen eines Programms nicht genau auf die Spalten achtet. Um solche Verwechslungen zu vermeiden, leiten viele Programmierer Fortsetzungszeilen mit dem Zeichen „&" ein, das nicht im FORTRAN-Zeichensatz vorkommt. Auch wir machen es so. Wenn ein FORTRAN-Compiler das Zeichen „&" an dieser Stelle nicht zuläßt oder wenn „&" nicht auf der Tastatur des Rechners zu finden ist, muß man ein anderes Fortsetzungszeichen verwenden.

1.2 Programmierung der Ein/Ausgabe

In den Programmen sind 2 Arten von Ein- und Ausgaben vorgesehen:
1. alphanumerische Ein/Ausgabe,
2. graphische Ein/Ausgabe.

Die alphanumerische Ein/Ausgabe verwendet die in der ANSI-Norm vorgesehenen Anweisungen und Format-Angaben. Bei der Ausgabe wurde an vielen Stellen explizit vom erweiterten ASCII-Zeichensatz (CODE PAGE 437) Gebrauch gemacht, der in den Personal Computern der Firma IBM und in kompatiblen Computern vorhanden ist, z.B. zur Ausgabe von eingerahmten Texten und von deutschen Umlauten. Diese Texte müssen bei Computern, die einen anderen Zeichensatz verwenden, modifiziert werden. Beim Aufbau von Tabellen etc. wurde davon ausgegangen, daß auf dem Bildschirm 25 Zeilen zu je 80 Zeichen dargestellt werden, wie dies bei PCs üblicherweise voreingestellt ist; bei anderen Bildschirmformaten erscheinen möglicherweise einige Ausgaben etwas verworren.

Um die Ausgabe übersichtlicher zu gestalten, wurde ein Unterprogramm namens CURSOR geschrieben, das den Cursor in eine bestimmte Zeile führt und den Bildschirm darunter löscht. Das Unterprogramm CURSOR verwendet die in IBM–kompatiblen Computern vorhandene BIOS–Programmierschnittstelle zur Ansteuerung des Bildschirms; ein Assembler–Unterprogramm zum Anschluß an die Schnittstelle ist im Graphikpaket auf der Diskette zum Buch enthalten. Wird die Software in einer Umgebung eingesetzt, bei der die entsprechende BIOS–Schnittstelle nicht verfügbar ist, so können die Aufrufe von CURSOR ohne Schaden entfernt werden.

Trotz gewisser Ansätze (GKS, VDI) gibt es noch keine Graphik-Norm, die sich so durchgesetzt hätte, daß man davon ausgehen könnte, sie auf der Mehrzahl der Computer vorzufinden. Wir haben deshalb eine eigene Bibliothek von Graphik-Unterprogrammen geschrieben:

1. Die „standalone" Version enthält bereits Graphik-Grundsoftware und benötigt keine zusätzliche Software.
2. Die VDI-Version erzeugt die Graphiken mit Hilfe von Unterprogrammen aus dem Graphics Development Toolkit der Firma IBM, welches seinerseits das Virtual Device Interface (VDI) benötigt.

Die standalone Version wurde für die folgenden Hardware- und Software-Konfigurationen entwickelt:

– IBM PC, PC/XT, PC/AT, PS/2, oder mit diesen kompatiblen Rechner, oder Siemens PC-D,
– PC-DOS oder MS-DOS ab Version 2.10 oder ein dazu kompatibles Betriebssystem,
– IBM PROFESSIONAL FORTRAN-Compiler, Microsoft FORTRAN-Compiler ab Version 4.0 oder IBM FORTRAN/2-Compiler,
– eine der in Abb. 1.3 aufgeführten Graphikkarten.

Je nach verwendetem Compiler kann zusätzliche Ausrüstung erforderlich sein, z.B. ein mathematischer Coprozessor oder eine Mindestausstattung an RAM. Die Einzelheiten findet der Leser im jeweiligen Compiler-Handbuch. Die Graphik-Bibliothek könnte im Prinzip auch ohne Festplatte arbeiten. Da inzwischen aber fast alle Computer mit Festplatte ausgerüstet sind, wird beim Installationsprogramm eine Festplatte vorausgesetzt.

Die standalone Version der Graphik-Bibliothek erkennt in der Regel selbständig, welche der Hardware-Konfigurationen vorliegt. Abb. 1.3 zeigt, in welchen der Graphikmodi dann jeweils umgeschaltet wird. Man beachte:

1. Die Bezeichnung „Siemens PC-D" bezieht sich auf den ursprünglichen PC-D mit Siemens Graphik BIOS; die neueren PC-Modelle von Siemens bzw. Siemens–Nixdorf sind kompatibel mit der IBM PC Reihe und sind in der Regel mit EGA- oder VGA-kompatiblen Karten ausgerüstet. Der Siemens PC-D wird nicht automatisch erkannt! Beim Siemens PC-D muß vor dem Aufrufen eines Graphik-Programms der Befehl

SET HARDWARE = 4

eingegeben werden (siehe auch weiter unten).
2. Die zwei „Farben" in den Graphikmodi 6, 7 und 8 bedeuten dunkel und hell, die 4 „Farben" im Graphikmodus 15 bedeuten dunkel, normal hell, blinkend und extra hell.
3. Eine EGA-Karte mit Enhanced Colour Monitor zeigt 4 Farben, wenn nur 64 kB RAM zur Verfügung stehen, ansonsten 16 Farben.
4. VGA-Karten, die mit einem Enhanced Colour Monitor ausgestattet sind, werden wie eine EGA-Karte behandelt, MCGA-Karten mit digitalem Farbmonitor wie eine CGA-Karte.
5. In den Graphikmodi 14, 16, 17 und 18 kann die Farbpalette vom Graphik-Paket gewählt werden. In den anderen Modi wird die Farbpalette von der im Computer eingebauten Software bestimmt.

Graphik-Karte	Bildschirm	Graphik-modus	Auflösung (Punkte) x y		Farben
Colour Graphics Adapter (CGA)	Farbe	6	640	200	2
Hercules	Monochrom	7	720	348	2
Siemens PC-D	Siemens Monochrom	8	640	350	2
Enhanced Graphics Adapter (EGA)	Standard Farbe Monochrom Enhanced Colour	14 15 16	640 640 640	200 350 350	16 4 4/16
Multicolour Graphics Adapter (MCGA)	Analog, Farbe oder Grauton	17	640	480	2
Video Graphics Array (VGA)	Analog, Farbe oder Grauton	18	640	480	16

Abb. 1.3. Graphik-Konfigurationen und geeignete Graphikmodi

Andere Graphik-Karten als die in Abb. 1.3 aufgeführten sind nur dann erlaubt, wenn sie in der Lage sind, eine der aufgeführten Karten in jeder für die Programmierung relevanten Weise zu emulieren. So kann z.B. ein IBM PROFESSIONAL Graphics Adapter verwendet werden, jedoch wird dieser dann nur wie ein gewöhnlicher Colour Graphics Adapter behandelt.

Die standalone Version des Graphik-Pakets prüft nicht, ob der Video Adapter für Graphik geeignet ist; sie darf daher nicht für Nur-Text-Adapter, wie z.B. den ursprünglichen IBM Monochrome Graphics Adapter, verwendet werden.

Die bereits installierte Graphik-Bibliothek kann nicht von Farbbildschirm auf Schwarzweißbildschirm umschalten, und umgekehrt. Wenn zwei verschiedene Bildschirme am selben PC verwendet werden, dann muß vor Aufruf der Graphik derjenige Bildschirm eingeschaltet werden, für den das Graphikpaket installiert worden ist.

Falls eine Hercules-Karte verwendet wird, muß diese vor dem Start des Programms mit dem Befehl

```
HGC FULL
```

graphikfähig gemacht werden.

Sollen bei Verwendung der CGA-Karte oder der Hercules-Karte Texte in die Zeichnung eingeblendet werden, welche Zeichen aus dem erweiterten ASCII-Bereich zwischen 128 und 255 (Umlaute, Strichgraphikzeichen, griechische Buchstaben, mathematische Symbole etc.) enthalten, dann müssen vor dem Aufruf der Graphik mit dem Befehl `GRAFTABL` diese Zeichen geladen werden. Das Programm `GRAFTABL` wird mit dem PC-Betriebssystem geliefert.

Die standalone Version der Graphik-Bibliothek verwendet Assembler-Programme, um die Hardware der Maschine anzusprechen. Von diesen Programmen befinden sich auf der Buchdiskette jeweils drei Varianten. Jede dieser Varianten gehört zu jeweils einem der drei erlaubten Compiler (PROFESSIONAL FORTRAN, Microsoft FORTRAN und IBM FORTRAN/2). Da verschiedene Compiler die Parameter auf verschiedene Weise an Unterprogramme übergeben, müssen diese Assembler-Programme geändert werden, wenn man einen anderen FORTRAN-Compiler verwenden will. Auch die im Graphik-Paket enthaltenen FORTRAN-Programme `GOHWO`, `GOHWI`, `GOENV` und `GOLINE` sind Compiler-spezifisch. Sie rufen nicht nur Assembler-Programme auf, sondern enthalten auch Spracherweiterungen, die nicht zum FORTRAN 77-Standard gehören, wie z.B. ganze Zahlen von 2 Byte Länge, hexadezimale Zahlen sowie intrinsische Funktionen wie `IOR` und `IAND`. Auch diese Programme müssen geändert werden, wenn ein anderer als einer der genannten Compiler verwendet werden soll. Es sei ausdrücklich erwähnt, daß die Compiler-Abhängigkeit nur über das Graphik-Paket und die dort notwendige Kommunikation mit der Hardware entsteht.

Wenn die vollautomatische Bestimmung der Hardware-Konfiguration nicht das erwünschte Ergebnis liefert, so kann man sie abschalten, indem man vor dem Programmaufruf mit dem Befehl

```
SET HARDWARE = hwtyp, grmode, xauf, yauf, ncolrs, cmode, monito
```

das sog. Environment (siehe DOS-Manual) verändert. Es bedeuten:

hwtyp: Typ der verwendeten Hardware
       hwtyp = 0 : siehe nachfolgenden Text
       hwtyp = 1 : EGA- oder VGA-Karte (im 4- oder 16-Farbenmodus)
       hwtyp = 2 : CGA-Karte
       hwtyp = 3 : Hercules-Karte
       hwtyp = 4 : PC-D Schwarzweiß mit Siemens Graphik BIOS
       hwtyp = 5 : MCGA-Karte oder VGA-Karte im 2-Farbenmodus
grmode: Graphikmodus (siehe Abb. 1.3)
xauf: Auflösung in x-Richtung (Anzahl der Punkte)
yauf: Auflösung in y-Richtung (Anzahl der Punkte)
ncolrs: Anzahl der Farben
cmode: Festlegung der Farben
       cmode = 0 : Festlegung durch hwtyp und grmode
       cmode = 1 : EGA-Karte im 4-Farbenmodus
       cmode = 2 : EGA- oder VGA-Karte im 16-Farbenmodus
       cmode = 3 : MCGA- oder VGA-Karte im 2- oder 256-Farbenmodus
monito: Art des Bildschirms
       monito = 0 : Festlegung durch hwtyp und grmode
       monito = 1 : EGA-Farbbildschirm (mit EGA- oder VGA-Karte)
       monito = 2 : Analoger Grauton-Bildschirm für VGA- oder MCGA-Karte
       monito = 3 : Analoger Farbbildschirm für MCGA- oder VGA-Karte
       monito = 4 : Standard-Farbbildschirm für CGA-Karte
       monito = 5 : Digitaler Monochrom-Bildschirm

Meist genügt es, den Hardwaretyp anzugeben. Bei EGA- und VGA-Karten ist auch die Angabe des Bildschirmmodus nötig. Die Angabe der übrigen Parameter ist dann erforderlich, wenn Bildschirmmodi verwendet werden sollen, die nicht in Abb. 1.3 aufgelistet sind. Das Graphikpaket unterstützt bei Super-EGA- und Super-VGA-Karten Bildschirmmodi bis 800 * 600 Bildpunkte, sofern diese bezüglich der Ansteuerung des Bildschirms voll kompatibel mit den 16 bzw. 4-Farben-Modi der EGA- und VGA-Karte (hwtyp = 1) sind. Durch Angabe von hwtyp = 0 kann man erreichen, daß ausschließlich das BIOS des Rechners zur Erzeugung der Graphik verwendet wird. Dadurch wird die Graphikausgabe extrem langsam, jedoch lassen sich dann auch Graphikmodi verwenden, die zu keinem der in Abb. 1.3 genannten kompatibel sind. Allerdings unterstützen einige Graphikkarten, z.B. die Hercules-Karte, in ihrem BIOS die Graphikausgabe gar nicht. Ehe man anfängt, mit dem SET HARDWARE-Komando zu arbeiten, sollte man sich auf alle Fälle genau über die eigene Graphik-Hardware informieren. Viele moderne Graphikkarten, insbesondere Super-EGA- und Super-VGA-Karten, besitzen Bildschirmmodi, die nicht von allen anschließbaren Bildschirmen vertragen werden. Es ist durchaus möglich, daß bei einer falschen Wahl des Modus der Bildschirm – eventuell auch die Graphikkarte – beschädigt wird.

In Verbindung mit EGA-, VGA- und MCGA-Karten wählt die standalone Version der Graphik-Bibliothek eine Palette von Farben aus, die auf den meisten Farbbildschirmen ein kontrastreiches Bild ergeben. Man kann die voreingestellten Farben ändern, indem man vor dem Programmaufruf den Befehl

```
SET PALETTE = c0,c1,c2,c3,c4,c5,c6,c7,c8, c9,c10,c11,c12,c13,c14,c15
```
eingibt. Dabei ist c0 die Hintergrundfarbe, c1 die erste Vordergrundfarbe, c2 die zweite Vordergrundfarbe usw.. Die Farben werden folgendermaßen kodiert:

0 = schwarz	4 = rot	8 = dunkelgrau	12 = hellrot
1 = blau	5 = violett	9 = hellblau	13 = hellviolett
2 = grün	6 = braun	10 = hellgrün	14 = gelb
3 = türkis	7 = hellgrau	11 = helltürkis	15 = weiß

Durch Eingabe von negativen Zahlen zwischen -63 und -1 ist es auch möglich, für die Kodierung der Farben das EGA-Format zu verwenden. Näheres findet man im technischen Manual zur EGA-Karte.

Die standalone Version der Graphik-Bibliothek verwendet Interrupts, um die Graphik-Karte einzustellen, schreibt direkt auf den Video-Speicher und verwendet OUT-Befehle, um die Register der Graphik-Karte einzustellen. Es ist daher nicht möglich, diese Version der Graphik-Bibliothek unter Windows oder OS/2 im Protected Mode einzusetzen. Normalerweise läuft sie aber problemlos im Vollbildmodus der DOS-BOX von Windows oder OS/2. Allerdings wird die Geschwindigkeit der Ausgabe in der DOS-BOX reduziert, da OS/2 und Windows die Graphikausgaben überwachen, um das Bild nach einem Task-Switch rekonstruieren zu können.

Die VDI-Version der Graphik-Bibliothek kann ohne Änderung mit allen Graphik-Karten zusammenarbeiten, für die es einen geeigneten VDI Device Driver gibt. Solche Device Driver sind für die meisten Graphik-Karten verfügbar, die in Personal Computern der Firma IBM und in IBM-kompatiblen Rechnern verwendet werden. Sie sind auch verfügbar für andere Graphik-Geräte, wie z.B. Drucker und Plotter. Einzelheiten hierüber findet man im Handbuch zum Graphics Development Toolkit. Falls für eine Graphik-Karte mehrere Device Driver zur Verfügung stehen, so ist der mit der höchsten Auflösung am günstigsten. Für die in diesem Buch gezeigten Graphiken sollte man mindestens 640 Punkte Auflösung in der Horizontalen und 200 oder mehr Punkte Auflösung in der Vertikalen haben. Bei einigen Compilern (z.B. IBM PROFESSIONAL FORTRAN, Version 1, und IBM FORTRAN/2, Version 1) wird eine Bibliothek des Graphics Development Toolkit mitgeliefert. Die VDI-Version unserer Graphik-Bibliothek wurde mit den beiden genannten Compilern getestet.

Die VDI-Version der Graphik-Bibliothek kann auch unter OS/2 im Protected Mode laufen, wenn es einen geeigneten VDI Device Driver gibt. Dies wurde für den IBM FORTRAN/2-Compiler getestet. Das Installations-Programm der Buchdiskette ist allerdings nur für MS-DOS oder PC-DOS vorgesehen. Man kann aber die Installation in der DOS Compatibility Box von OS/2 vornehmen und dann die Graphik-Bibliothek unter OS/2 im Protected Mode einsetzen.

2. Numerische Differentiation und Einführung in den Bildschirmdialog

2.1 Problemstellung

In diesem und auch im nächsten Kapitel werden wir noch keine physikalischen Probleme behandeln. Wir wollen erst einmal lernen, mit dem Personal Computer umzugehen. Gleichzeitig wollen wir zwei Formeln erproben, die wir später brauchen werden. Die Bewegungsgleichungen der Theoretischen Physik sind in der Regel Differentialgleichungen. Um sie numerisch lösen zu können, brauchen wir die numerische Differentiation. Eine einfache Näherung für die erste Ableitung, eine ebenso einfache Näherung für die zweite Ableitung und die dazugehörigen Korrekturglieder werden uns im folgenden beschäftigen.

Sehr wichtig bei allen numerischen Rechnungen ist die Beurteilung der Genauigkeit der Ergebnisse. Ein Computer rechnet mit Zahlen von endlicher Genauigkeit. Bei Verwendung von PROFESSIONAL FORTRAN auf dem IBM PC/AT haben wir z. B. die Wahl zwischen „einfacher Genauigkeit" und „doppelter Genauigkeit". Bei einfacher Genauigkeit werden 4 Byte (=32 bit) zur Darstellung einer (reellen) Gleitkommazahl verwendet. Das ergibt eine Genauigkeit von ca. 6 Dezimalstellen; der Exponent darf zwischen -37 und $+37$ liegen. Bei doppelter Genauigkeit (DOUBLE PRECISION) werden 8 Byte pro Gleitkommazahl verwendet. Das ergibt dann eine Genauigkeit von ca. 15 Dezimalstellen; der Exponent darf zwischen -307 und $+307$ liegen. Alles, was nach diesen 6 bzw. 15 Dezimalstellen kommt, fällt unter die Rundung. Man wird nicht überrascht sein, wenn sich bei längeren Rechnungen die Rundungsfehler akkumulieren. Daß aber schon bei einer einzigen Differenzbildung ein Rundungsfehler von 100 % entstehen kann, werden wir in diesem Kapitel sehen. Trotz aller Möglichkeiten der systematischen Genauigkeitsprüfung ist es zunächst einmal von Nutzen, Erfahrung zu sammeln und ein Gefühl dafür zu entwickeln, was man tun darf und wo es kritisch wird. Wir werden sehen, daß bei einfacher Genauigkeit der Spielraum zwischen unkritisch und kritisch recht klein sein kann, während er bei doppelter Genauigkeit meist groß ist. In den nachfolgenden Kapiteln werden wir deshalb stets mit doppelter Genauigkeit rechnen.

Bei den relativ einfachen Beispielen in diesem Buch wird der mathematische Teil der Programme meist ziemlich kurz sein. Einen größeren Umfang wird die Programmierung des Bildschirmdialoges haben. Letzterer ist wichtig; denn wir möchten nicht im Programm nachschauen müssen, welche Bedeutung z. B. die nächsten 5 Zahlen haben, die als Eingabeparameter verlangt werden.

Der Computer soll fragen: „Argument der Funktion?", „Schrittweite H ?", oder ähnliches. Auch die Ausgabe der Ergebnisse soll einen Begleittext haben. Das kostet einige Programmzeilen, die wir in ähnlicher Form immer wieder benötigen; sie sollen am Beispiel dieses Kapitels erläutert werden. Genauer gesagt, wir wollen zunächst den alphanumerischen Bildschirmdialog behandeln. Die Möglichkeiten der graphischen Darstellung werden dann in späteren Kapiteln erläutert.

2.2 Mathematisches Verfahren

Eine einfache Näherungsformel für die numerische Berechnung der ersten Ableitung einer Funktion können wir aus der Definition der Ableitung,

$$f'(x) = \lim_{h \to 0} \frac{f(x+h) - f(x)}{h}, \qquad (2.1)$$

gewinnen. Den Grenzübergang $h \to 0$ können wir mit dem Computer nicht vollziehen. Stattdessen können wir einen kleinen, aber endlichen Wert für h verwenden. Wir erhalten damit die Formel

$$f'(x) = \frac{f(x+h) - f(x)}{h} + O(h). \qquad (2.2)$$

Leider liefert uns diese Herleitung keine Abschätzung für den Fehler $O(h)$. Wir können aber auf einfache Weise einen analytischen Ausdruck für das Fehlerglied erhalten. Dazu entwickeln wir die Funktion $f(x)$ in eine TAYLOR-Reihe; wir wollen im weiteren stets voraussetzen, daß die Funktion $f(x)$ genügend oft differenzierbar ist. Es gilt

$$f(x+h) = f(x) + hf'(x) + \frac{h^2}{2}f''(x) + \frac{h^3}{6}f^{(3)}(x) + \cdots . \qquad (2.3)$$

Einsetzen dieser Reihe in (2.2) liefert $\qquad O(h) = -\frac{h}{2}f''(x) + \cdots . \qquad (2.4)$

Der Fehler $O(h)$ ist, wie durch die Schreibweise bereits angedeutet, „von der Ordnung h", d.h. für genügend kleine Schrittweiten h ist er proportional zu h.

Am Computer darf man die Schrittweite h nicht zu klein wählen, da unter einer gewissen Schranke die Rundungsfehler größer werden als das Ergebnis. Man wird daher versuchen, eine Näherungsformel zu finden, bei welcher der Fehler mit einer höheren Potenz von h gegen null geht. Im vorliegenden Fall läßt sich dies auf einfache Weise erreichen. Wir subtrahieren von der TAYLOR-Reihe (2.3) für $f(x+h)$ die TAYLOR-Reihe für $f(x-h)$,

$$f(x-h) = f(x) - hf'(x) + \frac{h^2}{2}f''(x) - \frac{h^3}{6}f^{(3)}(x) + \cdots , \qquad (2.5)$$

und dividieren die Differenz durch $2h$. Als neue Näherungsformel erhalten wir

$$f'(x) = \frac{f(x+h) - f(x-h)}{2h} + O(h^2) \tag{2.6}$$

mit dem Fehlerglied $\quad O(h^2) = -\dfrac{h^2}{6} f^{(3)}(x) + \cdots \quad .$ \hfill (2.7)

Wie man sieht, geht der Fehler nun mit h^2 gegen null. Gleichung (2.6) nennt man die Zweipunkt-Formel für die erste Ableitung, da bei Vernachlässigung des Fehlergliedes die erste Ableitung aus zwei Funktionswerten bestimmt wird.

Bei den meisten Anwendungen genügt die Zweipunkt-Formel für die erste Ableitung. Durch Vergleich der TAYLOR-Reihen für $f(x+h)$, $f(x+2h)$, $f(x-h)$ und $f(x-2h)$ könnte man auch eine Vierpunkt-Formel entwickeln, deren Fehler von der Ordnung h^4 ist. Für den Fall, daß die Funktion nur auf einem abgeschlossenen Intervall bekannt ist, lassen sich spezielle Formeln für die Randpunkte gewinnen, z. B. eine Dreipunkt-Formel für die untere Intervallgrenze, die von der Ordnung h^2 ist und die Funktionswerte an den Stellen x, $x+h$ und $x+2h$ verwendet. Zur Lösung von Differentialgleichungen sind diese Formeln aber nicht geeignet, da sie zu Instabilitäten führen.

In späteren Kapiteln werden wir auch eine Näherungsformel für die zweite Ableitung benötigen. Betrachten wir noch einmal die in (2.3) und (2.5) angegebenen TAYLOR-Reihen für $f(x+h)$ und $f(x-h)$. Man erhält mit diesen die folgende Dreipunkt-Formel für die zweite Ableitung

$$f''(x) = \frac{f(x+h) + f(x-h) - 2f(x)}{h^2} + O(h^2), \tag{2.8}$$

mit dem Fehlerglied $\quad O(h^2) = -\dfrac{h^2}{12} f^{(4)}(x) + \cdots \quad .$ \hfill (2.9)

Wie bei der Zweipunkt-Formel (2.6) für die erste Ableitung ist der Fehler auch hier von der Ordnung h^2.

2.3 Programmierung

Wir wollen ein Programm schreiben, das zu einer Funktion $f(x)$ an einer vorgegebenen Stelle x die erste und die zweite Ableitung numerisch berechnet, und dann den Fehler der numerischen Näherung ermittelt. Die numerischen Näherungen sind gegeben durch (2.6) und (2.8) unter Weglassung der Fehlerglieder. Als Beispiel wählen wir die Funktion $f(x) = \sin x$; die genauen Werte für die erste und zweite Ableitung sind dann $\cos(x)$ und $-\sin x$. Die numerisch gewonnenen Ableitungen bezeichnen wir mit $f'(x)$ und $f''(x)$, die genauen Werte mit $g_1(x)$ und $g_2(x)$.

Das Programm soll so flexibel sein, daß man die als Beispiel gewählte Funktion $\sin x$ leicht durch andere Funktionen ersetzen kann. In FORTRAN erreichen wir dies durch Verwendung von Unterprogrammen vom Typ FUNCTION für $f(x)$, $g_1(x)$ und $g_2(x)$. In Abb. 2.2 sehen wir diese FUNCTION-Unterprogramme in den Zeilen 106 bis 108, 109 bis 111 und 112 bis 114.

Da die Namensbildung in FORTRAN strengen Regeln unterliegt, können wir meist nicht die mathematischen oder physikalischen Bezeichnungen der Größen übernehmen, sondern müssen uns für das FORTRAN-Programm neue Namen ausdenken. Die für dieses Kapitel gewählten Bezeichnungen sind in Abb. 2.1 zusammengefaßt. Dieses Auflisten der verwendeten Bezeichnungen in Form einer Tabelle werden wir in allen Kapiteln des Buches beibehalten.

Mathematische Bezeichnung	FORTRAN-Bezeichnung	Mathematische Bezeichnung	FORTRAN-Bezeichnung
x	X	$f(x)$	F(X)
h	H	$g_1(x)$	G1(X)
$f'(x)$	Y1	$g_2(x)$	G2(X)
$f''(x)$	Y2	$d_1(x)$	D1
		$d_2(x)$	D2

Abb. 2.1 Bezeichnungen der im Hauptprogramm KAP2 vorkommenden Größen

Nach dieser Vorarbeit sind wir nun in der Lage, Formel (2.6) zu programmieren. Das Resultat sehen wir in Abb. 2.2 als Zeile 101. In Zeile 102 finden wir Formel (2.8). Den Betrag der Fehlerglieder in (2.6) und (2.8) erhalten wir durch Bildung der Differenzen

$$d_1(x) = |f'(x) - g_1(x)| \quad \text{und} \quad d_2(x) = |f''(x) - g_2(x)|. \tag{2.10}$$

Mit den in Abb. 2.1 gegebenen Bezeichnungen erhalten wir die Programmzeilen 103 und 104 der Abb. 2.2.

Der mathematische Teil unseres Programms ist damit fertig. Was noch fehlt, ist die Eingabe der Größen x und h sowie die Ausgabe der Ergebnisse. Da

```
      PROGRAM KAP2                                              100
*     (Eingabe: X,H)

      Y1=(F(X+H)-F(X-H))/(2*H)                                  101
      Y2=(F(X+H)+F(X-H)-2*F(X))/(H*H)                           102
      D1=ABS(Y1-G1(X))                                          103
      D2=ABS(Y2-G2(X))                                          104

*     (Ausgabe: Y1,G1(X),D1,Y2,G2(X),D2)

      END                                                       105

      FUNCTION F(X)                                             106
      F=SIN(X)                                                  107
      END                                                       108

      FUNCTION G1(X)                                            109
      G1=COS(X)                                                 110
      END                                                       111

      FUNCTION G2(X)                                            112
      G2=-SIN(X)                                                113
      END                                                       114
```

Abb. 2.2 Numerischer Teil des Hauptprogramms KAP2 und die FUNCTION-Unterprogramme F, G1 und G2

FORTRAN eine technisch-naturwissenschaftliche Programmiersprache ist und in erster Linie für numerische Operationen konzipiert wurde, läßt sich eine optisch ansprechende Ein/Ausgabe über den Bildschirm nur mit einiger Mühe realisieren. FORTRAN unterstützt z. B. keine Menüs, sondern läßt nur zeilenweise Ein/Ausgabe zu.

Wir wollen zunächst lernen, wie man eine einfache und kurze Ein/Ausgabe programmiert. Zuerst soll sich das Programm melden und dem Benutzer mitteilen, welche Eingabewerte es erwartet; in unserem Fall sind dies die Werte für x und h. Wir benutzen dafür die WRITE-Anweisung. Durch eine nachfolgende READ-Anweisung werden dann die eingetippten Werte nach Drücken der Eingabetaste an das Programm übergeben. Die beiden Programmzeilen, die wir in Abb. 2.2 zwischen die Zeilen 100 und 101 des Hauptprogrammes KAP2 einschieben, lauten

```
WRITE (*,*) 'X, H = '
READ (*,*)   X, H
```

Die Werte für x und h können beim Eintippen durch Komma oder Leertaste voneinander getrennt werden.

Um die Ergebnisse auf den Bildschirm zu bekommen, fügen wir zwischen den Zeilen 104 und 105 die folgenden Programmzeilen ein

```
PROGRAM KAP2
WRITE (*,*) 'X, H = '
READ (*,*)   X, H
Y1=(F(X+H)-F(X-H))/(2*H)
Y2=(F(X+H)+F(X-H)-2*F(X))/(H*H)
D1=ABS(Y1-G1(X))
D2=ABS(Y2-G2(X))
WRITE (*,*) 'Y1 = ', Y1, '   G1(X) = ', G1(X), '   D1 = ', D1
WRITE (*,*) 'Y2 = ', Y2, '   G2(X) = ', G2(X), '   D2 = ', D2
END

FUNCTION F(X)
F=SIN(X)
END

FUNCTION G1(X)
G1=COS(X)
END

FUNCTION G2(X)
G2=-SIN(X)
END
```

Abb. 2.3   Komplettes Programm mit einfacher Ein/Ausgabe

```
WRITE (*,*) 'Y1 = ', Y1, '   G1(X) = ', G1(X), '   D1 = ', D1
WRITE (*,*) 'Y2 = ', Y2, '   G2(X) = ', G2(X), '   D2 = ', D2
```

Damit erhalten wir dann die in Abb. 2.3 gezeigte einfache Programmversion.

Mit der Zeit wird uns jedoch diese primitive Ein/Ausgabe nicht mehr befriedigen. Vor allem für einen Benutzer, der mit dem Programm nicht völlig vertraut ist, weist sie Mängel auf. Von einem guten interaktiven Programm sollte man bei Benutzung eines Bildschirms als Ein/Ausgabegerät z. B. folgendes erwarten können:

1. Das Quellprogramm enthält einen Kommentar, der erläutert, was das Programm macht.
2. Beim Starten des Programms stellt sich dieses zuerst durch eine Überschrift oder einen kurzen Text vor.
3. Wird eine Eingabe erwartet, dann teilt das Programm genau mit, wie diese aussehen soll. Bei erkennbar falscher Eingabe reagiert das Programm mit einer entsprechenden Meldung und fordert zu erneuter Eingabe auf.
4. Vor einer eventuell vorgesehenen Ausgabe von Zwischen- oder Nebenergebnissen fragt das Programm, ob diese Ausgabe erwünscht ist oder übersprungen werden soll.
5. Die Ausgabe von Ergebnissen ist übersichtlich und enthält alle für den Benutzer wesentlichen Informationen.
6. Nach jeder Ausgabe fragt das Programm, in welcher Weise es fortfahren soll.

Wie lassen sich diese Forderungen im vorliegenden Programm realisieren?

Zu 1: Den Kommentarteil gestalten wir folgendermaßen:

```
**********************************************************************
*       Das Programm KAP2 berechnet die 1. und die 2. Ableitung für   *
*       eine Funktion F nach dem Zweipunkt- bzw. Dreipunkt-Verfahren. *
*       Außerdem werden die wahren Ableitungen als Funktionen G1 und  *
*       G2 berechnet.                                                 *
*       --Eingabegrößen--                                             *
*       X:       Argumentwert der Funktion F, an dem die Ableitungen  *
*                berechnet werden                                     *
*                (REAL-Variable)                                      *
*       H:       Schrittweite                                         *
*                (REAL-Variable)                                      *
*       --Ausgabegrößen--                                             *
*       F(X):    Funktionswert von F an der Stelle X                  *
*                (F ist eine REAL FUNCTION)                           *
*       Y1:      Numerisch bestimmte 1. Ableitung von F an der Stelle X *
*                (REAL-Variable)                                      *
*       Y2:      Numerisch bestimmte 2. Ableitung von F an der Stelle X *
*                (REAL-Variable)                                      *
*       G1(X):   Wahrer Wert der 1. Ableitung von F an der Stelle X   *
*                (G1 ist eine REAL FUNCTION)                          *
*       G2(X):   Wahrer Wert der 2. Ableitung von F an der Stelle X   *
*                (G2 ist eine REAL FUNCTION)                          *
*       D1:      Betrag der Differenz zwischen numerisch und analytisch *
*                bestimmter 1. Ableitung                              *
*                (REAL-Variable)                                      *
*       D2:      Betrag der Differenz zwischen numerisch und analytisch *
*                bestimmter 2. Ableitung                              *
*                (REAL-Variable)                                      *
*       --Aufgerufene Unterprogramme--                                *
*       CURSOR    (SUBROUTINE)                                        *
*       F,G1,G2   (REAL FUNCTION)                                     *
**********************************************************************
```

Zu 2: Durch die vier Programmzeilen
```
    WRITE(*,'(T30,A)')          '                        '
    WRITE(*,'(T30,A)')          ' KAPITEL    2 '
    WRITE(*,'(T30,A)')          '                        '
    WRITE(*,'(T28,A/8(T2/))')   'NUMERISCHE DIFFERENTIATION'
```
erfährt der Benutzer, daß nun das Programm zu Kapitel 2 im Rechner bereit steht.

Zu 3: Sehen wir uns am Beispiel der Eingabe eines x-Wertes an, wie das Programm aussehen könnte:
```
         WRITE(*,'(T2,A)') 'Bitte Werte für die folgenden Größen eingeben:'
   1000  CONTINUE
         WRITE(*,'(T2/T2,A)') 'Argumentwert:   X = '
         READ(*,*,IOSTAT=IOS) X
         IF(IOS.NE.0) THEN
         WRITE(*,'(T2,A/)') 'Eingabefehler !'
         GOTO 1000
         ENDIF
```
Der IOSTAT-Parameter erhält immer dann einen von null verschiedenen Wert, wenn die Eingabe vom Computer nicht eindeutig interpretiert werden konnte. In diesem Fall erfolgt durch die GOTO-Anweisung ein Rücksprung, und es wird zu erneuter Eingabe aufgefordert.

Zu 4: Dieser Punkt entfällt für das vorliegende Programm.

Zu 5: Zur Programmierung einer ansprechenden Ausgabe ist einiger Aufwand nötig. Wir schreiben:
```
   WRITE(*,'(T2/T2,A,F10.5/)')
  &'Funktionswert:       F(X) = ',F(X)
   WRITE(*,'(T2/T2,A/2(T2,A/T2,(3(A,F11.6))/))')
  & '                        |   Numerisch   |   Analytisch  |   Differenz   ',
  & '------------------------------------------------------------------------',
  &'1. Ableitung   F''(X)   |',Y1,        '  |',G1(X),  '  |',D1,
  & '------------------------------------------------------------------------',
  & '2. Ableitung   F"(X)   |',Y2,        '  |',G2(X),  '  |',D2
```

Zu 6: Die Abfrage, ob die Rechnung mit neuen Eingabewerten wiederholt werden soll, programmieren wir folgendermaßen:
```
   3000  CONTINUE
         WRITE(*,'(T2/T2,A)') 'Programmdurchlauf mit anderen Werten für X
        & und H wiederholen (J/N) ? '
         READ(*,'(A1)') WEITER
         IF(INDEX('Jj ',WEITER).NE.0) THEN
           GOTO 1000
         ELSEIF(INDEX('Nn',WEITER).EQ.0) THEN
           GOTO 3000
         ENDIF
```
Hierzu müssen wir am Programmanfang die Variable WEITER als CHARACTER*1-Variable deklarieren. Der IF-Block in Verbindung mit der INDEX-Funktion bewirkt dann folgendes: Geben wir „J", „j" oder ein Leerzeichen ein, oder drücken wir nur die Eingabetaste, so erfolgt ein Rücksprung zur Marke „1000". Geben wir etwas anderes ein als „J", „j", „Leerzeichen", „N" oder „n", so fordert uns das Programm nach

einem Rücksprung zur Marke „3000" erneut auf, die gestellte Frage zu beantworten. Mit anderen Worten: Wollen wir die Frage mit „Ja" beantworten, dann müssen wir nicht unbedingt „J" oder „j" eingeben; es reicht schon das Drücken der Eingabetaste. Wollen wir die Frage mit „Nein" beantworten, dann müssen wir „N" oder „n" eingeben.

Das auf diese Weise erweiterte, komplette Programm ist auf der Programmdiskette in der Datei KAP-02.FOR zu finden. Auf eine ausführlichere Diskussion der Ein/Ausgabemöglichkeiten der Programmiersprache FORTRAN müssen wir hier verzichten und überlassen es dem Leser, sich eingehender zu informieren.

Gelegentlich werden wir das Unterprogramm CURSOR verwenden. Seine Aufgabe besteht darin, den Cursor in die 1. Spalte einer von uns vorgegebenen Zeile zu führen und den Bildschirm von dieser Zeile an abwärts zu löschen. Durch

```
    CALL CURSOR(LINE)
```

wird es aufgerufen, wobei der Eingabeparameter LINE ein INTEGER-Ausdruck ist, der die gewünschte Zeilennummer enthält. Das Unterprogramm CURSOR steht in der Bibliothek GRAPHIK.LIB zur Verfügung (zur Installation der Bibliothek GRAPHIK.LIB siehe Kapitel 1).

Zu erwähnen wäre noch, daß wir Programmteile, die nicht für den numerischen Ablauf, sondern ausschließlich für die Ein- oder Ausgabe oder für den Bildschirmdialog gebraucht werden, aus Gründen der Übersichtlichkeit zwischen die beiden Zeilen

```
        *   >>>>>Ein/Ausgabe
und     *   <<<<<                    setzen.
```

2.4 Übungsaufgaben

2.1 Berechnen Sie die Ableitungen für verschiedene x-Werte und für verschiedene Schrittweiten h. Sie werden feststellen, daß die Genauigkeit bei kleiner werdender Schrittweite h zunächst zunimmt, dann aber bei noch kleiner werdender Schrittweite wieder abnimmt. In welchem Bereich muß h liegen, damit beide Ableitungen auf 3 Dezimalstellen genau sind, in welchem, damit sie auf 2 Stellen genau sind? Was ist der Grund für die abnehmende Genauigkeit bei sehr kleinen Schrittweiten? Welche der beiden Ableitungen ist empfindlicher? Wie würde sich der zu einer Fehlerschranke gehörende Bereich von h ändern, wenn man die Funktion $f(x)$ rascher oszillieren ließe, z. B. durch Wahl von $f(x) = \sin 100x$?

2.2 Was fällt auf, wenn man $x = 0$, $\pi/2$, π, ... setzt? Wie kann man diese Besonderheit erklären?

2.3 Das Programm arbeitet mit einfacher Genauigkeit, d. h. Gleitkommazahlen werden als REAL-Zahlen verarbeitet. Ändern Sie das Programm so, daß es mit doppelter Genauigkeit rechnet. Dazu müssen Sie alle Konstanten, Variablen und Felder von REAL auf DOUBLE PRECISION umstellen. Wiederholen Sie dann Aufgabe 2.1, und suchen Sie wieder nach dem zu einer vorgegebenen Fehlerschranke gehörenden Bereich für h. Hat sich der Bereich wesentlich vergrößert?

2.4 Verändern Sie das Programm so, daß die Ableitungen für eine andere Funktion berechnet werden. Als einfache Beispiele bieten sich die Logarithmus- und die Exponentialfunktion an. Suchen Sie auch hier wieder nach dem zu einer Fehlerschranke gehörenden Bereich für die Schrittweite h.

2.5 Lösung der Übungsaufgaben

2.1 Eine typische Bildschirmausgabe sehen wir in Abb. 2.4. Es wurde $x = 1$ und $h = 0.1$ gewählt. Der Bereich der Schrittweite h, in welchem man 3-stellige Genauigkeit für beide Ableitungen erhält, liegt etwa zwischen $h = 0.1$ und $h = 0.01$. Wird nur 2-stellige Genauigkeit verlangt, dann vergrößert sich der Bereich und liegt ungefähr zwischen $h = 0.2$ und $h = 0.003$. Die Abnahme der Genauigkeit bei zu klein gewählter Schrittweite ist eine Folge der Differenzbildung von fast gleichen Zahlen. Wenn z. B. die ersten 4 Stellen von zwei 6-stelligen Zahlen gleich sind, dann kann ihre Differenz nur noch eine Genauigkeit von zwei Stellen haben (die natürlichen Zahlen bilden hier eine Ausnahme, aber bei diesen spricht man nicht von Genauigkeit). Die zweite Ableitung ist empfindlicher als die erste, weil hier die Differenz von zwei Differenzen gebildet wird, nämlich $[f(x+h) - f(x)] - [f(x) - f(x-h)]$. Bei hundertmal rascherer Oszillation von $f(x)$ erhält man den gleichen Fehler, wenn h hundertmal kleiner gewählt wird.

```
Argumentwert:    X = 1.
Schrittweite:    H = 0.1

Funktionswert:       F(X) =    0.84147
```

	Numerisch	Analytisch	Differenz
1. Ableitung F'(X)	0.539402	0.540302	0.000900
2. Ableitung F''(X)	-0.840762	-0.841471	0.000709

Abb. 2.4 Bildschirmausgabe für $x = 1$ und $h = 0.1$

2.2 Der Fehler für die erste Ableitung verschwindet für genügend große Werte von h bei $x = \pi/2, 3\pi/2, 5\pi/2, \ldots$. Der Grund dafür ist, daß im Fehlerglied (2.7) nur Ableitungen ungerader Ordnung vorkommen. Diese verschwinden beim Sinus an den genannten Punkten. Ebenso verschwindet der Fehler für die zweite Ableitung bei $x = 0, \pi, 2\pi, \ldots$, weil im Fehlerglied (2.9) nur Ableitungen gerader Ordnung vorkommen. Wählt man h zu klein, so können Rundungsfehler diese Gesetzmäßigkeit zerstören.

2.3 Bei Umstellung des Programms auf doppelte Genauigkeit wird der Bereich, in dem wir die Schrittweite h verändern dürfen, ohne einen merklichen Fehler in der ersten und zweiten Ableitung zu bekommen, sehr groß. Wir erhalten 6-stellige Genauigkeit bei beiden Ableitungen, wenn die Schrittweite zwischen $h = 0.001$ und $h = 0.00001$ liegt. Wenn man die Funktion $f(x)$ nicht von vornherein genau kennt, d. h. wenn man nicht weiß, wie rasch sie sich ändert, dann wird es besonders wichtig, einen weiten Bereich zu haben, in dem die Wahl von h unkritisch ist. Die doppelte Genauigkeit bringt hier einen erheblichen Vorteil, bei geringem Mehraufwand an Programmierung und Rechenzeit.

Die Möglichkeit der graphischen Ausgabe von Ergebnissen werden wir erst in späteren Kapiteln behandeln. Es seien aber hier schon zwei Bilder gezeigt. In Abb. 2.5 sind die Differenzen $d_1(x)$ und $d_2(x)$, d. h. die Fehler der ersten und zweiten Ableitung, als Funktion von x aufgetragen, für $h = 0.05$. Besonders der Fehler der zweiten Ableitung zeigt das typische

Verhalten von statistischem Rauschen. Abb. 2.6 zeigt die entsprechenden Kurven bei doppelt genauer Rechnung. Das statistische Rauschen ist nicht mehr sichtbar.

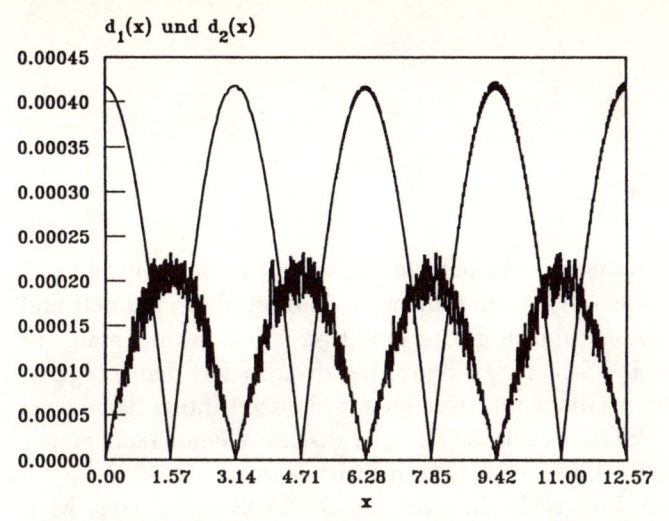

Abb. 2.5 Die Differenzenfunktionen $d_1(x)$ und $d_2(x)$ für $h = 0.05$ bei einfach genauer Rechnung

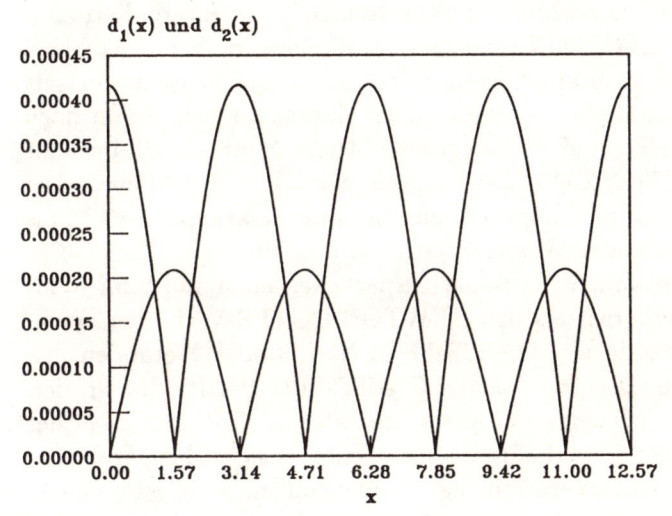

Abb. 2.6 Die Differenzenfunktionen $d_1(x)$ und $d_2(x)$ für $h = 0.05$ bei doppelt genauer Rechnung

2.4 Die Untersuchung der Fehler in Abhängigkeit von der Schrittweite h erlaubt uns, Faustregeln aufzustellen. Bei einfacher Genauigkeit wird man für h z. B. 1/20 der Intervallänge wählen, in der die Funktion $f(x)$ so viel Schwankung zeigt wie $\sin x$ zwischen 0 und $\pi/2$. Bei doppelter Genauigkeit wird man für h statt dessen 1/10000 dieser Intervallänge wählen und sicher sein, daß eine Zehnerpotenz mehr oder weniger keine Rolle spielt. Man erkennt auch hier wieder den Vorteil der doppelt genauen Rechnung.

3. Numerische Integration

3.1 Problemstellung

Das Problem, ein Integral numerisch zu berechnen, kommt in der Physik recht häufig vor. Wenn es sich dabei um eine eindimensionale Integration handelt und wenn der Integrand eine einigermaßen glatte Funktion ist, dann hat man mit dem Personal Computer keine Schwierigkeiten. Man diskretisiert den Integranden auf einem äquidistanten Gitter und wendet als einfache Integrationsregel die Trapez- oder die SIMPSON-Regel an. Die gewünschte Genauigkeit erzielt man durch Wahl einer genügend kleinen Gitterschrittweite.

Bei mehrdimensionalen Integrationen wird die Sache komplizierter. Man muß hier mit der Zahl der Stützstellen pro Dimension sehr sparsam umgehen und daher bessere Integrationsregeln verwenden. Bei der Trapezregel wird die Funktion zwischen je zwei benachbarten Stützstellen linear interpoliert und dann integriert. Bei der SIMPSON-Regel wird zwischen je drei benachbarten Stützstellen quadratisch interpoliert und integriert. Die logische Fortsetzung ist, noch mehr Funktionswerte durch Interpolationspolynome von noch höherem Grad zu verbinden und zu integrieren. Diese Methode ist bekannt unter dem Namen NEWTON-COTES-Verfahren. Sie hat leider Mängel. Die Integrationsgewichte werden sehr ungleich, und bei Interpolation von mehr als 7 Funktionswerten werden einige Gewichte negativ.

Wenn mit der Anzahl von Stützstellen gespart werden muß, dann lohnt es sich, aufwendigere Methoden als das NEWTON-COTES-Verfahren einzusetzen, wie z. B. die Methode von GAUSS-LEGENDRE oder Methoden, die auf der letzteren aufbauen. Der Trick bei der GAUSS-LEGENDRE-Integration ist, daß vom äquidistanten Integrationsgitter abgewichen wird. Die Lage der Stützstellen wird berechnet. Die dadurch gewonnenen zusätzlichen Freiheitsgrade werden dazu benutzt, Integrationsregeln aufzustellen, welche Polynome bis zu einem möglichst hohen Grad exakt integrieren. Die bei der Integration erreichbare Genauigkeit wird dann davon abhängen, ob der Integrand durch ein Polynom hohen Grades approximierbar ist. Wenn der Integrand unstetig oder nicht genügend oft differenzierbar ist, dann wird man keinen Genauigkeitsgewinn erzielen, und die einfache Trapezregel wird zuverlässigere Werte für das Integral liefern als die kompliziertere GAUSS-LEGENDRE-Integration.

Wir werden in diesem Kapitel die Trapez- und die SIMPSON-Regel numerisch testen und miteinander vergleichen. Als nächstes werden wir dann eine

GAUSS-LEGENDRE-Integration durchführen und sehen, mit wie wenig Stützstellen man eine vergleichbare Genauigkeit erzielen kann.

3.2 Numerische Methoden

3.2.1 Die Trapezregel

Wir wollen das Integral einer Funktion $f(x)$ über das Intervall $[a,b]$ berechnen. Das Intervall $[a,b]$ wird in $n-1$ Teilintervalle aufgeteilt, so daß wir n Stützstellen x_i erhalten mit der Eigenschaft

$$a = x_1 < x_2 < \ldots < x_n = b. \qquad (3.1)$$

Die Funktionswerte an diesen Stützstellen kürzen wir ab mit

$$f_i = f(x_i), \qquad i = 1, 2, \ldots, n. \qquad (3.2)$$

Eine einfache Methode zur numerischen Berechnung des Integrals liefert die sogenannte Trapezregel. Man approximiert die Funktion zwischen je zwei benachbarten Stützstellen x_i, x_{i+1} durch eine Gerade. Der Inhalt einer der trapezförmigen Flächen unter den Geraden beträgt

$$F_i = \tfrac{1}{2}(x_{i+1} - x_i)(f_{i+1} + f_i). \qquad (3.3)$$

Die Summe der Trapezflächen liefert einen Näherungswert I_T für das Integral,

$$\int_a^b f(x)\,dx = I \approx I_T = F_1 + F_2 + F_3 + \ldots + F_{n-1}. \qquad (3.4)$$

Im Fall äquidistanter Stützstellen läßt sich Formel (3.4) besonders einfach auswerten. Mit der Abkürzung

$$h = \frac{b-a}{n-1} \qquad (3.5)$$

folgt

$$x_i = a + (i-1)h, \qquad i = 1, 2, \ldots, n, \qquad (3.6)$$

und man erhält:

$$I_T = \frac{h}{2}f_1 + hf_2 + hf_3 + \ldots + hf_{n-1} + \frac{h}{2}f_n. \qquad (3.7)$$

Eine Fehlerabschätzung für die Trapezregel wird in Ref. [3.1] hergeleitet. Bei einem äquidistanten Integrationsgitter der Schrittweite h gilt für die Abweichung der Näherung I_T vom wahren Wert I des Integrals

$$|I_\mathrm{T} - I| \leq \frac{h^2}{12}(b-a) \max_{a \leq x \leq b} \left(|f''(x)|\right). \tag{3.8}$$

Der Fehler ist von der Ordnung h^2, wenn die zweite Ableitung des Integranden existiert. Wenn die zweite Ableitung nicht existiert oder wenn ihr Betrag nicht beschränkt ist, dann gelten ungünstigere Fehlerabschätzungen.

3.2.2 Die SIMPSON-Regel

Mit der Trapezregel kann man Integrale über stetige Funktionen (oder auf Teilintervallen stetige Funktionen) numerisch berechnen. Die in der Theoretischen Physik vorkommenden Funktionen sind jedoch meist nicht nur stetig, sondern sogar ein- oder mehrmals differenzierbar. Eigentlich sollte man erwarten, daß man diese Eigenschaft dazu verwenden kann, um bei gleicher Anzahl von Stützstellen die Genauigkeit der numerischen Integration zu erhöhen.

Verbesserte Integrationsregeln lassen sich in der Tat gewinnen. Die einfachste von ihnen ist die SIMPSON-Regel. Anstatt je 2 Punkte auf der Kurve durch eine Gerade zu verbinden, legt man durch je 3 Punkte ein Parabelstück und integriert über die Flächen unter den Parabelstücken.

Wir wollen uns wieder auf äquidistante Stützstellen beschränken und zunächst das Integral über eine Parabel von -1 bis $+1$ betrachten. Es gilt

$$\int_{-1}^{1} (ax^2 + bx + c)\,dx = \frac{2a}{3} + 2c. \tag{3.9}$$

Die Parabel soll bei $x = -1, 0, +1$ den Integranden $f(x)$ schneiden oder berühren, d. h. es muß gelten

$$\begin{aligned} f(-1) &= a - b + c, \\ f(0) &= \phantom{a - b + {}}c, \\ f(1) &= a + b + c, \end{aligned} \tag{3.10}$$

oder

$$\frac{2a}{3} + 2c = \frac{f(-1)}{3} + \frac{4}{3}f(0) + \frac{f(1)}{3}. \tag{3.11}$$

Wir erhalten damit als Approximation

$$\int_{-1}^{1} f(x)\,dx \approx \frac{2a}{3} + 2c = \frac{f(-1)}{3} + \frac{4}{3}f(0) + \frac{f(1)}{3}. \tag{3.12}$$

Wir sehen sofort, daß dieses Ergebnis nicht von der speziellen Wahl des Integrationsintervalles abhängt. Wenn man $[a-h, a+h]$ als Integrationsintervall wählt, dann erhält man statt (3.12)

$$\int_{a-h}^{a+h} f(x)\,dx \approx h\left(\frac{f(a-h)}{3} + \frac{4}{3}f(a) + \frac{f(a+h)}{3}\right). \tag{3.13}$$

Durch Aneinandersetzen von Teilintervallen erhält man damit die SIMPSON-Regel

$$I \approx I_S = \frac{h}{3}f_1 + \frac{4h}{3}f_2 + \frac{2h}{3}f_3 + \frac{4h}{3}f_4 + \ldots + \frac{4h}{3}f_{n-1} + \frac{h}{3}f_n. \tag{3.14}$$

Man hat bei der SIMPSON-Regel stets eine gerade Anzahl von Intervallen, d. h. eine ungerade Anzahl von Stützstellen.

Wegen der Fehlerabschätzung verweisen wir wieder auf Ref. [3.1]. Wenn der Integrand viermal stetig differenzierbar ist, dann gilt für die Abweichung der Näherung I_S vom wahren Integralwert I

$$|I_S - I| \leq \frac{h^4}{180}(b-a)\max_{a \leq x \leq b}\left(|f^{(4)}(x)|\right). \tag{3.15}$$

Der Fehler ist bei der SIMPSON-Regel nur noch von der Ordnung h^4. Wie gesagt, wird dabei die Existenz der vierten Ableitung des Integranden vorausgesetzt. Wenn diese nicht existiert oder wenn sie sehr groß werden kann, dann ist es sicherer, die Trapezregel zu verwenden.

3.2.3 Die Integration nach NEWTON-COTES

Man kann die Verbesserung, die von der Trapezregel zur SIMPSON-Regel geführt hat, verallgemeinern, indem man die Funktion zwischen den Stützstellen durch Polynome n-ten Grades interpoliert und diese integriert. Man gelangt so zum NEWTON-COTES-Verfahren.

Die Integrationsgewichte für äquidistante Stützstellen sind in Lehrbüchern über Numerik tabelliert, z. B. in Ref. [3.1]. Die Integrationsgewichte für Polynome bis zum 4. Grad geben wir in Abb. 3.1 wieder.

Ab dem 7. Grad werden einige Gewichte negativ, und das Verfahren wird wegen Verstärkung der Rundungsfehler numerisch unbrauchbar. In der Praxis werden die höheren Integrationsregeln nur selten verwendet.

Grad	Name	Gewichte				
1	Trapezregel	h/2	h/2			
2	SIMPSON-Regel	h/3	4h/3	h/3		
3	3/8-Regel oder Pulcherrima	3h/8	9h/8	9h/8	3h/8	
4	MILNE-Regel	14h/45	64h/45	24h/45	64h/45	14h/45

Abb. 3.1 Integrationsgewichte beim NEWTON-COTES-Verfahren

3.2.4 Die GAUSS-LEGENDRE-Integration

Die Integration nach NEWTON-COTES, besonders in Form der Trapez- oder der SIMPSON-Regel, ist eine recht bequeme Methode zur Berechnung von Integralen. Für Funktionen, die sich im Integrationsbereich gut durch Potenzreihen approximieren lassen, ist die GAUSS-LEGENDRE-Integration jedoch wesentlich genauer. Sie kommt mit viel weniger Stützstellen aus und ist deshalb besser geeignet bei Mehrfachintegrationen oder dann, wenn der Integrand sich nur mit hohem Rechenaufwand bestimmen läßt.

Um die Idee hinter der GAUSS-LEGENDRE-Integration zu verstehen, wollen wir zunächst nur das Integral über eine Gerade $g(x)$ auf dem Intervall $[-1, 1]$ betrachten. Wir wissen, daß wir dieses Integral mit der Trapezregel exakt bestimmen können:

$$\int_{-1}^{1} g(x)\,dx = \int_{-1}^{1} (bx + c)\,dx = 2c = g(-1) + g(1). \tag{3.16}$$

Andererseits gilt jedoch

$$c = g(0), \tag{3.17}$$

und damit

$$\int_{-1}^{1} g(x)\,dx = \int_{-1}^{1} (bx + c)\,dx = 2c = 2g(0). \tag{3.18}$$

Es genügt also zur exakten Integration eine einzige Stützstelle, wenn wir diese richtig wählen. Die GAUSS-LEGENDRE-Integration ist eine Verallgemeinerung dieser Idee auf Polynome höheren Grades. Durch geeignete Wahl von n Stützstellen und n Integrationsgewichten werden beliebige Polynome bis zum Grad $2n - 1$ im Intervall $[-1, 1]$ exakt integriert.

Wir wollen hier nur einen Überblick geben und auf Details verzichten. Genaueres findet man in Lehrbüchern über Numerik, z. B. in Ref. [3.1]. Man definiert zunächst ein inneres Produkt auf dem Raum der auf $[-1, 1]$ analytischen reellen Funktionen durch

$$\langle f|g \rangle = \int_{-1}^{1} f(x)g(x)\,dx. \tag{3.19}$$

Man kann nun ein System von Orthogonalpolynomen definieren mit den folgenden Eigenschaften:

L_n ist ein Polynom n-ten Grades,

$$\langle L_m | L_n \rangle = 0 \quad \text{für} \quad m \neq n. \tag{3.20}$$

Durch diese beiden Bedingungen sind die Polynome L_n bis auf einen Normierungsfaktor eindeutig festgelegt. Üblich ist die Normierung

$$\langle L_m | L_n \rangle = \delta_{mn} \frac{2}{2n+1}. \qquad (3.21)$$

Die entsprechenden Polynome werden LEGENDRE-Polynome genannt. Die ersten 3 Polynome sind

$$L_0(x) = 1,$$
$$L_1(x) = x, \qquad (3.22)$$
$$L_2(x) = \frac{3}{2}x^2 - \frac{1}{2}.$$

Weitere findet man über die RODRIGUES-Formel

$$L_n(x) = \frac{1}{2^n n!} \frac{d^n}{dx^n} \left(x^2 - 1\right)^n. \qquad (3.23)$$

Die LEGENDRE-Polynome und ihre mathematischen Eigenschaften werden in vielen mathematischen Werken diskutiert [3.2, 3.3, 3.4, 3.5]. Eine im weiteren wichtige Eigenschaft der LEGENDRE-Polynome ist, daß sie im Innern des Intervalls $[-1, 1]$ genau n Nullstellen haben.

Durch eine Polynomdivision läßt sich jedes Polynom vom Grad $2n - 1$ oder kleiner zerlegen nach

$$p_{2n-1}(x) = L_n(x) \, p_{n-1}(x) + q_{n-1}(x), \qquad (3.24)$$

wobei $p_{n-1}(x)$ und $q_{n-1}(x)$ Polynome vom Grad $n - 1$ oder kleiner sind.

Es gilt nun:

$$\int_{-1}^{1} p_{2n-1}(x) \, dx = \int_{-1}^{1} [L_n(x) p_{n-1}(x) + q_{n-1}(x)] \, dx$$
$$= \langle L_n | p_{n-1} \rangle + \int_{-1}^{1} q_{n-1}(x) \, dx. \qquad (3.25)$$

Das innere Produkt $\langle L_n | p_{n-1} \rangle$ verschwindet. Denn L_n ist orthogonal zu allen Polynomen von niedrigerem Grad, weil sich letztere als Linearkombination von $L_0, L_1, \ldots, L_{n-1}$ darstellen lassen. Es genügt daher, das Integral über $q_{n-1}(x)$ zu berechnen, um das Integral über $p_{2n-1}(x)$ zu erhalten.

An den Nullstellen $x_1, \ldots, x_n$ von L_n gilt wegen (3.24)

$$p_{2n-1}(x_i) = q_{n-1}(x_i), \qquad i = 1, \ldots, n. \qquad (3.26)$$

Durch diese n Funktionswerte ist q_{n-1} vollständig bestimmt und damit auch das Integral über q_{n-1}. Wir wollen dieses Integral auf geeignete Weise berechnen. Dazu entwickeln wir q_{n-1} nach LEGENDRE-Polynomen,

$$q_{n-1}(x) = \sum_{i=0}^{n-1} \alpha_i L_i(x). \tag{3.27}$$

Wegen der Orthogonalität und Normierung der LEGENDRE-Polynome gilt

$$\int_{-1}^{1} q_{n-1}(x)\,dx = \sum_{i=0}^{n-1} \alpha_i \langle L_0 | L_i \rangle = \alpha_0 \langle L_0 | L_0 \rangle = 2\alpha_0. \tag{3.28}$$

Statt eines Integrationsproblems stellt sich nun das Problem, den Koeffizienten α_0 zu bestimmen. Da wir die Funktionswerte von q_{n-1} an den Nullstellen von L_n kennen, erhalten wir die in (3.27) auftretenden Entwicklungskoeffizienten aus dem linearen Gleichungssystem

$$\sum_{i=0}^{n-1} L_i(x_k)\alpha_i = q_{n-1}(x_k), \qquad k = 1,\ldots,n, \tag{3.29}$$

wofür wir die Kurzschreibweise

$$\sum_{i=0}^{n-1} L_{ki}\alpha_i = q_{n-1}(x_k), \qquad k = 1,\ldots,n, \tag{3.30}$$

einführen.

Da die LEGENDRE-Polynome L_n voneinander linear unabhängig sind, kann man keine Zeile der Matrix L durch Linearkombination anderer Zeilen erzeugen; L ist somit invertierbar. Es folgt:

$$\alpha_k = \sum_{i=1}^{n} \left(L^{-1}\right)_{ki} q_{n-1}(x_i), \tag{3.31}$$

und somit

$$\int_{-1}^{1} p_{2n-1}(x)\,dx = 2\alpha_0 = 2\sum_{i=1}^{n} \left(L^{-1}\right)_{0i} q_{n-1}(x_i)$$
$$= 2\sum_{i=1}^{n} \left(L^{-1}\right)_{0i} p_{2n-1}(x_i). \tag{3.32}$$

Man beachte, daß die Matrix L^{-1} durch die Eigenschaften der LEGENDRE-Polynome bestimmt ist. Sie ist von der zu integrierenden Funktion völlig unabhängig.

Gleichung (3.32) hat bereits die Form einer Integrationsregel für n Stützstellen. Die Stützstellen sind die Nullstellen von L_n, die Integrationsgewichte sind bis auf einen Faktor zwei die Elemente der obersten Zeile von L^{-1}. Man findet die Integrationsgewichte, ebenso wie die Nullstellen der LEGENDRE-Polynome, in Tabellenwerken, z. B. in Ref. [3.5]. Die Integrationsgewichte wollen wir im folgenden mit w_i bezeichnen. Wir erhalten dann als GAUSS-LEGENDRE-Regel für die Integration einer Funktion $f(x)$ über das Intervall $[-1, 1]$

$$\int_{-1}^{1} f(x)\,dx \approx I_G = \sum_{i=1}^{n} w_i f(x_i). \tag{3.33}$$

Die Bedeutung dieser Integrationsregel liegt darin, daß mit ihr alle Polynome bis zum Grad $2n-1$ exakt integriert werden. Bei analytischen Funktionen $f(x)$ erreicht man damit eine hohe Genauigkeit, weil solche Funktionen sich auf endlichen Intervallen gut durch Potenzreihen endlichen Grades approximieren lassen. Im Gegensatz zu den NEWTON-COTES-Regeln hohen Grades werden die Integrationsgewichte bei der GAUSS-LEGENDRE-Regel weder negativ, noch erreichen sie extrem große Werte.

Durch eine lineare Transformation der Integrationsvariablen können wir die GAUSS-LEGENDRE-Integration auf beliebige endliche Intervalle $[a, b]$ anwenden:

$$\int_a^b f(u)\,du = \frac{b-a}{2} \int_{-1}^{1} f\left(\frac{(b-a)x}{2} + \frac{b+a}{2}\right) dx$$
$$\approx \frac{b-a}{2} \sum_{i=1}^{n} w_i f\left(\frac{(b-a)x_i}{2} + \frac{b+a}{2}\right) = I_G. \tag{3.34}$$

Weiterentwicklungen dieser Methode bestehen darin, daß man auch Integrale wie z.B.

$$\int_{-1}^{1} \frac{f(x)}{\sqrt{1-x^2}}\,dx \quad \text{(rationale GAUSS-Integration)},$$

$$\int_{-\infty}^{\infty} f(x) e^{-x^2}\,dx \quad \text{(GAUSS-HERMITE-Integration)},$$

$$\int_{0}^{\infty} f(x) e^{-x}\,dx \quad \text{(GAUSS-LAGUERRE-Integration)},$$

in entsprechender Weise behandelt. Wir wollen hier aber nicht darauf eingehen und verweisen auf Lehrbücher der Numerik [3.1].

3.3 Programmierung

Bei der Erstellung eines Programms zur Berechnung von Integralen nach der Trapezregel, der SIMPSON-Regel und der GAUSS-LEGENDRE-Regel wollen wir uns an die in Kapitel 2 erarbeitete Form halten. Wir werden das Programm in zwei Abschnitte aufteilen: Zuerst behandeln wir die Trapez- und die SIMPSON-Regel und danach die GAUSS-LEGENDRE-Integration. Als Beispiel dient die Funktion $f(x) = 1/(2 + x^2)$. Ihre Stammfunktion lautet $g(x) = \arctan(x/\sqrt{2})/\sqrt{2}$. In Abb. 3.2 finden wir die erforderlichen Bezeichnungen.

Mathematische Bezeichnung	FORTRAN-Bezeichnung	Mathematische Bezeichnung	FORTRAN-Bezeichnung
a	A	I	IE
b	B	I_S	IS
h	H	I_T	IT
n	N	I_G	IG
x_i	X(I)	d_S	DS
w_i	W(I)	d_T	DT
$f(x)$	F(X)	d_G	DG
$g(x)$	G(X)		

Abb. 3.2 Bezeichnungen im Hauptprogramm KAP3

Wie schon in Kapitel 2 angekündigt, werden wir mit doppelter Genauigkeit rechnen. Zeile 101 in Abb. 3.3 zeigt uns, wie wir die in FORTRAN übliche implizite Typvereinbarung für den Datentyp REAL beim Wechsel zum Datentyp DOUBLE PRECISION übernehmen können. Alle Konstanten, Variablen, Felder und Funktionen, deren Namen mit einem in der Buchstabenliste (A-H,O-Z) angegebenen Buchstaben beginnen, erhalten aufgrund der IMPLICIT-Anweisung den Datentyp DOUBLE PRECISION.

Eine implizite Typvereinbarung wird durch eine explizite Vereinbarung aufgehoben. Die Variablen IE, IS, IG und IT haben durch die Anweisung in Zeile 102 den Datentyp DOUBLE PRECISION; andernfalls hätten sie aufgrund der impliziten Typvereinbarung wegen ihres Anfangsbuchstabens den Datentyp INTEGER.

Für die Stützstellen x_i und die Integrationsgewichte w_i bei der GAUSS-LEGENDRE-Integration verwenden wir die eindimensionalen Felder X und W. Durch die DIMENSION-Anweisung in Zeile 104 teilen wir dies dem Programm mit. Der Konstanten NMAX weisen wir durch die PARAMETER-Anweisung in Zeile 103 den Wert NMAX = 24 zu, d. h. es werden maximal 24 Stützstellen verwendet.

Unsere Beispielfunktion $f(x)$ und deren Stammfunktion $g(x)$ werden wie in KAP2 durch zwei FUNCTION-Unterprogramme eingeführt, die allerdings jetzt den Datentyp DOUBLE PRECISION haben (Zeile 128 bis 131 und 132 bis 135).

Die Programmierung der Trapezregel (3.7) ist sehr einfach. In Zeile 105 wird die Schrittweite nach (3.5) berechnet. In Zeile 106 werden die Beiträge an den Intervallgrenzen a und b bestimmt, und dann werden in der nachfolgenden DO-

```
      PROGRAM KAP3                                                    100

      IMPLICIT DOUBLE PRECISION (A-H,O-Z)                             101
      DOUBLE PRECISION IE, IG, IS, IT                                 102
      PARAMETER (NMAX=24)                                             103
      DIMENSION X(NMAX), W(NMAX)                                      104

*     (Eingabe von A, B und N für SIMPSON- und Trapezregel)

      H=(B-A)/(N-1)                                                   105
      IT=H/2.D0*(F(A)+F(B))                                           106
      DO 10 I=2,N-1                                                   107
       IT=IT+H*F(A+(I-1)*H)                                           108
10    CONTINUE                                                        109
      IS=H/3.D0*(F(A)+F(B))                                           110
      DO 20 I=2,N-1,2                                                 111
       IS=IS+4.D0/3.D0*H*F(A+(I-1)*H)                                 112
20    CONTINUE                                                        113
      DO 30 I=3,N-2,2                                                 114
       IS=IS+2.D0/3.D0*H*F(A+(I-1)*H)                                 115
30    CONTINUE                                                        116
      IE=G(B)-G(A)                                                    117
      DT=ABS(IT-IE)                                                   118
      DS=ABS(IS-IE)                                                   119

*     (Ausgabe von IT,IS,IE,DT und DS)

*     (Eingabe von A,B,N für GAUSS-LEGENDRE-Integration)

      IG=0.D0                                                         120
      DO 40 I=1,N                                                     121
       IG=IG+W(I)*F((B-A)*X(I)/2.D0+(B+A)/2.D0)                       122
40    CONTINUE                                                        123
      IG=(B-A)/2.D0*IG                                                124
      IE=G(B)-G(A)                                                    125
      DG=ABS(IG-IE)                                                   126

*     (Ausgabe von IG,IE und DG)

      END                                                             127


      DOUBLE PRECISION FUNCTION F(X)                                  128
      IMPLICIT DOUBLE PRECISION (A-H,O-Z)                             129
      F=1.D0/(2.D0+X*X)                                               130
      END                                                             131

      DOUBLE PRECISION FUNCTION G(X)                                  132
      IMPLICIT DOUBLE PRECISION (A-H,O-Z)                             133
      G=ATAN(X/SQRT(2.D0))/SQRT(2.D0)                                 134
      END                                                             135
```

Abb. 3.3 Numerischer Teil des Hauptprogramms KAP3 und die FUNCTION-Unterprogramme F, G

Schleife (Zeile 107 bis 109) die Beiträge an den restlichen Stützstellen aufsummiert. Mit der SIMPSON-Regel (3.14) verfahren wir analog (Zeile 110 bis 116). Wir verwenden hier zwei DO-Schleifen, eine für gerade und eine für ungerade Indizes.

Der mit der Stammfunktion $g(x)$ berechnete wahre Integralwert

$$I = g(b) - g(a) \tag{3.35}$$

(Zeile 117) dient zur Bestimmung des bei der numerischen Integration entstandenen Fehlers (Zeile 118 und 119),

$$d_T = |I_T - I| \quad \text{und} \quad d_S = |I_S - I|. \tag{3.36}$$

Einen wichtigen Programmteil haben wir noch nicht erwähnt, nämlich die Ein/Ausgabe. Da wir wiederum das komplette Programm in der Datei KAP-03.FOR auf der Diskette bereitstellen, gehen wir hier nur kurz darauf ein. Die Eingabe der Intervallgrenzen a und b und der Anzahl n der Stützstellen muß zwischen die Zeilen 104 und 105 eingefügt werden. Um uns die Arbeit zu erleichtern, werden wir Teile der Eingabe aus dem Programm KAP2 einfach übernehmen. Ähnlich werden wir in allen folgenden Kapiteln verfahren. Wir ersparen uns damit Arbeit und haben den Vorteil, daß die Eingabe einheitlich und damit übersichtlich wird. Die Ausgabe der Integralwerte I, I_T und I_S und der Abweichungen d_T und d_S erfolgt nach Zeile 119 in Form einer Tabelle, wie wir sie schon aus KAP2 kennen.

Nun wenden wir uns dem zweiten Abschnitt des Programms zu, der die GAUSS-LEGENDRE-Integration behandelt. Nach der Vorbesetzung von I_G mit dem Wert null in Zeile 120 wird in der nachfolgenden DO-Schleife die Summation über alle Stützstellen gemäß Gleichung (3.34) durchgeführt. In Zeile 124 wird schließlich noch mit dem Faktor $(b-a)/2$ durchmultipliziert.

Wie im ersten Programmabschnitt vergleichen wir auch hier den mit der numerischen Näherung bestimmten Integralwert I_G mit dem über die Stammfunktion nach (3.35) bestimmten Wert I, indem wir die Differenz

$$d_G = |I_G - I| \tag{3.37}$$

bilden (Zeilen 125 und 126).

Um die Stützstellen x_i und die Integrationsgewichte w_i nicht einzeln eingeben zu müssen, haben wir sie in Dateien gespeichert. Für jedes gewünschte n muß eine Datei existieren. Auf der Diskette sind acht solcher Dateien zu finden, und zwar für $n = 2$, 4, 6, 8, 10, 12, 16 und 24.

Für unsere weiteren Erläuterungen betrachten wir als Beispiel den Fall $n = 4$. Die gewünschten Daten befinden sich in der Datei GAUSS-04.DAT und sind folgendermaßen angeordnet:

                    0.861136311594053D0   0.347854845137454D0
                    0.339981043584856D0   0.652145154862546D0
                   −0.339981043584856D0   0.652145154862546D0
                   −0.861136311594053D0   0.347854845137454D0

In jeder Zeile stehen zwei Werte: links eine Stützstelle und rechts das zugehörige Integrationsgewicht. Wie übergeben wir nun diese Werte an das Programm? Sehen wir uns dazu Abb. 3.4 an. Nachdem wir gemäß unserem Beispiel $n = 4$ eingegeben haben (Zeile 201 bis 208) wird in Zeile 209 dieser Wert 4 in die interne Datei ZAHL geschrieben. Eine interne Datei ist in FORTRAN nichts weiter als eine CHARACTER-Variable. (Im Gegensatz dazu sind z. B. GAUSS-04.DAT und KAP-03.FOR externe Dateien.) Wir müssen die Variable ZAHL am Anfang des Programms als CHARACTER*2-Variable deklarieren. Aufgrund der WRITE-Anweisung in Zeile 209 erhält ZAHL den Wert '04'.

```
9000    CONTINUE                                                                200
        WRITE(*,'(T2/T2,A,I3,A/T2,A)')                                          201
     &  'Anzahl N der Stützstellen im Intervall [A,B] (2 ≤ N ≤',NMAX,')',       202
     &  'Bitte nur Werte angeben, für die Dateien bereitstehen!  N = '          203
        READ(*,*,IOSTAT=IOS) N                                                  204
        IF((N.LT.2).OR.(N.GT.NMAX).OR.(IOS.NE.0)) THEN                          205
          WRITE(*,'(T2,A/)') 'Eingabefehler !'                                  206
          GOTO 9000                                                             207
        ENDIF                                                                   208
        WRITE(ZAHL,'(I2.2)') N                                                  209
        INQUIRE(FILE='GAUSS-'//ZAHL//'.DAT',EXIST=OK)                           210
        IF(.NOT.OK) THEN                                                        211
          WRITE(*,'(T2,A/)')'GAUSS-'//ZAHL//'.DAT existiert nicht ',            212
          GOTO 9000                                                             213
        ENDIF                                                                   214
        OPEN(2,FILE='GAUSS-'//ZAHL//'.DAT',STATUS='OLD',IOSTAT=IOS)             215
        IF(IOS.NE.0) THEN                                                       216
          WRITE(*,'(T2/T2,A)')                                                  217
     &    'GAUSS-'//ZAHL//'.DAT: Dateieröffnungsfehler !'                       218
          STOP                                                                  219
        ENDIF                                                                   220
        DO 10000 I=1,N                                                          221
          READ(2,*,IOSTAT=IOS) X(I),W(I)                                        222
          IF(IOS.NE.0) THEN                                                     223
            WRITE(*,'(T2/T2,A)')                                                224
     &      'GAUSS-'//ZAHL//'.DAT: Lesefehler !'                                225
            STOP                                                                226
          ENDIF                                                                 227
10000   CONTINUE                                                                228
        CLOSE(2,IOSTAT=IOS)                                                     229
        IF(IOS.NE.0) THEN                                                       230
          WRITE(*,'(T2/T2,A)')                                                  231
     &    'GAUSS-'//ZAHL//'.DAT: Dateischließungsfehler !'                      232
          STOP                                                                  233
        ENDIF                                                                   234
```

Abb. 3.4 Eingabe von N, X und W für die GAUSS-LEGENDRE-Integration im Hauptprogramm KAP3

In Zeile 210 wird dann überprüft, ob die Datei GAUSS-04.DAT existiert. Hierbei ist zu beachten, daß nur im aktuellen Verzeichnis (directory) nachgesehen wird. Bei Nichtexistenz erhält die LOGICAL-Variable OK den Wert .FALSE., und durch den nachfolgenden IF-Block (Zeile 211 bis 214) werden wir nach einer Fehlermeldung zu erneuter Eingabe eines Wertes für n aufgefordert (Rücksprung zur Marke 9000).

Ist OK=.TRUE., d.h. die Datei GAUSS-04.DAT ist vorhanden, so wird diese in Zeile 215 eröffnet, mit der nachfolgenden DO-Schleife (Zeile 221 bis 228) werden die Werte eingelesen, und schließlich wird in Zeile 229 die Datei wieder geschlossen. Sollte beim Dateieröffnen, beim Einlesen oder beim Dateischließen ein Fehler auftreten, bricht das Programm mit einer entsprechenden Meldung ab.

3.4 Übungsaufgaben

3.1 Berechnen Sie das Integral über $f(x) = 1/(2+x^2)$ für verschiedene Integrationsgrenzen und verschiedene Anzahl von Stützstellen mit der Trapezregel und mit der SIMPSON-Regel. Vergleichen Sie die Fehler. Die Fehler bei der Trapezregel und der SIMPSON-Regel werden nahezu gleich, wenn die untere Integrationsgrenze weit im Negativen und die obere Integrationsgrenze weit im Positiven liegen. Können Sie dafür eine Erklärung geben?

3.2 Berechnen Sie das Integral über $f(x) = 1/(2+x^2)$ für verschiedene Integrationsgrenzen und verschiedene Anzahl von Stützstellen nach der GAUSS-LEGENDRE-Integration, und vergleichen Sie die Fehler mit den bei Anwendung der Trapezregel und der SIMPSON-Regel erhaltenen Fehlern. Um wieviel wird das Ergebnis genauer, wenn man die GAUSS-LEGENDRE-Integration verwendet?

3.3 Ersetzen Sie in Ihrem FORTRAN-Programm den Integranden $1/(2+x^2)$ durch andere Funktionen, wie z.B. $\sin x$, $\log x$ etc., und vergleichen Sie wieder die mit den verschiedenen Integrationsverfahren erzielten Genauigkeiten.

3.5 Lösung der Übungsaufgaben

3.1 Der Integrand $1/(2+x^2)$ hat die Gestalt einer Glockenkurve. Wenn die Integrationsgrenzen einen Teil der Glocke herausschneiden, dann ist die Integration mit der SIMPSON-Regel genauer als die Integration mit der Trapezregel. Wenn die Integrationsgrenzen nahezu die gesamte Glocke einschließen, dann werden die Fehler näherungsweise gleich groß. Dies läßt sich folgendermaßen erklären. Wenn der Integrand in der Nähe beider Integrationsgrenzen fast verschwindet, dann spielen die Integrationsgewichte am Rand keine Rolle. Die übrigen Integrationsgewichte sind bei der Trapezregel alle gleich eins. Bei der SIMPSON-Regel wird sich im angenommenen Fall das Ergebnis kaum ändern, wenn man eine zweite Integration mit einem um h verschobenen Gitter vornimmt. Der Mittelwert der beiden Ergebnisse entspricht einer Integration mit gemittelten Integrationsgewichten. Der Mittelwert von 4/3 und 2/3 ist aber gleich eins, d.h. man integriert bei der SIMPSON-Regel und bei der Trapezregel effektiv mit gleichen Gewichten.

3.2 Bei vergleichbarer Anzahl von Stützstellen ist der Fehler bei der GAUSS-LEGENDRE-Integration meist um einige Zehnerpotenzen kleiner als bei der Integration mit der Trapez- oder der SIMPSON-Regel. Für alle drei Integrationsregeln gilt, daß man sich immer den Integranden genauer ansehen sollte, bevor man eine numerische Integration durchführt. Integriert man z. B. die Funktion $f(x) = 1/(2 + x^2)$ von $x = 0$ bis $x = 100$, dann erhält man bei der GAUSS-LEGENDRE-Integration mit 24 Stützstellen nur eine Genauigkeit von 3 Dezimalstellen. Zerlegt man dagegen das Integral in eine Summe von 3 Integralen über die Intervalle [0, 5], [5, 30] und [30, 100], dann hat man sofort die maximal erreichbare Genauigkeit von 15 Dezimalstellen. Die genaue Wahl der Teilintervalle ist dabei nicht kritisch. Es kommt nur darauf an, daß das erste Intervall den Bereich umschließt, in dem $f(x)$ wesentlich von null verschieden ist, während im dritten Intervall der Integrand fast verschwindet. Es lohnt sich, „herumzuspielen" und ein Gefühl dafür zu entwickeln, was die einzelnen Integrationsregeln leisten.

3.3 Im FORTRAN-Programm erscheinen der Integrand $f(x)$ und dessen Stammfunktion nur in den FUNCTION-Unterprogrammen und im Kommentar. Nur an diesen Stellen müssen Änderungen vorgenommen werden. Bei oszillierenden Funktionen, wie z. B. $f(x) = \sin x$, wird man feststellen, daß es selbst bei Verwendung der GAUSS-LEGENDRE-Integration nicht möglich ist, mit nur wenigen Stützstellen über viele Oszillationen hinweg zu integrieren, ohne große Fehler zu erhalten. Man muß in diesem Fall das Integral in Teilintegrale zerlegen.

4. Die harmonische Schwingung mit Gleit- und Haftreibung, graphische Ausgabe von Kurven

4.1 Problemstellung

In den Vorlesungen über Mechanik werden einfache und gekoppelte harmonische Schwingungen von Massenpunkten ausführlich behandelt. Man erhält verschiedene Schwingungsformen, je nachdem ob man mit oder ohne Antriebskraft rechnet, ob Reibungskräfte berücksichtigt werden oder nicht. Als Reibungskräfte wählt man meist geschwindigkeitsabhängige Kräfte. Diese spielen erstens eine wichtige Rolle in der Physik, wie z. B. bei der Dämpfung von Galvanometern, und zweitens lassen sie sich analytisch behandeln. Weniger angenehm sind bei der analytischen Rechnung die Gleitreibung und die Haftreibung, denn sie verhalten sich am Umkehrpunkt einer Schwingung unstetig. Analytische Lösungen kann man deshalb nur stückweise angeben. Einem Computer bereitet es keine Schwierigkeiten, über die Unstetigkeiten hinwegzuintegrieren. Wir behandeln deshalb als erstes physikalisches Beispiel die Bewegung eines Massenpunktes unter dem Einfluß einer harmonischen rücktreibenden Kraft und unter dem Einfluß von Gleit- und Haftreibungskräften.

Das Ergebnis der Rechnung wollen wir graphisch ausgeben, d. h. wir wollen die Schwingungsbewegung als Kurve auf dem Bildschirm sehen. Den dazu nötigen Dialog und die zugehörigen Programme werden wir in diesem Kapitel kennenlernen.

Abb 4.1 zeigt das Beispiel. Eine punktförmige Masse $M = 1$ kg bewege sich längs der x-Achse unter dem Einfluß der folgenden Kräfte:

1) Eine Federkraft $K_1 = -Ax$ mit $A = 3\,\mathrm{Nm}^{-1}$ treibt den Massenpunkt zum Koordinatenursprung.

2) Eine Gleitreibungskraft $K_2 = -B\dfrac{dx/dt}{|dx/dt|}$ mit $B = 0.5$ N dämpft die Bewegung ($K_2 = 0$, wenn $dx/dt = 0$).

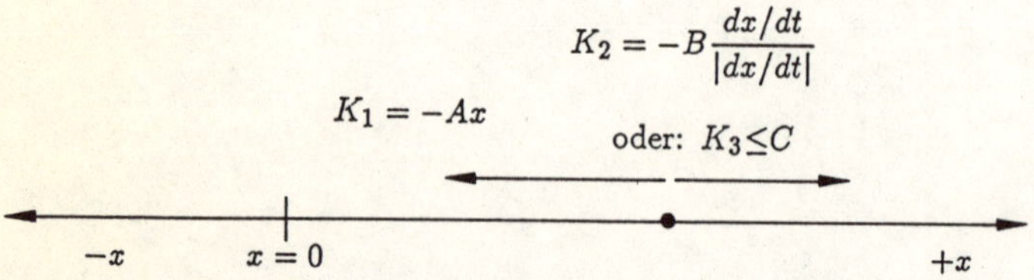

Abb. 4.1 Massenpunkt unter dem Einfluß von rücktreibender Kraft und Reibungskraft

3) Eine Haftreibungskraft K_3 mit $|K_3| \leq C$ und $C = 1\,\text{N}$ hält den Massenpunkt fest, wenn er sich nicht bewegt.

Die Bewegungsgleichung lautet

$$-M\frac{d^2x}{dt^2} - Ax - B\frac{dx/dt}{|dx/dt|} + K_3 = 0. \qquad (4.1)$$

Der Einfluß der Haftreibung auf die Schwingungsbewegung läßt sich sofort angeben. Wenn $dx/dt = 0$ wird, dann muß

$$A|x| > C \qquad (4.2)$$

sein, sonst bleibt der Massenpunkt stehen. Mit obigen Zahlenwerten für A und C ergibt sich, daß der Massenpunkt stehenbleibt, wenn gilt

$$dx/dt = 0 \quad \text{und} \quad |x| \leq \tfrac{1}{3}\text{m}. \qquad (4.3)$$

4.2 Numerische Behandlung

4.2.1 Transformation der Differentialgleichung

Die Bewegungsgleichung (4.1) hat die Form

$$\frac{d^2x}{dt^2} = f(x, dx/dt, t), \qquad (4.4)$$

d. h. es handelt sich um eine gewöhnliche Differentialgleichung 2. Ordnung in einer Dimension.

Um die Gleichung zu lösen, wollen wir sie zunächst in ein System von gekoppelten Differentialgleichungen 1. Ordnung umschreiben. Für solche Differentialgleichungssysteme existiert mit dem EULER-Verfahren eine Lösungsmethode, die sich besonders leicht programmieren läßt und die wir deshalb in diesem Kapitel anwenden wollen. Die Umformung wird erreicht durch Einführung einer zweiten zu bestimmenden Lösungsfunktion. Die erste Lösungsfunktion ist der Ort x des Massenpunktes als Funktion der Zeit t; sie wird von nun an mit $y_1(t)$ bezeichnet. Als zweite Lösungsfunktion führen wir die Geschwindigkeit dx/dt des Massenpunktes ein und bezeichnen sie mit $y_2(t)$,

$$y_1(t) = x(t), \qquad (4.5a)$$

$$y_2(t) = \frac{dx(t)}{dt}. \qquad (4.5b)$$

Damit erhält man aus (4.4) das System von gekoppelten Differentialgleichungen 1. Ordnung:

$$\frac{dy_1}{dt} = y_2, \tag{4.6a}$$

$$\frac{dy_2}{dt} = f(y_1, y_2, t). \tag{4.6b}$$

Die Umformung läßt sich verallgemeinern auf mehrdimensionale Schwingungsgleichungen und auf Gleichungen für gekoppelte Schwingungen.

4.2.2 Das EULER-Verfahren

Um das EULER-Verfahren zu verstehen, betrachten wir zunächst eine einzelne Differentialgleichung vom Typ

$$\frac{dy}{dt} = f(y, t). \tag{4.7}$$

Für den Differentialquotienten auf der linken Seite verwenden wir (2.2) und erhalten

$$\frac{y(t+h) - y(t)}{h} + O(h) = f(y, t), \tag{4.8}$$

oder

$$y(t+h) = y(t) + hf(y(t), t) + O(h^2). \tag{4.9}$$

Wenn wir das Fehlerglied $O(h^2)$ vernachlässigen, dann wird (4.9) zu einer Rekursionsformel, die uns gestattet, die Funktion $y(t)$, ausgehend von einem Anfangswert $y(0)$, in Schritten von h zu berechnen.

Haben wir statt der einen Differentialgleichung (4.7) ein gekoppeltes System von Differentialgleichungen der Form

$$\frac{dy_i}{dt} = f_i(y_1, y_2, \ldots, y_n; t), \qquad i = 1, \ldots, n, \tag{4.10}$$

dann läßt sich (4.9) verallgemeinern, und man erhält

$$y_i(t+h) = y_i(t) + hf_i(y_1(t), \ldots, y_n(t); t) + O(h^2), \qquad i = 1, \ldots, n. \tag{4.11}$$

Wenn wir die Fehlerglieder vernachlässigen, wird (4.11) zu einem System von Rekursionsformeln, mit dem sich die unbekannten Funktionen $y_i(t)$ auf einem Gitter der Schrittweite h näherungsweise berechnen lassen. Man gibt die Anfangswerte $y_1(0), y_2(0), \ldots, y_n(0)$ vor und berechnet im ersten Durchgang $y_1(h), y_2(h), \ldots, y_n(h)$, im zweiten Durchgang $y_1(2h), y_2(2h), \ldots, y_n(2h)$, und so fort. Man nennt diese Rekursion das EULER-Verfahren.

Das EULER-Verfahren ist zwar leicht zu verstehen und einfach zu programmieren, aber es ist nicht sehr genau und nicht sehr stabil. Bei jeder Anwendung der Rekursion bewegt man sich entlang der an die Lösungskurven angelegten Tangenten bis zur nächsten Stützstelle. Man schießt daher jedesmal ein wenig über das Ziel hinaus. Wir werden an unserem Beispiel sehen, daß deshalb die berechnete Schwingung die Tendenz hat, sich aufzuschaukeln. Bei zu groß gewählter Schrittweite h wird dies an der graphischen Darstellung gut zu erkennen sein. Die Verwendung doppelter Genauigkeit wird es zwar erlauben, h so klein zu wählen, daß das EULER-Verfahren gute Ergebnisse liefert. Die Rechenzeit wird dann aber unangenehm lang.

4.3 Programmierung

Zunächst muß die Differentialgleichung (4.1) unter Berücksichtigung der Nebenbedingung (4.2) auf die Form (4.10) gebracht werden. Unter Verwendung von (4.5) erhält man

$$\frac{dy_1(t)}{dt} = y_2(t), \tag{4.12a}$$

$$\frac{dy_2(t)}{dt} = \begin{cases} 0, & \text{falls} \quad y_2(t) = 0 \quad \text{und} \quad |y_1(t)| \leq \frac{C}{A}, \\ -\frac{A}{M}y_1(t) - \frac{B}{M}\frac{y_2(t)}{|y_2(t)|}, & \text{sonst.} \end{cases} \tag{4.12b}$$

Vergleich mit (4.10) ergibt

$$f_1(y_1(t), y_2(t); t) = y_2(t), \tag{4.13a}$$

$$f_2(y_1(t), y_2(t); t) = \begin{cases} 0, & \text{falls} \quad y_2(t) = 0 \quad \text{und} \quad |y_1(t)| \leq \frac{C}{A}, \\ -\frac{A}{M}y_1(t) - \frac{B}{M}\frac{y_2(t)}{|y_2(t)|}, & \text{sonst.} \end{cases} \tag{4.13b}$$

Um einen Rekursionsschritt des EULER-Verfahrens zu programmieren, müssen wir nur (4.11) und (4.13) in FORTRAN-Anweisungen umsetzen, was nur wenige Zeilen kostet. Wir wollen daher für das EULER-Verfahren kein Unterprogramm schreiben, sondern die gesamte numerische Rechnung im Hauptprogramm KAP4 durchführen, vgl. Abbn. 4.2 und 4.3.

In einer PARAMETER-Anweisung werden den Konstanten A, B, C und M Werte zugewiesen (Zeile 103). Die Konstante M wäre wegen der impliziten Typenvereinbarung eine INTEGER-Größe. Wir müssen sie deshalb vorher als DOUBLE PRECISION deklarieren (Zeile 102).

Physikalische Bezeichnung	FORTRAN-Bezeichnung	Physikalische Bezeichnung	FORTRAN-Bezeichnung
A	A	h	H
B	B	t	T
C	C	t_1	T1
M	M	$y_1(t) = x(t)$	Y1
$y_1(0)$	XO	$y_2(t) = dx/dt$	Y2
$y_2(0)$	VO	$f_1(y_1, y_2; t)$	F1
		$f_2(y_1, y_2; t)$	F2

Abb. 4.2 Im Hauptprogramm KAP4 verwendete Bezeichnungen

```
      PROGRAM KAP4                                              100

      IMPLICIT DOUBLE PRECISION (A-H,O-Z)                       101
      DOUBLE PRECISION M                                        102
      PARAMETER (A=3.D0,B=.5D0,C=1.D0,M=1.D0)                   103
*     (Eingabe von XO, VO, T1, H)

      T=0.D0                                                    104
      Y1=XO                                                     105
      Y2=VO                                                     106
*     (Zeichnung vorbereiten, Achsenkreuz zeichnen)

10    CONTINUE                                                  107
      IF(T.LT.T1) THEN                                          108
        F1=Y2                                                   109
        F2=-A/M*Y1-B/M*SIGN(1.D0,Y2)                            110
        IF(Y2*(Y2+H*F2).LE.0 .AND. ABS(Y1).LE.C/A) GOTO 20      111
        Y1=Y1+H*F1                                              112
        Y2=Y2+H*F2                                              113
20      CONTINUE                                                114
        T=T+H                                                   115
*     (Kurvenstück zeichnen)

        GOTO 10                                                 116
      ENDIF                                                     117
*     (Zeichnung beenden; fragen, ob weitergerechnet werden soll)

      END                                                       118
```

Abb. 4.3 Numerischer Teil des Hauptprogramms KAP4

In den Zeilen 105 und 106 erhalten die beiden Variablen Y1 und Y2 die vorher eingegebenen Anfangswerte. Die rechten Seiten des Differentialgleichungssystems werden in den Zeilen 109 und 110 berechnet. In den Zeilen 112 und 113 wird die EULER-Rekursion (4.11) durchgeführt. In Zeile 111 wird überprüft, ob die Bewegung durch die Haftreibung zum Stillstand gekommen ist. Trifft dies zu, werden die Zeilen 112 und 113, in denen y_1 und y_2 neue Werte erhalten, einfach übersprungen. Die Bedingung für das Anhalten der Bewegung läßt sich nicht nach Gl. (4.13b) programmieren. Da wir mit einer endlichen Zeitschrittweite h rechnen, ist es sehr unwahrscheinlich, daß wir bei unserer Integration genau den Zeitpunkt treffen, an dem sich die Bewegungsrichtung umkehrt und die Geschwindigkeit y_2 zu null wird. Wir müssen deshalb überprüfen, ob y_2 das Vorzeichen wechselt. Mit Hilfe einer Multiplikation läßt sich dies recht kompakt hinschreiben. Gibt es zwischen t und $t+h$ einen Vorzeichenwechsel von y_2, dann ist das Produkt von $y_2(t)$ und $y_2(t+h)$ negativ. Haben wir den Umkehrpunkt genau getroffen, dann ist das Produkt null. Den zweiten Teil der Bedingung (4.13b), nämlich daß $|y_1| \leq C/A$ gelten muß, können wir direkt prüfen.

Da wir y_1 nicht nur für einen Zeitschritt berechnen wollen, sondern auf dem ganzen Intervall von 0 bis t_1, müssen wir die Zeilen 109 bis 115 so lange wiederholen, bis $t \geq t_1$. Dazu dienen der Rücksprung in Zeile 116 und die Abfrage in Zeile 108.

Auf die alphanumerische Ein/Ausgabe wollen wir von nun an nicht mehr eingehen. In diesem Kapitel kommt jedoch eine neue Art der Ein/Ausgabe hinzu: Wir nutzen die graphischen Möglichkeiten des Bildschirms. In diesem und den nächsten Kapiteln werden wir die auf der Diskette zu findenden graphischen Unterprogramme kennenlernen. Wenn die Bibliothek GRAPHIK.LIB korrekt installiert wurde (siehe Kapitel 1), sind alle Graphikprogramme abrufbereit.

Bevor man graphische Ein/Ausgaben durchführen kann, muß das Graphiksystem initialisiert werden. Dies geschieht durch den Aufruf

```
        CALL GOPEN(XMIN,XMAX,XTICK,YMIN,YMAX,YTICK,
                              XNAME,YNAME,IGRID,ICROSS)
```

Das Unterprogramm GOPEN zeichnet Koordinatenachsen, unterteilt die Achsen durch Markierungen und versieht die Markierungen mit Zahlenwerten. Außerdem ist es möglich, die Achsen zu beschriften. Die einzelnen Parameter haben folgende Bedeutung:

```
***********************************************************************
*     XMIN:   Niedrigster Wert auf der x-Achse                        *
*             (DOUBLE PRECISION-Ausdruck)                             *
*     XMAX:   Höchster Wert auf der x-Achse                           *
*             (DOUBLE PRECISION-Ausdruck)                             *
*     XTICK:  Abstand der Markierungen auf der x-Achse,               *
*             XTICK= 0.D0: keine Markierungen                         *
*             XTICK=-1.D0: automatische Bestimmung der Markierungen   *
*             (DOUBLE PRECISION-Ausdruck)                             *
*     YMIN:   Niedrigster Wert auf der y-Achse                        *
*             (DOUBLE PRECISION-Ausdruck)                             *
*     YMAX:   Höchster Wert auf der y-Achse                           *
*             (DOUBLE PRECISION-Ausdruck)                             *
*     YTICK:  Abstand der Markierungen auf der y-Achse,               *
*             YTICK= 0.D0: keine Markierungen                         *
*             YTICK=-1.D0: automatische Bestimmung der Markierungen   *
*             (DOUBLE PRECISION-Ausdruck)                             *
```

```
*      XNAME:    Beschriftung der x-Achse                             *
*                (CHARACTER*(*)-Ausdruck)                             *
*      YNAME:    Beschriftung der y-Achse                             *
*                (CHARACTER*(*)-Ausdruck)                             *
*      IGRID:    IGRID=0: Gitterlinien nicht sichtbar                 *
*                IGRID=1: Gitterlinien sichtbar                       *
*                {INTEGER-Ausdruck}                                   *
*      ICROSS:   ICROSS=0: kein Achsenkreuz                           *
*                ICROSS=1: Achsenkreuz durch den Ursprung (X,Y)=(0.,0.) *
*                {INTEGER-Ausdruck}                                   *
**********************************************************************
```

Mit dem Aufruf

    CALL GCLOSE

wird die graphische Ein/Ausgabe beendet. Alle anderen graphischen Unterprogramme müssen also zwischen GOPEN und GCLOSE stehen.

Das Unterprogramm GLINE dient zum Zeichnen von Linien. Es wird aufgerufen durch

    CALL GLINE(X1,Y1,X2,Y2,ICOLOR,ISTYLE)

und zieht eine Gerade vom Punkt (X1,Y1) zum Punkt (X2,Y2). Der Parameter ICOLOR bestimmt die Farbe der Linie und sollte einen Wert zwischen 0 und 15 haben. Mit ISTYLE gibt man den Linientyp an: 1 = durchgezogen, 2 = lang gestrichelt, 3 = gepunktet, 4 = strichgepunktet (1 Punkt), 5 = kurz gestrichelt und 6 = strichgepunktet (2 Punkte).

Indem wir eine Kurve aus lauter kleinen Geradenstücken zusammensetzen, können wir mit Hilfe von GLINE auch Kurven zeichnen. Dieses Verfahren hat allerdings den Nachteil, daß jedesmal der zuletzt gezeichnete Punkt der Kurve durch die beiden Parameter X1 und Y1 übergeben werden muß. Dies kann sehr lästig werden, wenn man in einem Programm mehrere Kurven gleichzeitig berechnen und zeichnen möchte, wie z.B. den Ort und die Geschwindigkeit einer eindimensionalen Bewegung. Deshalb stehen zum Zeichnen von Kurven die Unterprogramme GMOVE und GDRAW zur Verfügung. Das Unterprogramm GMOVE legt den Anfangspunkt (X0,Y0) für eine zu zeichnende Kurve fest und wird durch

    CALL GMOVE(NUMBER,X0,Y0,ICOLOR,ISTYLE)

aufgerufen. Es können die Anfangspunkte von bis zu 20 Kurven festgelegt werden, welche durch den Parameter NUMBER unterschieden werden. Die Bedeutung der Parameter ICOLOR und ISTYLE ist dieselbe wie die bei GLINE. Das Zeichnen der Kurve erfolgt durch das Unterprogramm GDRAW. Der Aufruf

    CALL GDRAW(NUMBER,X,Y)

bewirkt, daß zum aktuellen Punkt (X,Y) eine gerade Linie gezogen wird. Man kann GDRAW beliebig oft hintereinander anwenden, um auf diese Weise eine Kurve zu zeichnen.

Die Routine GCOLOR ermöglicht es dem Benutzer, die Farben für die graphische Darstellung auszusuchen. Nach dem Aufruf

```
CALL GCOLOR(NOTE,ICOLOR)
```

erscheint auf dem Bildschirm eine Palette von Farben, wobei jede Farbe mit einem Buchstaben versehen ist. Je nach Zahl der Farben, die der Bildschirm darstellen kann, werden bis zu 16 Farben angeboten, wobei die Hintergrundfarbe stets mit dem Buchstaben „A" versehen ist. Durch Eingabe des entsprechenden Buchstabens erhält der Parameter ICOLOR einen Wert, der sich aus der Zuordnung A $\to$ 0, B $\to$ 1, ..., P $\to$ 15 ergibt. Dieser Wert wird dann an das rufende Programm zurückgegeben. Kann der Bildschirm nur eine Vorder- und eine Hintergrundfarbe darstellen, so wählt GCOLOR automatisch die Vordergrundfarbe. Durch den Parameter NOTE hat man die Möglichkeit, zusätzlich zu der Farbpalette einen einzeiligen Kommentar auszugeben, der als CHARACTER*(*)-Ausdruck zu übergeben ist.

Das gesamte Programm für dieses Kapitel ist auf der Diskette in der Datei KAP-04.FOR zu finden.

4.4 Übungsaufgaben

4.1 Prüfen Sie die Stabilität des Lösungsverfahrens durch Verändern der Integrationsschrittweite h. In welchem Bereich erhalten Sie eine stabile Lösung? Was passiert, wenn Sie h zu groß wählen?

4.2 Berechnen Sie die Auslenkung des Massenpunktes als Funktion der Zeit für verschiedene Anfangswerte der Auslenkung und der Geschwindigkeit. Wie wirkt sich die Reibungsdämpfung aus? Wo kommt der Massenpunkt zur Ruhe?

4.3 Verfolgen Sie eine Schwingungsbewegung über mehrere Perioden hinweg, und bestimmen Sie die Schwingungsdauer. Hat die Gleitreibung einen Einfluß auf die Schwingungsdauer? Wie läßt sich das Ergebnis Ihrer Untersuchung erklären?

4.5 Lösung der Übungsaufgaben

4.1 Eine zufriedenstellende Genauigkeit erhält man mit Integrationsschrittweiten, die kleiner sind als etwa 0.001 sec. Das Programm würde noch kleinere Schrittweiten erlauben, aber die Rechenzeit wird dann sehr lang. Wird die Schrittweite größer als $h = 0.03$ sec, dann schaukelt sich die Schwingung trotz Reibungsdämpfung auf.

4.2 Die Schwingungsamplitude verringert sich von Maximum zu Maximum jeweils um den gleichen Betrag. Der Massenpunkt kommt in der Regel nicht bei $x = 0$ zum Stehen, sondern bleibt bei einer Auslenkung $|x| \leq 1/3$ m hängen. Abb. 4.4 zeigt die Bildschirmausgabe einer Schwingungskurve mit Anfangsauslenkung 3 m und Anfangsgeschwindigkeit 2 m/sec.

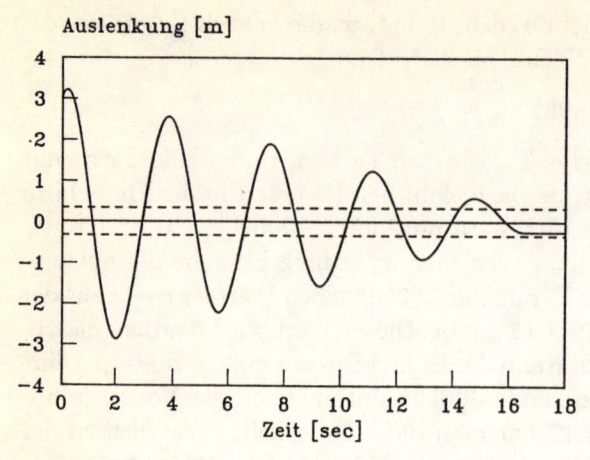

Abb. 4.4 Schwingungskurve für Anfangsauslenkung 3 m und Anfangsgeschwindigkeit 2 m/sec

4.3 Die harmonische Schwingung ohne Reibung hätte eine Schwingungsdauer von $\tau = 2\pi\sqrt{(M/A)} = 3.63$ sec. Im Rahmen der Rechen- und Ablesegenauigkeit findet man diesen Wert auch bei der Schwingung mit Gleit- und Haftreibung. Dies läßt sich folgendermaßen verstehen. Die Haftreibung kann die Schwingungsdauer nur dann verändern, wenn der Massenpunkt stehenbleibt, da sie andernfalls gar nicht zur Wirkung kommt. Um den Einfluß der Gleitreibungskraft zu verstehen, muß man sich die Bewegungsgleichung (4.1) näher ansehen. Bei positiver Geschwindigkeit, also bei Bewegung in Richtung der positiven x-Achse, hat die Gleitreibungskraft den konstanten Wert $-B$. In der umgekehrten Bewegungsrichtung hat sie den konstanten Wert $+B$. Man kann diese konstanten Werte mit dem zweiten Term der Gleichung zusammenfassen und erhält:

$$-Ax - B\frac{dx/dt}{|dx/dt|} = \begin{cases} -A(x + B/A), & \text{wenn } dx/dt \text{ positiv}, \\ -A(x - B/A), & \text{wenn } dx/dt \text{ negativ}. \end{cases} \quad (4.14)$$

Die Gleitreibungskraft wirkt so, als sei das Kraftzentrum von $x = 0$ nach $x = -B/A$ oder $x = +B/A$ verschoben, je nachdem in welcher Richtung sich der Massenpunkt bewegt. Eine solche Verschiebung des Kraftzentrums hat aber keinen Einfluß auf die Schwingungsdauer. Lediglich die Amplitude verringert sich von Umkehrpunkt zu Umkehrpunkt um den Wert $2B/A$.

5. Die anharmonische freie und erzwungene Schwingung

5.1 Problemstellung

Ein exakt harmonisches Potential gibt es in der Natur nur selten; eine kleine Anharmonizität ist fast immer dabei. Bei analytischer Rechnung bereiten solche Störterme erhebliche Schwierigkeiten. Bei der numerischen Rechnung mit dem Computer dagegen macht es kaum einen Unterschied, ob ein harmonisches oder ein anharmonisches Potential vorliegt. Wir wollen im folgenden wieder die eindimensionale Bewegung eines Massenpunktes der Masse $M = 1\,\text{kg}$ betrachten. Die Reibungskräfte werden abgeschaltet. Das Potential der rücktreibenden Kraft hat die Form

$$V(x) = A\frac{|x|^{B+1}}{(B+1)}. \tag{5.1}$$

Die rücktreibende Kraft ist dann

$$K(x) = -A|x|^B \frac{x}{|x|}. \tag{5.2}$$

Wenn wir noch eine harmonische Antriebskraft hinzunehmen, lautet die Bewegungsgleichung

$$-M\frac{d^2x}{dt^2} - A|x|^B \frac{x}{|x|} + C\cos\omega t = 0. \tag{5.3}$$

Abb. 5.1 zeigt einige Potentialformen. Für $B \to 0$ erhalten wir in der positiven und negativen x-Richtung je eine schiefe Ebene. Bei verschwindender Antriebskraft ließe sich dieser Fall auch analytisch recht einfach behandeln. Man hätte sowohl für positive als auch für negative x-Werte jeweils die Lösung des frei fallenden Körpers und könnte die Lösungen am Ursprung miteinander verbinden. Die Schwingungsdauer wächst dann mit der Quadratwurzel der Auslenkung. Für $B = 1$ haben wir wieder den harmonischen Fall, und die Schwingungsdauer hängt bei verschwindender Antriebskraft nicht von der Auslenkung ab. Für große Werte von B nähern wir uns dem Fall harter, reflektierender Wände, und die Schwingungsdauer wird mit wachsender Auslenkung immer kürzer.

Interessant ist es, die Wirkung der Antriebskraft zu untersuchen. Sie rüttelt an der Masse mit fest vorgegebener Kreisfrequenz ω. Was wird passieren, wenn wir in der Ruhelage beginnen und die Kraft an der Masse rütteln lassen? Rich-

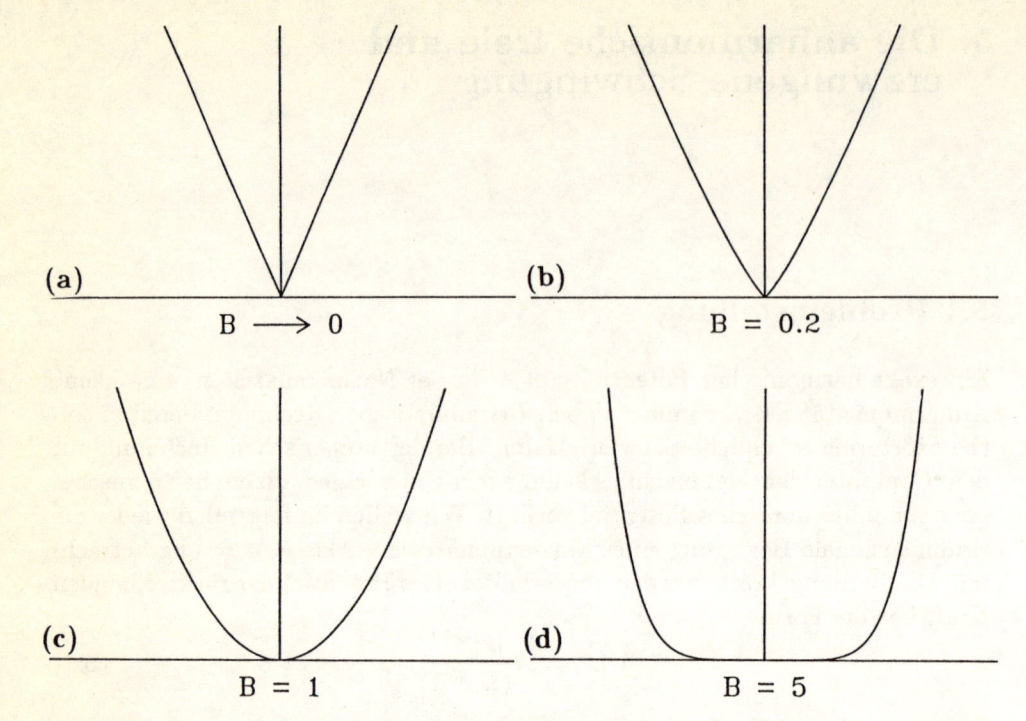

Abb. 5.1 Das Potential $V(x)$ für verschiedene Werte von B

tig angreifen, d. h. Energie übertragen, kann die Antriebskraft nur, wenn ihre Frequenz mit der Frequenz der Schwingung einigermaßen gut übereinstimmt. Dies wird bei anharmonischer Schwingung aber erst dann eintreten, wenn eine bestimmte Auslenkung erreicht ist. Überlassen wir es doch dem Computer, uns zu zeigen, was passiert!

5.2 Numerische Behandlung

5.2.1 Verbesserung des EULER-Verfahrens

Die Übungsaufgaben von Kapitel 4 haben gezeigt, daß wir beim EULER-Verfahren lange Rechenzeiten in Kauf nehmen müssen, um genaue Ergebnisse zu erzielen. Wenn die Bewegungsabläufe komplizierter werden, indem z. B. die Krümmung der Bahnkurve starken Änderungen unterliegt, dann ist das EULER-Verfahren nicht mehr brauchbar. Wir müssen uns deshalb nach einem besseren Verfahren umsehen.

Das RUNGE-KUTTA-Verfahren, das wir in diesem und in nachfolgenden Kapiteln verwenden werden, ist etwas schwieriger zu verstehen als das EULER-Verfahren. Gewissermaßen als Brücke zum RUNGE-KUTTA-Verfahren wollen wir deshalb zuerst eine mögliche Verbesserung des EULER-Verfahrens diskutieren.

Wir betrachten zunächst wieder eine Differentialgleichung erster Ordnung vom Typ

$$\frac{dy}{dt} = f(y,t). \tag{5.4}$$

Um die Technik der TAYLOR-Entwicklung anwenden zu können, setzen wir im folgenden voraus, daß $f(y,t)$ genügend oft nach y und t differenzierbar ist. Wir können dann als Lösungsansatz für $y(t)$ die ersten Glieder einer TAYLOR-Reihe hinschreiben und erhalten unter Verwendung von (5.4)

$$\begin{aligned} y(t+h) &= y(t) + h\frac{dy(t)}{dt} + \frac{h^2}{2}\frac{d^2y(t)}{dt^2} + O(h^3) \\ &= y(t) + hf(y(t),t) + \frac{h^2}{2}\frac{df(y(t),t)}{dt} + O(h^3). \end{aligned} \tag{5.5}$$

Für die Ableitung von $f(y,t)$ nach t verwenden wir (2.2),

$$\frac{df(y(t),t)}{dt} = \frac{f(y(t+h),t+h) - f(y(t),t)}{h} + O(h), \tag{5.6}$$

und ersetzen in (5.6) die Größe $y(t+h)$ durch (4.9). Einsetzen in (5.5) führt nach einer kurzen Umformung auf

$$y(t+h) = y(t) + h\frac{f(y(t) + hf(y(t),t), t+h) + f(y(t),t)}{2} + O(h^3). \tag{5.7}$$

Wir erhalten so eine verbesserte Rekursionsformel, deren Fehlerglied nur noch von der Ordnung h^3 ist. Man erkennt sofort, wo die Verbesserung gegenüber (4.9) liegt: An die Stelle der Steigung der Lösungskurve an der Stützstelle t ist der Mittelwert der Steigungen an den Stützstellen t und $t+h$ getreten. Um die Steigung an der Stützstelle $t+h$ anzugeben, müßte man eigentlich die Lösungskurve an dieser Stelle bereits kennen. Da dies nicht der Fall ist, wird stattdessen die mit der gewöhnlichen EULER-Formel (4.9) gewonnene Näherung für $y(t+h)$ eingesetzt. Der dadurch entstehende Fehler ist von der Ordnung h^3 und ist damit von der gleichen Ordnung wie der Fehler, den man in (5.5) ohnehin bereits in Kauf nimmt.

Für praktische Rechnungen führt man oft die folgenden Abkürzungen ein:

$$\begin{aligned} k^{(1)} &= f(y(t),t), \\ k^{(2)} &= f(y(t) + hk^{(1)}, t+h). \end{aligned} \tag{5.8}$$

In dieser Kurzschreibweise lautet die Formel für das verbesserte Euler-Verfahren

$$y(t+h) = y(t) + \frac{h}{2}\left(k^{(1)} + k^{(2)}\right) + O(h^3). \tag{5.9}$$

Die Verallgemeinerung auf mehrere gekoppelte Gleichungen ist ohne weiteres möglich, da wir nirgends explizit die Tatsache ausgenutzt haben, daß $y(t)$ eine skalare Funktion ist. Wir dürfen (5.4) als Gleichungssystem für vektorwertige Funtionen auffassen,

$$\frac{dy_i(t)}{dt} = f_i(y_1(t), y_2(t), \ldots, y_n(t); t), \qquad i = 1, \ldots, n. \tag{5.10}$$

Aus Gleichung (5.8) wird dann

$$\begin{aligned} k_i^{(1)} &= f_i(y_1(t), y_2(t), \ldots, y_n(t); t), \\ k_i^{(2)} &= f_i(y_1(t) + h k_1^{(1)}, y_2(t) + h k_2^{(1)}, \ldots, y_n(t) + h k_n^{(1)}; t + h), \end{aligned} \tag{5.11}$$

und aus (5.9) wird

$$y_i(t+h) = y_i(t) + \frac{h}{2}\left(k_i^{(1)} + k_i^{(2)}\right) + O(h^3), \qquad i = 1, \ldots, n. \tag{5.12}$$

5.2.2 Das RUNGE-KUTTA-Verfahren

Das verbesserte EULER-Verfahren ist um eine Ordnung in h besser als das gewöhnliche EULER-Verfahren. Man kann die Verbesserung weiterführen, indem man die Ordnung in h durch Hinzufügen weiterer Glieder aus der TAYLOR-Reihe (5.5) erhöht. Das bekannteste auf diese Weise gewonnene Verfahren ist das RUNGE-KUTTA-Verfahren. Außer den Steigungen am Anfang und am Ende des Intervalls verwendet es noch die Steigung in der Intervallmitte, wobei die Werte der Lösungsfunktionen $y_i(t)$ in der Intervallmitte und am Intervallende auf geschickte Weise aus den Werten am Intervallanfang extrapoliert werden. Sowohl in der theoretischen Herleitung als auch in der praktischen Anwendung ist das RUNGE-KUTTA-Verfahren dem verbesserten EULER-Verfahren ähnlich. Das Fehlerglied in der Rekursionsformel ist aber von der Ordnung h^5, d. h. wir haben beim RUNGE-KUTTA-Verfahren gegenüber dem verbesserten EULER-Verfahren noch einmal eine Verbesserung um zwei Ordnungen in h. Was das in der Praxis bedeutet, werden wir bei den Übungsaufgaben sehen.

Das RUNGE-KUTTA-Verfahren verwendet vier Steigungen, die man mit $k^{(1)}$ bis $k^{(4)}$ bezeichnet. Die Größen $k^{(2)}$ und $k^{(3)}$ sind Steigungen in der Intervallmitte, die auf verschiedene Weise berechnet werden und deren Mittelwert zum Tragen kommt. Unter Verwendung der Schreibweise von (5.11) werden die Steigungen $k^{(1)}$ bis $k^{(4)}$ folgendermaßen berechnet:

$$k_i^{(1)} = f_i(y_1(t),\ldots,y_n(t);t), \tag{5.13a}$$

$$k_i^{(2)} = f_i\left(y_1(t)+\frac{h}{2}k_1^{(1)},\ldots,y_n(t)+\frac{h}{2}k_n^{(1)};t+\frac{h}{2}\right), \tag{5.13b}$$

$$k_i^{(3)} = f_i\left(y_1(t)+\frac{h}{2}k_1^{(2)},\ldots,y_n(t)+\frac{h}{2}k_n^{(2)};t+\frac{h}{2}\right), \tag{5.13c}$$

$$k_i^{(4)} = f_i\left(y_1(t)+hk_1^{(3)},\ldots,y_n(t)+hk_n^{(3)};t+h\right). \tag{5.13d}$$

Die Rekursionsformel des RUNGE-KUTTA-Verfahrens lautet damit

$$y_i(t+h) = y_i(t)+h\left(\frac{k_i^{(1)}}{6}+\frac{k_i^{(2)}}{3}+\frac{k_i^{(3)}}{3}+\frac{k_i^{(4)}}{6}\right)+O(h^5), \quad i=1,\ldots,n. \tag{5.14}$$

Für die Herleitung des Verfahrens verweisen wir auf Ref. [5.1].

Das RUNGE-KUTTA-Verfahren galt lange als das gebräuchlichste und beste Verfahren zur numerischen Lösung gewöhnlicher Differentialgleichungen, und es wird auch heute noch oft verwendet. Allerdings haben in den letzten Jahren eine Reihe anderer Verfahren, insbesondere sogenannte Prädiktor-Korrektor-Verfahren, an Bedeutung gewonnen. Da das RUNGE-KUTTA-Verfahren aber einfach zu verstehen und leicht zu programmieren ist, wollen wir es für die weiteren Probleme in der Theoretischen Mechanik verwenden.

5.3 Programmierung

Sehen wir uns noch einmal die Aufstellung des Differentialgleichungssystems (4.12) in Kapitel 4 an. Durch analoges Vorgehen erhalten wir aus (5.3) das Gleichungssystem

$$\frac{dy_1(t)}{dt} = y_2(t), \tag{5.15a}$$

$$\frac{dy_2(t)}{dt} = -\frac{A}{M}|y_1(t)|^B\frac{y_1(t)}{|y_1(t)|} + \frac{C}{M}\cos\omega t. \tag{5.15b}$$

Die rechten Seiten des Differentialgleichungssystems (5.10) lauten somit

$$f_1(y_1(t),y_2(t);t) = y_2(t), \tag{5.16a}$$

$$f_2(y_1(t),y_2(t);t) = -\frac{A}{M}|y_1(t)|^B\frac{y_1(t)}{|y_1(t)|} + \frac{C}{M}\cos\omega t. \tag{5.16b}$$

Zur Auswertung der Rekursionsformel (5.14) des RUNGE-KUTTA-Verfahrens schreiben wir ein Unterprogramm, das sich für beliebige Differentialgleichungssysteme der Form (5.10) anwenden läßt. Wir nennen dieses Unterpro-

Mathematische Bezeichnung	FORTRAN-Bezeichnung	Mathematische Bezeichnung	FORTRAN-Bezeichnung
n	N	$k_i^{(1)}$	K1(I)
h	H	$k_i^{(2)}$	K2(I)
t	T	$k_i^{(3)}$	K3(I)
$y_i(t)$	Y(I)	$k_i^{(4)}$	K4(I)

Abb. 5.2 Im Unterprogramm RUNGE verwendete Bezeichnungen

gramm RUNGE und stellen es in Abb. 5.3 vor. Die verwendeten Bezeichnungen sind in Abb. 5.2 aufgeführt.

Als Eingabeparameter benötigt RUNGE die Dimension n des Gleichungssystems, die Schrittweite h, die Zeit t und die Anfangswerte $y_i(t)$. Die Parameterliste von RUNGE enthält außerdem das Unterprogramm DGL. Das Programm, von dem RUNGE aufgerufen wird, muß anstelle des Parameters DGL den Namen eines als EXTERNAL deklarierten Unterprogramms einsetzen, das für vorgegebene Werte $y_1, y_2, \ldots, y_n, t$ die rechten Seiten des Gleichungssystems (5.10), $f_i(y_1, y_2, \ldots, y_n; t)$, ausrechnet.

Da RUNGE die DOUBLE PRECISION-Hilfsfelder K1 bis K4 und YHILF benötigt, wird zunächst geprüft, ob diese groß genug dimensioniert sind, um das Glei-

```
      SUBROUTINE RUNGE(N,H,T,Y,DGL)                              100

      IMPLICIT DOUBLE PRECISION (A-H,O-Z)                        101
      DOUBLE PRECISION K1, K2, K3, K4                            102
      PARAMETER (NMAX=10)                                        103
      DIMENSION Y(NMAX), YHILF(NMAX)                             104
      DIMENSION K1(NMAX), K2(NMAX), K3(NMAX), K4(NMAX)           105
      IF(N.GT.NMAX) STOP 'Fehler in RUNGE: NMAX erhöhen!'        106
      CALL DGL(T,Y,K1)                                           107
      DO 10 I=1,N                                                108
       YHILF(I)=Y(I)+H*K1(I)/2                                   109
10    CONTINUE                                                   110
      CALL DGL(T+H/2,YHILF,K2)                                   111
      DO 20 I=1,N                                                112
       YHILF(I)=Y(I)+H*K2(I)/2                                   113
20    CONTINUE                                                   114
      CALL DGL(T+H/2,YHILF,K3)                                   115
      DO 30 I=1,N                                                116
       YHILF(I)=Y(I)+H*K3(I)                                     117
30    CONTINUE                                                   118
      CALL DGL(T+H   ,YHILF,K4)                                  119
      DO 40 I=1,N                                                120
       Y(I)=Y(I)+H*(K1(I)/6+K2(I)/3+K3(I)/3+K4(I)/6)             121
40    CONTINUE                                                   122
      END                                                        123
```

Abb. 5.3 Unterprogramm RUNGE

chungssystem lösen zu können, ansonsten wird das Programm abgebrochen (Zeile 106).

Durch den Aufruf von DGL in Zeile 107 werden die $k_i^{(1)}$ nach (5.13a) berechnet. Anschließend erhält das Hilfsfeld YHILF die Werte $y_i(t)+hk_i^{(1)}/2$, die für die Berechnung der $k_i^{(2)}$ benötigt werden (Zeile 108 – 110). In Zeile 111 werden die $k_i^{(2)}$ nach (5.13b) ausgerechnet. In der gleichen Weise geschieht die Berechnung der $k_i^{(3)}$ und $k_i^{(4)}$. Schließlich werden in der letzten DO-Schleife (Zeile 120 bis 122) die $y_i(t+h)$ nach (5.14) bestimmt.

Beim Aufruf durch das Hauptprogramm KAP5 erhält RUNGE das Unterprogramm DGL5 als aktuellen Parameter. DGL5 muß die auf der rechten Seite von (5.15) auftretenden Funktionen berechnen. Wegen des Aufrufs in RUNGE dürfen in der Parameterliste von DGL5 nur T, Y und F stehen, vgl. die Abbildungen 5.4 und 5.5. Die weiteren in (5.15b) vorkommenden Parameter A, B, C, M und ω werden vom Hauptprogramm über einen COMMON-Block übergeben. Die Gleichungen (5.16a) und (5.16b) sind in den Zeilen 205 und 206 programmiert.

Physikalische Bezeichnung	FORTRAN-Bezeichnung	Physikalische Bezeichnung	FORTRAN-Bezeichnung
A	A	t	T
B	B	$y_i(t)$	Y(I)
C	C	$f_i(y_1(t), y_2(t); t)$	F(I)
M	M		
ω	OMEGA		

Abb. 5.4 Im Unterprogramm DGL5 verwendete Bezeichnungen

```
      SUBROUTINE DGL5(T,Y,F)                                      200

      IMPLICIT DOUBLE PRECISION (A-H,O-Z)                         201
      DOUBLE PRECISION M                                          202
      COMMON /DATEN/ A, B, C, M, OMEGA                            203
      DIMENSION Y(2), F(2)                                        204
      F(1)=Y(2)                                                   205
      F(2)=-A/M*(ABS(Y(1)))**B*SIGN(1.D0,Y(1))+C/M*COS(OMEGA*T)   206
      END                                                         207
```

Abb. 5.5 Unterprogramm DGL5

Die Bezeichnungen im Hauptprogramm KAP5 haben wir in Abb. 5.6 zusammengestellt. Man erkennt die Ähnlichkeit zu den Bezeichnungen in KAP4. Da die Unterprogramme RUNGE und DGL5 für die y_i und f_i Felder verwenden, haben wir jetzt anstelle der Variablen Y1, Y2, F1 und F2 die DOUBLE PRECISION-Felder Y und F (Zeile 303 in Abb. 5.7). Die Variablen A, B, C, M und OMEGA sind im COMMON-Block /DATEN/ deklariert, da sie auch im Unterprogramm DGL5 benötigt werden (Zeile 305).

Physikalische Bezeichnung	FORTRAN-Bezeichnung	Physikalische Bezeichnung	FORTRAN-Bezeichnung
A	A	h	H
B	B	t	T
M	M	t_1	T1
C	C	$y_1(t) = x(t)$	Y(1)
ω	OMEGA	$y_2(t) = dx/dt$	Y(2)
$y_1(0)$	X0	$f_1(y_1, y_2; t)$	F(1)
$y_2(0)$	V0	$f_2(y_1, y_2; t)$	F(2)

Abb. 5.6 Im Hauptprogramm KAP5 verwendete Bezeichnungen

```
        PROGRAM KAP5                                              300

        IMPLICIT DOUBLE PRECISION (A-H,O-Z)                       301
        DOUBLE PRECISION M                                        302
        DIMENSION Y(2),F(2)                                       303
        EXTERNAL DGL5                                             304
        COMMON /DATEN/ A, B, C, M, OMEGA                          305

*       (Eingabe von X0, V0, A, B, C, OMEGA, H, T1, METHOD)

        M=1.D0                                                    306
        T=0.D0                                                    307
        Y(1)=X0                                                   308
        Y(2)=V0                                                   309

*       (Zeichnung eröffnen, Achsenkreuz zeichnen)

10      CONTINUE                                                  310
        IF(T.LE.T1) THEN                                          311
         IF(METHOD.EQ.1) THEN                                     312
          CALL DGL5(T,Y,F)                                        313
          Y(1)=Y(1)+H*F(1)                                        314
          Y(2)=Y(2)+H*F(2)                                        315
         ELSE                                                     316
          CALL RUNGE(2,H,T,Y,DGL5)                                317
         END IF                                                   318
         T=T+H                                                    319

*       (Kurvenstück zeichnen)

         GOTO 10                                                  320
        ENDIF                                                     321

*       (Zeichnung abschließen; anfragen, ob weitergerechnet
*        werden soll)

        END                                                       322
```

Abb. 5.7 Numerischer Teil des Hauptprogramms KAP5

Die Rekursionsschleife von KAP5 (Zeile 310 – 319) ist nahezu gleich aufgebaut wie die von KAP4. Neu ist die Möglichkeit, mit der Variablen METHOD zu wählen, ob das EULER- oder das RUNGE-KUTTA-Verfahren verwendet werden soll. Ist METHOD = 1, so wird das EULER-Verfahren verwendet. Da wir für die Berechnung der $f_i(y_1, y_2; t)$ beim RUNGE-KUTTA-Verfahren bereits das Unterprogramm DGL5 eingeführt haben, verwenden wir es auch beim EULER-Verfahren (Zeile 313). Ansonsten ist das EULER-Verfahren wie in KAP4 programmiert. Ist METHOD = 2, so wird das Unterprogramm RUNGE aufgerufen.

Das gesamte, durch Ein/Ausgabe vervollständigte Programm ist auf der Diskette in der Datei KAP-05.FOR zu finden.

5.4 Übungsaufgaben

5.1 Prüfen Sie die Genauigkeit des RUNGE-KUTTA-Verfahrens im Fall einer freien harmonischen Schwingung ($B = 1$) und im Fall einer stark anharmonischen Schwingung ($B = 5$). Vorsicht: Sehr starke Kräfte bei zu großer Schrittweite h können zu Exponentenüberlauf führen! In diesem Fall das Programm bitte abbrechen und mit neuen Parametern starten.

5.2 Vergleichen Sie die Lösungskurven der mit verschiedenen Werten für B berechneten anharmonischen Schwingungen.

5.3 Schalten Sie die Antriebskraft ein, und untersuchen Sie Resonanzeffekte bei harmonischen und anharmonischen Schwingungen.

5.5 Lösung der Übungsaufgaben

5.1 Es ist erstaunlich, daß das RUNGE-KUTTA-Verfahren bei der harmonischen Schwingung schon mit 5 Stützstellen pro Schwingungsdauer eine der wahren Lösungskurve ähnliche Zackenlinie liefert. Der Fehler ist in diesem Fall hauptsächlich an der Dämpfung zu erkennen: Während die wahre Lösung ohne Reibung und ohne Antriebskraft nicht gedämpft ist, zeigt die Näherungslösung eine Dämpfung. Bei 10 Stützstellen pro Schwingungsdauer ist an der graphischen Ausgabe kaum mehr ein Fehler zu sehen.

Bei anharmonischen Schwingungen mit $B > 2$ werden wegen der stark veränderlichen Krümmung der Lösungskurve hohe Anforderungen an das Lösungsverfahren gestellt. Mit 10 Stützstellen pro Schwingungsdauer ist bei $B = 5$ die Ungenauigkeit noch gut zu erkennen. Eine Erhöhung der Stützstellenzahl um einen Faktor 5 oder 10 führt aber auch hier zu einer für die graphische Ausgabe ausreichenden Genauigkeit.

Abb. 5.8 zeigt eine nach dem RUNGE-KUTTA-Verfahren mit nur 5 Stützstellen pro Schwingungsdauer berechnete harmonische Schwingung.

5.2 Abb. 5.9 zeigt Schwingungskurven für $B = 0.00001$, $B = 1$, $B = 2$ und $B = 10$. Mit $B = 0.00001$ ist die rücktreibende Kraft, bis auf den Vorzeichenwechsel bei $x = 0$, unabhängig von der Auslenkung (der Wert $B = 0.00001$ steht für den vom Programm nicht erlaubten Wert $B = 0$). Die Schwingungskurve besteht dementsprechend aus aneinandergesetzten Parabeln. Zum Vergleich wird die harmonische Schwingung ($B = 1$) gezeigt. Mit $B = 2$ bewegt sich

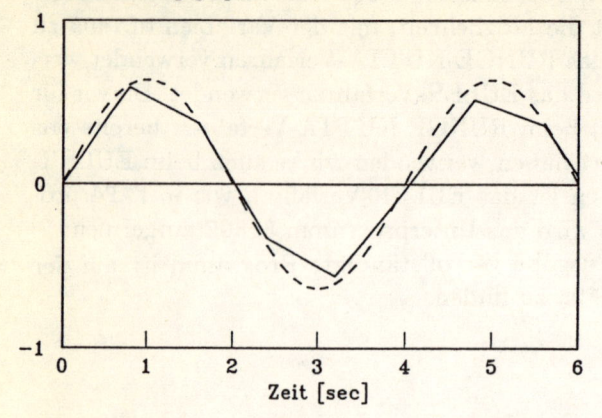

Abb. 5.8 Harmonische Schwingung, berechnet mit dem RUNGE-KUTTA-Verfahren, unter Verwendung von nur 5 Stützstellen pro Schwingungsdauer; die gestrichelte Linie zeigt zum Vergleich die wahre Lösung

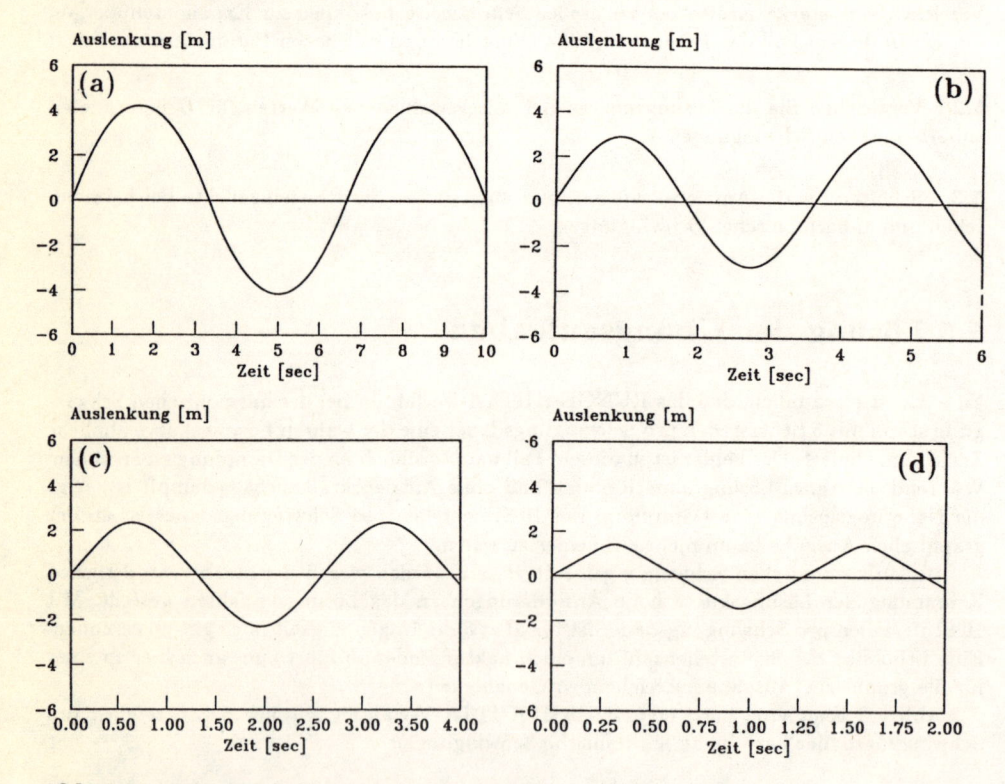

Abb. 5.9 Anharmonische und harmonische Schwingungsformen:
  a) anharmonische Schwingung mit $B = 0.00001$,
  b) harmonische Schwingung,
  c) anharmonische Schwingung mit $B = 2$,
  d) stark anharmonische Schwingung mit $B = 10$

der Massenpunkt in einem kubischen Potential. An den Umkehrpunkten wirkt eine stärkere Kraft als bei der harmonischen Schwingung. Die Bewegungsumkehr erfolgt dadurch rascher. Noch ausgeprägter zeigt sich dieser Effekt im Fall $B = 10$. Das Potential steigt hier so steil an, daß die Umkehr der Bewegung den Charakter einer elastischen Reflexion annimmt. Im übrigen Verlauf der Bewegung sind die Kräfte dann vergleichsweise klein und haben nur noch einen geringen Einfluß auf die Geschwindigkeit des Massenpunktes.

5.3 Die Kreisfrequenz der freien harmonischen Schwingung ist $\omega = \sqrt{(A/M)}$. Verwendet man diesen Wert in der Antriebskraft, so erhält man bei passender Anfangsbedingung eine Schwingung mit wachsender Amplitude (Resonanz). Wegen der in unserer Rechnung nicht berücksichtigten Reibung ist dem Anwachsen der Schwingungsamplitude keine Grenze gesetzt.

Wenn die Kreisfrequenz der Antriebskraft von der Resonanzfrequenz ein wenig abweicht, z. B. um 10 %, dann entsteht eine Schwebung: Je nach dem momentanen Phasenunterschied zwischen Schwingung und Antriebskraft wird Energie zu- oder abgeführt, vgl. Abb. 5.10.

Bei einem nur wenig anharmonischen Potential (z. B. $B = 1.1$) kann man ebenfalls Schwebungen erhalten. In diesem Fall kann die Amplitude der Schwingung nicht endlos wachsen, weil die Anharmonizität dafür sorgt, daß Antriebskraft und Schwingung immer wieder in Gegentakt geraten.

Bei starker Anharmonizität zeigen sich keine ausgeprägten Schwebungen mehr, denn Antriebskraft und Schwingung geraten zu schnell außer Takt. Einen Extremfall zeigt Abb. 5.11. Eine starke Antriebskraft reißt den Massenpunkt hin und her. Bei seiner Bewegung stößt er gelegentlich gegen das stark anharmonische Potential ($B = 5$) und wird zurückgeschleudert.

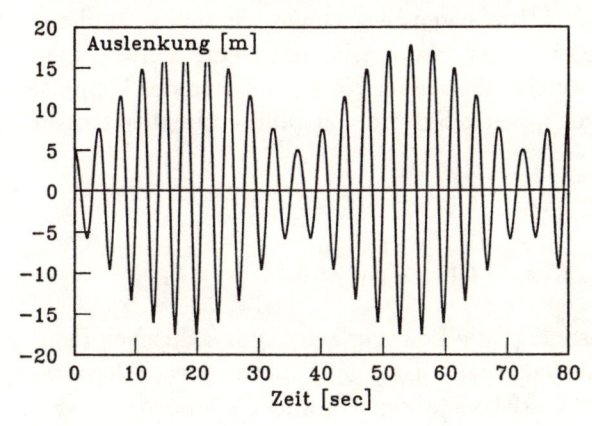

Abb. 5.10 Erzwungene harmonische Schwingung. Die Frequenz der Antriebskraft ist um 10 % größer als die Frequenz der freien Schwingung

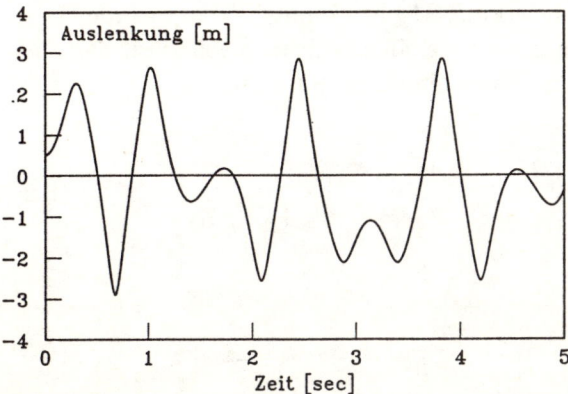

Abb. 5.11 Massenpunkt unter dem Einfluß einer starken Antriebskraft und einer stark anharmonischen ($B = 5$) rücktreibenden Kraft

6. Gekoppelte harmonische Schwingungen

6.1 Problemstellung

Gekoppelte Schwingungen kommen in vielen Bereichen der Physik vor. Die RAMAN- und Infrarotspektren z. B. haben ihre Ursache in den gekoppelten Schwingungen von Atomen im Verband der Moleküle. Die Analyse dieser Schwingungen gibt Auskunft sowohl über die Struktur der Moleküle als auch über Bindungskräfte. In der Technik treten gekoppelte Schwingungen auf, wenn sich Maschinenteile ungleichförmig bewegen. Bei Festigkeitsüberlegungen spielen Resonanzfrequenzen ebenso wie die Dämpfung eine wichtige Rolle.

Wir behandeln in diesem Kapitel als einfaches Beispiel die gekoppelte harmonische Schwingung zweier Massenpunkte. Beide Massenpunkte wiegen je 1 kg. Sie sind durch harmonische rücktreibende Kräfte an ihre Ruhelagen gebunden. Die Auslenkungen aus den Ruhelagen bezeichnen wir mit x_1 und x_2. Wenn die Auslenkungen nicht gleich sind, dann tritt noch eine weitere harmonische Kraft in Erscheinung, welche die beiden Körper aneinander koppelt. Die Bewegungsgleichung ist ein gekoppeltes System von Differentialgleichungen und lautet

$$-M\frac{d^2x_1}{dt^2} - C_1 x_1 + C(x_2 - x_1) = 0,$$
$$-M\frac{d^2x_2}{dt^2} - C_2 x_2 - C(x_2 - x_1) = 0.$$
(6.1)

Diese Gleichung beschreibt insbesondere die Bewegung der sympathischen Pendel, vgl. Abb. 6.1. Bei kleinen Auslenkungen hat man näherungsweise harmonische rücktreibende Kräfte. Die Kraftkonstanten C_1 und C_2 sind durch die Pendellängen l_i und durch die Schwerkraft Mg bestimmt. Die koppelnde Feder hat die Kraftkonstante C. Wenn die Pendellängen nicht gleich sind, dann ist $C_1 \neq C_2$, d.h. die sympathischen Pendel sind „verstimmt".

Mit den Abkürzungen

$$\begin{aligned} A_{11} &= -(C_1 + C)/M, & A_{12} &= C/M, \\ A_{21} &= C/M, & A_{22} &= -(C_2 + C)/M \end{aligned}$$
(6.2)

läßt sich (6.1) auf die allgemeine Form

$$\frac{d^2x_1}{dt^2} = A_{11}x_1 + A_{12}x_2, \qquad \frac{d^2x_2}{dt^2} = A_{21}x_1 + A_{22}x_2 \qquad (6.3)$$

Abb. 6.1 Sympathische Pendel

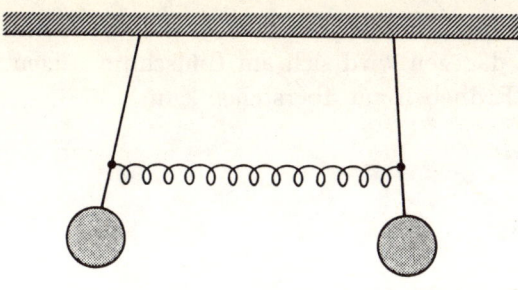

bringen. Die Erweiterung auf m Körper lautet

$$\frac{d^2 x_i}{dt^2} = \sum_{j=1}^{m} A_{ij} x_j, \qquad i = 1, \ldots, m. \tag{6.4}$$

Wenn nötig lassen sich auf der rechten Seite noch Reibungskräfte und Antriebskräfte hinzufügen.

Wir haben eingangs technische Anwendungen erwähnt. Ein interessantes Beispiel wollen wir unseren Lesern zum Selbststudium empfehlen. Es ist das „erdbebensichere Hochhaus". In Erdbebengebieten, wie z. B. in Japan, hat man herausgefunden, daß Hochhäuser nicht allzu stabil gebaut sein dürfen, wenn sie schwere Erdbeben überstehen sollen. Es ist besser, schwingungsfähige Häuser zu bauen, wobei die Dämpfung dann eine entscheidende Rolle spielt. Mit den Mitteln, die wir bis jetzt erarbeitet haben, kann man das Verhalten eines mehrstöckigen Hauses während eines Erdbebens am Computer simulieren. Man nimmt näherungsweise an, daß die gesamte Masse des Hauses in den Geschoßdecken steckt, vgl. Abb. 6.2. Das Stahlskelett des Hauses sorgt für rücktreibende Kräfte, falls benachbarte Geschoßdecken verschieden weit seitlich verschoben sind. Das Erdbeben wird dadurch simuliert, daß man das Erdgeschoß auf vorgegebene Weise hin- und herschwingen läßt. Das in diesem Kapitel behandelte Programm läßt sich mit geringem Aufwand so erweitern, daß es die gekoppelte Bewegung der Geschoßdecken berechnet und die Lösungen $x_i(t)$ am Bildschirm zeigt. Man wird feststellen, daß das Haus in gefährliche Eigen-

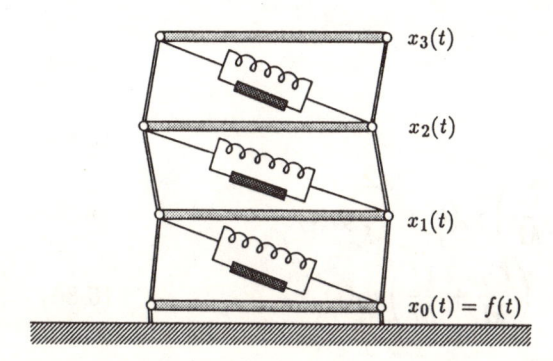

Abb. 6.2 Zur Simulation der Schwingung eines Hauses während eines Erdbebens: Die Masse ist in den Geschoßdecken vereinigt, in den Geschoßdiagonalen wirken rücktreibende Kräfte und Reibungskräfte, das Erdgeschoß wird gemäß der Funktion $f(t)$ vom Erdbeben hin- und hergerüttelt

schwingungen geraten kann, wenn keine Dämpfung vorhanden ist. Mit richtig eingestellten Schwingungsdämpfern dagegen wird sich am Bildschirm zeigen, daß ein Hochhaus ein mittelstarkes Erdbeben gut überstehen kann.

6.2 Numerisches Verfahren

Wie bereits in Abschnitt 4.2.1 erwähnt, läßt sich auch ein gekoppeltes System von Differentialgleichungen zweiter Ordnung auf ein gekoppeltes System von Differentialgleichungen erster Ordnung zurückführen. Mit der Zuordnung

$$y_i(t) = x_i(t), \qquad i = 1, \ldots, n',$$
$$y_{i+n'}(t) = \frac{dx_i(t)}{dt}, \qquad i = 1, \ldots, n', \tag{6.5}$$

erhält man aus (6.4) das Gleichungssystem ($n = 2n'$)

$$\frac{dy_i(t)}{dt} = f_i(y_1(t), \ldots, y_n(t); t), \qquad i = 1, \ldots, n, \tag{6.6}$$

mit

$$f_i = y_{n'+i}(t), \qquad f_{n'+i} = \sum_{j=1}^{m} A_{ij} y_j(t), \qquad i = 1, \ldots, n'. \tag{6.7}$$

Um das Differentialgleichungssystem (6.6) zu lösen, werden wir auf das in Abschnitt 5.2.2 vorgestellte RUNGE-KUTTA-Verfahren zurückgreifen.

6.3 Programmierung

Die Funktionen f_i auf der rechten Seite unseres Gleichungssystems (6.6) lauten gemäß (6.7) und (6.2)

$$f_1 = y_3(t), \tag{6.8a}$$

$$f_2 = y_4(t), \tag{6.8b}$$

$$f_3 = -\left(\frac{C_1}{M} + \frac{C}{M}\right) y_1(t) + \frac{C}{M} y_2(t), \tag{6.8c}$$

$$f_4 = \frac{C}{M} y_1(t) - \left(\frac{C_2}{M} + \frac{C}{M}\right) y_2(t). \tag{6.8d}$$

Physikalische Bezeichnung	FORTRAN-Bezeichnung	Physikalische Bezeichnung	FORTRAN-Bezeichnung
C_1	C1	t	T
C_2	C2	$y_i(t)$	Y(I)
C	C	$f_i(y_1(t), y_2(t), ..$	
M	M	$.., y_3(t), y_4(t); t)$	F(I)

Abb. 6.3 Im Unterprogramm DGL6 verwendete Bezeichnungen

```
      SUBROUTINE DGL6(T,Y,F)                          100
      IMPLICIT DOUBLE PRECISION (A-H,O-Z)             101
      DOUBLE PRECISION M                              102
      COMMON /DATEN/ C1, C2, C, M                     103
      DIMENSION Y(4), F(4)                            104
      F(1)=Y(3)                                       105
      F(2)=Y(4)                                       106
      F(3)=-C1/M*Y(1)+C/M*(Y(2)-Y(1))                 107
      F(4)=-C2/M*Y(2)-C/M*(Y(2)-Y(1))                 108
      END                                             109
```

Abb. 6.4 Unterprogramm DGL6

Das Unterprogramm DGL6 (Abb. 6.3 und Abb. 6.4) berechnet in den Zeilen 105 bis 108 die Funktionen (6.8a–d). Die Dimension der Felder Y und F muß von 2 auf 4 erhöht werden, da wir jetzt vier Differentialgleichungen haben (Zeile 104).

Zur Lösung des Gleichungssystems (6.6) verwenden wir das Unterprogramm RUNGE aus dem vorigen Kapitel. Das Hauptprogramm KAP6 ähnelt dem Programm KAP5 (vgl. Abb. 6.6). Bei der Dimensionierung von Y (Zeile 203) und beim Aufruf von RUNGE (Zeile 214) müssen wir darauf achten, daß wir jetzt 4 gekoppelte Gleichungen zu lösen haben. Wir benötigen deshalb auch 4 Anfangsbedingungen, nämlich die Auslenkungen und die Geschwindigkeiten der beiden Körper zur Zeit $t = 0$.

Physikalische Bezeichnung	FORTRAN-Bezeichnung	Physikalische Bezeichnung	FORTRAN-Bezeichnung
C_1	C1	$y_1(t) = x_1(t)$	Y(1)
C_2	C2	$y_2(t) = x_2(t)$	Y(2)
C	C	$y_3(t) = dx_1/dt$	Y(3)
M	M	$y_4(t) = dx_2/dt$	Y(4)
$y_1(0)$	X10	h	H
$y_2(0)$	X20	t	T
$y_3(0)$	V10	t_1	T1
$y_4(0)$	V20		

Abb. 6.5 Im Hauptprogramm KAP6 verwendete Bezeichnungen

```
      PROGRAM KAP6                                          200

      IMPLICIT DOUBLE PRECISION (A-H,O-Z)                   201
      DOUBLE PRECISION M                                    202
      DIMENSION Y(4)                                        203
      EXTERNAL DGL6                                         204
      COMMON /DATEN/ C1, C2, C, M                           205
*     (Eingabe von C1,C2,C,X10,X20,V10,V20,T1,H)

      M=1.D0                                                206
      T=0.D0                                                207
      Y(1)=X10                                              208
      Y(2)=X20                                              209
      Y(3)=V10                                              210
      Y(4)=V20                                              211

10    CONTINUE                                              212
      IF(T.LT.T1) THEN                                      213
        CALL RUNGE(4,H,T,Y,DGL6)                            214
        T=T+H                                               215
*       (graphische Ausgabe von T,X1,X2)

        GOTO 10                                             216
      ENDIF                                                 217

      END                                                   218
```

Abb. 6.6   Hauptprogramm KAP6

Bei der graphischen Ausgabe machen wir zum ersten Mal von der Möglichkeit Gebrauch, mehrere Kurven gleichzeitig zu zeichnen. Wir erreichen dies, indem wir bei jedem Aufruf der Unterprogramme GMOVE und GDRAW dem Parameter NUMBER für die eine Kurve den Wert 1 zuweisen, für die andere Kurve den Wert 2.

Das komplette Programm ist auf der Diskette in der Datei KAP-06.FOR abgelegt.

6.4 Übungsaufgaben

6.1 Untersuchen Sie die Schwingungsformen sympathischer Pendel ($C_1 = C_2$) bei schwacher Kopplung ($C = C_1/10$) und bei starker Kopplung ($C = 10\,C_1$).

6.2 Wählen Sie einen mittelstarken Kopplungsparameter C und ungleiche Kraftkonstanten C_1, C_2. Studieren Sie die Energieübertragung zwischen den beiden Massenpunkten für verschiedene Anfangsbedingungen. Gibt es Anfangsbedingungen, bei denen keine Energieübertragung stattfindet?

6.5 Lösung der Übungsaufgaben

6.1 Bei schwacher Kopplung überträgt das eine Pendel in der Regel so lange Energie an das andere Pendel, bis es keine mehr hat. Dann kehrt sich der Vorgang um, vgl. Abb. 6.7. Man beachte die relative Phase der Schwingungskurven. Das Pendel, das gerade Energie abgibt, hat einen Phasenvorsprung von bis zu 90°. Während der Energieabgabe verringert sich der Phasenvorsprung und wird schließlich negativ, wenn das ziehende Pendel zum gezogenen wird. Keine Energieübertragung erfolgt, wenn die beiden Pendel mit gleicher Amplitude im Gleichtakt oder im Gegentakt schwingen.

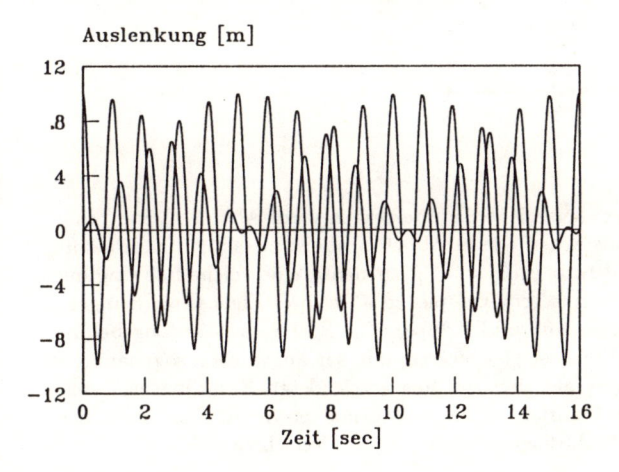

Abb. 6.7 Schwingung sympathischer Pendel bei schwacher Kopplung ($C_1 = C_2 = 39.5\,\text{Nm}^{-1}$, $C = 3.95\,\text{Nm}^{-1}$)

Bei starker Kopplung können die beiden Pendel mit kleiner Schwingungsdauer relativ zueinander schwingen, während ihr gemeinsamer Schwerpunkt eine Pendelbewegung mit größerer Schwingungsdauer ausführt, vgl. Abb. 6.8.

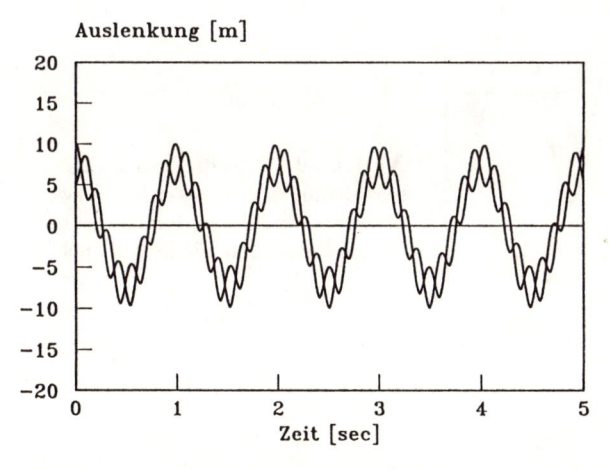

Abb. 6.8 Schwingung sympathischer Pendel bei starker Kopplung ($C_1 = C_2 = 39.5\,\text{Nm}^{-1}$, $C = 395\,\text{Nm}^{-1}$)

6.2 Bei ungleichen Kraftkonstanten C_1 und C_2 (ungleichen Pendellängen) wird die Energie nur noch in einer Richtung vollständig übertragen, vgl. Abb. 6.9. In der anderen Richtung wird die Energie nur teilweise übertragen.

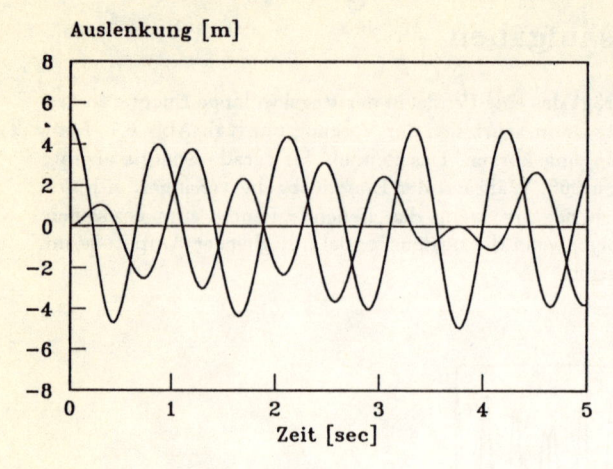

Abb. 6.9 Gekoppelte Schwingung mit $C_1 = 40$, $C_2 = 30$ und $C = 10\,\mathrm{Nm^{-1}}$

Es gibt Anfangsbedingungen, bei denen keine Energie übertragen wird. Abb. 6.10 zeigt eine Schwingung mit den gleichen Kraftkonstanten wie in Abb. 6.9, aber mit den Anfangsbedingungen $y_1(0) = 5\,\mathrm{m}$, $y_2(0) = 8\,\mathrm{m}$, $y_3(0) = y_4(0) = 0$. Man nennt eine solche Schwingung eine Eigenschwingung des Systems. In unserem Beispiel gibt es zwei Eigenschwingungen. Ihre Schwingungsdauern liegen bei etwa 1.08 und 0.84 sec. Die Suche nach Anfangsbedingungen, die zu Eigenschwingungen führen, ist gleichwertig mit der Suche nach sogenannten Normalkoordinaten. Man erhält letztere aus den von uns verwendeten Koordinaten durch eine orthogonale Transformation. Die Transformation auf Normalkoordinaten bringt in der Matrix (A_{ij}) der Gleichung (6.4) die Nichtdiagonalelemente zum Verschwinden.

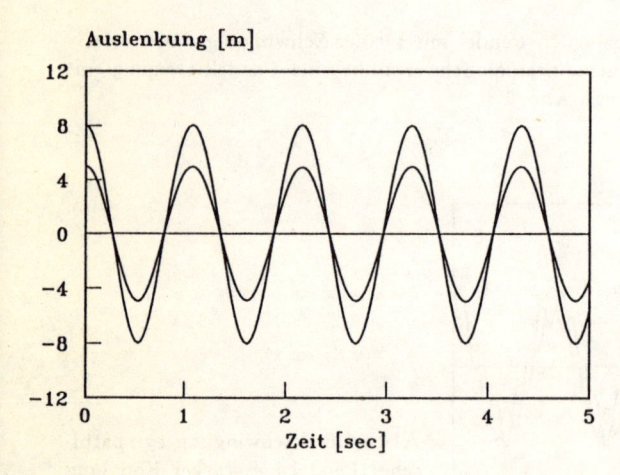

Abb. 6.10 Eine der beiden Eigenschwingungen des Systems von zwei Massenpunkten; die Kraftkonstanten sind dieselben wie in Abb. 6.9

7. Die Flugbahn eines Raumschiffs als Lösung der Hamilton-Gleichungen

7.1 Problemstellung

In Lehrbüchern und Vorlesungen über Mechanik werden nach den NEWTONschen Bewegungsgleichungen meist die LAGRANGE-Gleichungen 1. und 2. Art und danach die HAMILTON-Gleichungen behandelt. Man gewinnt zunächst den Eindruck, daß die Mechanik mit der Einführung immer neuer Gleichungen nicht einfacher, sondern komplizierter wird. Erst beim Versuch, ein nichttriviales Problem der Punktmechanik zu lösen — wie etwa die gleichzeitige Bewegung zweier Planeten um die Sonne — wird man feststellen, daß die HAMILTON-Gleichungen hilfreich sind.

Wir wollen in diesem Kapitel mit Hilfe der HAMILTON-Gleichungen ein etwas komplizierteres Beispiel der Punktmechanik behandeln. Wir wählen dazu die Flugbahn eines Raumschiffes von der Erde zum Mond und zurück. Wir werden sehen, daß es nicht leicht ist, die Startbedingungen so zu wählen, daß das Raumschiff überhaupt in die Nähe des Mondes kommt, und wir werden sehen, daß es noch viel schwerer ist, eine Bahn zu finden, bei der das Raumschiff durch die Gravitation des Mondes so umgelenkt wird, daß es wieder in Erdnähe gelangt. Die Astronauten von „Apollo 13", dessen Triebwerke auf dem Flug zum Mond ausfielen, mußten auf einer solchen Flugbahn zur Erde zurückkehren. Um die Sache realistisch zu gestalten, wollen wir auch die Möglichkeit vorsehen, unterwegs „Bremsschub" zu geben, um z. B. das Raumschiff in eine Umlaufbahn um den Mond zu bringen.

Wir werden uns auf ein vereinfachtes Modell von Erde, Mond und Raumschiff beschränken und manche Feinheiten, wie z. B. den Einfluß der Sonne und der anderen Planeten, vernachlässigen. Im Rahmen dieses Modells aber wollen wir genau rechnen. Das EULER-Verfahren ist hierfür ungeeignet, und auch das RUNGE-KUTTA-Verfahren müssen wir durch Einführung einer variablen Schrittweite verbessern.

Gegenüber den NEWTONschen Bewegungsgleichungen haben die HAMILTON-Gleichungen zwei Vorteile:

1. Es sind Differentialgleichungen erster Ordnung. Die Bildung von Differenzen zweiter Ordnung (vgl. Kapitel 2) wird damit von vornherein vermieden.
2. Die HAMILTON-Gleichungen lassen sich in beliebigen, dem Problem angepaßten Koordinatensystemen niederschreiben.

Unsere Umformung der Schwingungsgleichung in Kapitel 4 mittels $y_1 = x$, $y_2 = dx/dt$ war bereits der Übergang zu den HAMILTON-Gleichungen. Wir haben mit dieser Umformung die Anzahl der unbekannten Funktionen verdoppelt und statt einer Differentialgleichung 2. Ordnung zwei Differentialgleichungen 1. Ordnung erhalten. Weil das Problem sehr einfach war, ist es nicht aufgefallen, daß wir schon mit den HAMILTON-Gleichungen gearbeitet haben.

Wir wollen in diesem Buch die HAMILTON-Gleichungen nicht herleiten. Man findet die Herleitung in den Lehrbüchern über klassische Mechanik. Wir wollen aber vorführen, wie man die Gleichungen in der Praxis aufstellt und löst.

Die Aufstellung der HAMILTON-Gleichungen für ein System von Massenpunkten, zwischen denen Kräfte wirken, die von einem Potential herrühren, ist nicht schwierig. Man wählt zunächst ein geeignetes Koordinatensystem $q_k(t)$, $k = 1,...,n'$, zur Beschreibung der Positionen der Massenpunkte als Funktionen der Zeit t. Die unbekannten Funktionen bei den HAMILTON-Gleichungen sind die Lagekoordinaten $q_k(t)$ und die dazugehörigen kanonisch konjugierten Impulskoordinaten $p_k(t)$. Zur Bestimmung der Impulskoordinaten bildet man die LAGRANGE-Funktion,

$$L = T\left(q_k, \frac{dq_k}{dt}\right) - V\left(q_k, \frac{dq_k}{dt}, t\right), \tag{7.1}$$

wobei T die kinetische und V die potentielle Energie sind. Das Potential V darf explizit von der Zeit abhängen. Die kanonischen Impulskoordinaten p_k sind definiert als die partiellen Ableitungen

$$p_k = \frac{\partial L}{\partial(dq_k/dt)}. \tag{7.2}$$

Man stellt nun die HAMILTON-Funktion H' als Funktion der Koordinaten q_k und dq_k/dt auf. Sie ist definiert als

$$H' = \sum_k p_k \frac{dq_k}{dt} - L. \tag{7.3}$$

Mit (7.2) hat man eine Beziehung zwischen p_k, q_k und dq_k/dt. Man benutzt diese Beziehung, um in der HAMILTON-Funktion H' die Koordinaten dq_k/dt zu eliminieren und durch die kanonischen Koordinaten q_k und p_k zu ersetzen. Wir bezeichnen die HAMILTON-Funktion in den kanonischen Koordinaten mit H,

$$H = H(q_k, p_k). \tag{7.4}$$

Die HAMILTON-Gleichungen lauten dann

$$\begin{aligned}\frac{dq_k}{dt} &= \frac{\partial H}{\partial p_k}, & k &= 1,\ldots,n', \\ \frac{dp_k}{dt} &= -\frac{\partial H}{\partial q_k}, & k &= 1,\ldots,n'.\end{aligned} \tag{7.5}$$

Die HAMILTON-Gleichungen sind ein System von Differentialgleichungen 1. Ordnung. Nach Vorgabe von Anfangswerten $q_k(t_0), p_k(t_0)$ gewinnt man aus ihnen die Lösungen $q_k(t)$ und $p_k(t)$.

Für die weitere mathematische Behandlung ist es günstig, die Koordinaten durchzunumerieren,

$$(q_1, \ldots, q_{n'}, p_1, \ldots, p_{n'}) \equiv (y_1, \ldots, y_n), \qquad n = 2n', \qquad (7.6)$$

und die HAMILTON-Gleichungen (7.5) in der Form

$$\frac{dy_i}{dt} = f_i(y_1, \ldots, y_n; t), \qquad i = 1, \ldots, n, \qquad (7.7)$$

zu schreiben.

Wir kommen nun zu unserem Anwendungsbeispiel. Als Vereinfachung nehmen wir an, daß der Mond sich auf einer Kreisbahn um die Erde bewegt, und zwar mit einer Umlaufdauer von 27 Tagen = 648 Stunden. Den Abstand Erde-Mond nehmen wir zu 384 000 km an, was dem mittleren Abstand der beiden Himmelskörper entspricht. Der Computer könnte die Rechnung in kartesischen Koordinaten durchführen. Aber wir wollen die Freiheit der Koordinatenwahl benutzen, um in ebenen Polarkoordinaten zu rechnen. Der Koordinatenursprung ist der Schwerpunkt des Systems Erde-Mond. Der Einfluß der Sonne wird vernachlässigt. Die Masse des Mondes ist in Wirklichkeit etwa 1/81 der Erdmasse. Damit wir am Anfang den Mond leichter „treffen", werden wir die Mondmasse zum Eingabeparameter machen und sie z. B. gleich 1/20 oder 1/50 der Erdmasse setzen. Wir wollen Größen, die sich auf die Erde beziehen, durch den Index 1 kennzeichnen und solche, die sich auf den Mond beziehen, durch den Index 2. Zur Zeit $t = 0$ haben Erde und Mond die Koordinaten

$$\begin{aligned} r_1 &= \frac{m_2}{m_1 + m_2} 384\,000\,\text{km}, & \varphi_1 &= 180°, \\ r_2 &= \frac{m_1}{m_1 + m_2} 384\,000\,\text{km}, & \varphi_2 &= 0°. \end{aligned} \qquad (7.8)$$

Die Masse μ des Raumschiffes ist verschwindend klein gegenüber den Massen von Mond und Erde, d. h. die Bewegung des Raumschiffes hat keine Rückwirkung auf die Bewegungen von Mond und Erde. Unser Beispiel ist deshalb kein echtes Dreikörperproblem, sondern nur das Problem der Bewegung eines Körpers in einem Gravitationspotential von vorgegebener Zeitabhängigkeit.

Als Lösung suchen wir die Position $\boldsymbol{r}$ des Raumschiffes als Funktion der Zeit,

$$\boldsymbol{r}(t) = (r(t), \varphi(t)). \qquad (7.9)$$

Die Geschwindigkeit des Raumschiffes geben wir ebenfalls in Polarkoordinaten an

$$\boldsymbol{v}(t) = \left(\left| \frac{d\boldsymbol{r}(t)}{dt} \right|, \psi(t) \right), \qquad (7.10)$$

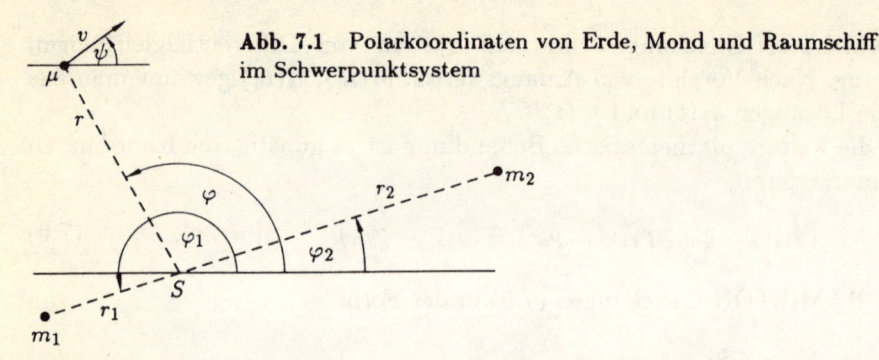

Abb. 7.1 Polarkoordinaten von Erde, Mond und Raumschiff im Schwerpunktsystem

wobei $\psi(t)$ der zur Richtung der Geschwindigkeit gehörende Polarwinkel ist. Die Zeitdauer, während der die Triebwerke des Raumschiffes Schub geben, ist in der Praxis klein gegenüber der gesamten Flugdauer. Wir lassen diese Zeit gegen null gehen und sagen: Unmittelbar nach dem Start hat das Raumschiff die Anfangsposition $r(0)$, $\varphi(0)$ und die Anfangsgeschwindigkeit $v(0)$, $\psi(0)$. Zu einer von uns vorgegebenen Zwischenzeit t können wir die Triebwerke wieder einschalten und damit erreichen, daß das Raumschiff eine neue, von uns vorgegebene Geschwindigkeit erhält. Zwischen den Zeiten 0 und t bestimmen die HAMILTON-Gleichungen die Bahn des Raumschiffes.

Zur Aufstellung der LAGRANGE-Funktion brauchen wir die Abstände Erde-Raumschiff und Mond-Raumschiff,

$$s_1 = \sqrt{r^2 + r_1{}^2 - 2rr_1 \cos(\varphi - \varphi_1)}, \quad (7.11\text{a})$$

$$s_2 = \sqrt{r^2 + r_2{}^2 - 2rr_2 \cos(\varphi - \varphi_2)}. \quad (7.11\text{b})$$

Die LAGRANGE-Funktion ist dann

$$L = T - V$$
$$= \frac{\mu}{2}\left(\left(\frac{dr}{dt}\right)^2 + r^2\left(\frac{d\varphi}{dt}\right)^2\right) + \frac{\gamma m_1 \mu}{s_1} + \frac{\gamma m_2 \mu}{s_2}. \quad (7.12)$$

Die zu r und φ kanonisch konjugierten Impulskoordinaten sind nach (7.2)

$$p_r = \mu \frac{dr}{dt}, \quad (7.13\text{a})$$

$$p_\varphi = \mu r^2 \frac{d\varphi}{dt}. \quad (7.13\text{b})$$

Nach (7.3) gilt dann

$$H' = \mu \frac{dr}{dt}\frac{dr}{dt} + \mu r^2 \frac{d\varphi}{dt}\frac{d\varphi}{dt} - L$$

$$= \frac{\mu}{2}\left(\left(\frac{dr}{dt}\right)^2 + r^2\left(\frac{d\varphi}{dt}\right)^2\right) - \frac{\gamma m_1 \mu}{s_1} - \frac{\gamma m_2 \mu}{s_2}. \quad (7.14)$$

Wir müssen dr/dt und $d\varphi/dt$ durch p_r und p_φ ausdrücken und erhalten

$$H = \frac{p_r^2}{2\mu} + \frac{p_\varphi^2}{2\mu r^2} - \frac{\gamma m_1 \mu}{s_1} - \frac{\gamma m_2 \mu}{s_2}. \quad (7.15)$$

Die HAMILTON-Gleichungen (7.5) werden damit, unter Beachtung von (7.11),

$$\frac{dr}{dt} = \frac{p_r}{\mu}, \quad (7.16a)$$

$$\frac{d\varphi}{dt} = \frac{p_\varphi}{\mu r^2}, \quad (7.16b)$$

$$\frac{dp_r}{dt} = \frac{p_\varphi^2}{\mu r^3} - \frac{\gamma m_1 \mu}{s_1^3}[r - r_1 \cos(\varphi - \varphi_1)] - \frac{\gamma m_2 \mu}{s_2^3}[r - r_2 \cos(\varphi - \varphi_2)], \quad (7.16c)$$

$$\frac{dp_\varphi}{dt} = -\frac{\gamma m_1 \mu}{s_1^3} r r_1 \sin(\varphi - \varphi_1) - \frac{\gamma m_2 \mu}{s_2^3} r r_2 \sin(\varphi - \varphi_2). \quad (7.16d)$$

Die in den letzten beiden Gleichungen enthaltenen Gravitationskräfte sind explizit zeitabhängig, weil φ_1 und φ_2 Funktionen der Zeit sind,

$$\varphi_1 = \omega t + \pi, \quad \varphi_2 = \omega t, \quad (7.17)$$

wobei ω die Winkelgeschwindigkeit bezeichnet, mit der Erde und Mond um den gemeinsamen Schwerpunkt kreisen.

Das von uns für die Rechnung verwendete Koordinatensystem, dessen Zentrum der gemeinsame Schwerpunkt von Erde und Mond ist, ist für die Ein- und Ausgabe wenig geeignet. Bei einer Raumschiffbahn sind Größen wie Entfernung und Geschwindigkeit relativ zu Erde oder Mond interessanter als die Entfernung zum gemeinsamen Schwerpunkt des Systems. Wir wollen deshalb im Programm die Möglichkeit vorsehen, die Ein- und Ausgabe in insgesamt 6 verschiedenen Koordinatensystemen durchzuführen. Die Systeme 0 bis 2 verwenden als Koordinatenursprung den Schwerpunkt des Erde-Mond Systems (0), die Erde (1) oder den Mond (2). Im System 0 lösen wir die HAMILTON-Gleichungen. In den Systemen 1 bzw. 2 kann man Fragen beantworten wie: „Welche Geschwindigkeit relativ zur Erde muß eine Rakete mindestens erreichen, um von der Erde zum Mond zu fliegen?" oder: „Wieviel Energie benötigt man, um ein Raumschiff von der Mondoberfläche in eine Mondumlaufbahn einzuschießen?". Die Systeme 3 bis 5 haben dieselben Zentren wie 0 bis 2, rotieren jedoch mit der Verbindungslinie von Erde und Mond mit, so daß diese Himmelskörper im Koordinatensystem ruhen. Der Beobachter sitzt dabei gleichsam auf einem Balken, der Erde und Mond verbindet. In den Koordinatensystemen 3 bis 5 lassen sich die langzeitigen Störwirkungen des Mondes auf Erdsatelliten mit weiten Bahnen besonders gut beobachten.

Die Umrechnung zwischen den verschiedenen Koordinatensystemen erfolgt mit Hilfe der bekannten Formeln zur Transformation von Vektoren. Um das Programm möglichst kompakt und durchsichtig zu schreiben, verwenden wir für alle Transformationen dasselbe Unterprogramm, das die Koordinatensysteme 0 bis 5 als Spezialfälle behandelt. Da die Koordinatentransformation wenig mit dem physikalischen Gehalt des Problems zu tun hat, wird sie in Abschnitt 2 dieses Kapitels besprochen.

7.2 Mathematische Methode

7.2.1 Schrittweitenanpassung beim RUNGE-KUTTA-Verfahren

Mit dem RUNGE-KUTTA-Verfahren haben wir ein sehr genaues Verfahren zur Lösung von Differentialgleichungen, das wir auch bei den HAMILTON-Gleichungen (7.16a) – (7.16d) anwenden können. Problematisch ist hier allerdings die Wahl einer geeigneten Schrittweite, denn Stärke und Richtung der Gravitation sind stark vom Ort abhängig.

Ein Raumschiff in einer engen Erdumlaufbahn hat eine Umlaufzeit von etwa 90 Minuten, d.h. die Richtung der Geschwindigkeit und die Richtung der Schwerkraft ändern sich in dieser Zeit um 360 Grad. Die zeitliche Schrittweite sollte also im Bereich von Minuten liegen. Ein Raumschiff, das sich weit entfernt von Mond und Erde befindet, z.B. auf halbem Weg zwischen beiden, verändert dagegen über Stunden hinweg seine Geschwindigkeit nur wenig. Arbeitet man hier mit Schrittweiten von wenigen Minuten, so wird das Programm unerträglich langsam. Denn bei jeder Auswertung von (7.16c) und (7.16d) müssen Funktionen berechnet werden, die viel Rechenzeit kosten. Zudem erhöht eine zu kleine Schrittweite die Gefahr, daß sich Rundungsfehler akkumulieren.

Wir werden daher während der Bewegung des Raumschiffs die Schrittweite den jeweiligen Gegebenheiten anpassen. Ein einfacher Algorithmus soll diese Anpassung automatisch vornehmen.

Zur Demonstration der automatischen Schrittweitenanpassung genügt es, die Methode für eine eindimensionale Gleichung

$$\frac{dy}{dt} = f(y,t) \tag{7.18}$$

zu diskutieren.

Wir gehen davon aus, daß wir einen Anfangswert $y(t_0)$ der Lösungsfunktion kennen und einen Wert $y(t_1)$ bestimmen wollen. In unserem Beispiel wird t_0 der Zeitpunkt sein, an dem wir die letzte Position des Raumschiffs gezeichnet haben, und t_1 wird die Zeit für die nächste zu zeichnende Position sein. Wir setzen voraus, daß $f(y,t)$ auf dem Bahnstück zwischen t_0 und t_1 nirgendwo um viele Zehnerpotenzen größer wird als an den Randpunkten. Den Wert der Lösungsfunktion an der Stelle t_1, den wir durch Integration von (7.18) mit dem RUNGE-KUTTA-Verfahren für eine versuchsweise angenommene Schrittweite h erhalten, bezeichnen wir mit $y_h(t_1)$, den Betrag der Abweichung vom wahren Wert mit ε_h,

$$\varepsilon_h = |y_h(t_1) - y(t_1)|. \qquad (7.19)$$

Für jeden Einzelschritt ist das RUNGE-KUTTA-Verfahren nach Abschnitt 5.2 von der Ordnung h^5. Bei genügend kleinem h verringert sich der Fehler pro Schritt also auf 1/32 des ursprünglichen Fehlers, wenn wir die Schrittweite halbieren. Andererseits brauchen wir bei halber Schrittweite aber doppelt so viele Schritte. Es gilt also:

$$\varepsilon_h \approx 16\,\varepsilon_{h/2}, \qquad (7.20)$$

und folglich:

$$\varepsilon_h \approx \frac{16}{15}\left(\varepsilon_h - \varepsilon_{h/2}\right) = \frac{16}{15}\left|\left(y_h(t_1) - y_{h/2}(t_1)\right)\right|. \qquad (7.21)$$

Die Integrationsschrittweite h können wir auf folgende Weise anpassen [7.1]:

1. Wir geben eine Schranke $\varepsilon_{\max}$ vor und versuchen, h so zu wählen, daß der Fehler für einen einzelnen Integrationsschritt nicht größer wird als $\varepsilon_{\max}$. Zunächst versuchen wir, von t_0 bis t_1 in einem Schritt zu integrieren. Wir setzen also:

$$h = t_1 - t_0. \qquad (7.22a)$$

Den Ausgangspunkt für einen einzelnen RUNGE-KUTTA-Schritt bezeichnen wir im weiteren mit t. Zu Anfang gilt also:

$$t = t_0. \qquad (7.22b)$$

2. Wir integrieren (7.18) mit dem RUNGE-KUTTA-Verfahren von t nach $t+h$ mit den Schrittweiten h und $h/2$. Wir vergleichen die beiden so erhaltenen Funktionswerte und bestimmen nach (7.21) einen Schätzwert für ε_h.
3. Da das RUNGE-KUTTA-Verfahren für einen Einzelschritt von der Ordnung h^5 ist, können wir die maximal erlaubte Schrittweite $h_{\max}$ abschätzen,

$$\left|\frac{\varepsilon_{\max}}{\varepsilon_h}\right| = \left(\frac{h_{\max}}{h}\right)^5. \qquad (7.23)$$

4. Nun treffen wir eine Fallunterscheidung:
   a) Ist $h_{\max} < h/2$, so ersetzen wir h durch $2h_{\max}$ und gehen zu Punkt 2 zurück.
   b) Ist $h_{\max} \geq h/2$, so sehen wir $y_{h/2}(t+h)$ als gültiges Ergebnis für $y(t+h)$ an. Wenn h nicht verändert wurde, dann ist $t+h$ gleich t_1, und wir haben

das Integrationsziel t_1 erreicht. Falls wir h verändert haben, so ist es auch möglich, daß wir mit $t+h$ noch nicht bei t_1 angekommen sind. In diesem Fall setzen wir t gleich $t+h$ und kehren wieder zu Punkt 2 zurück. Falls wir mit dem neuen Integrationsschritt über das Integrationsziel t_1 hinausschießen würden, wird h so verringert, daß $t+h$ gerade gleich t_1 ist.

5. Bei der Programmierung der Schrittweitenanpassung berücksichtigen wir noch folgende Besonderheiten:

   a) Wir geben für die Schrittweite h eine untere Schranke vor, bei deren Unterschreitung das Programm mit Fehlermeldung abbricht.

   b) Wir überprüfen nach jedem Integrationsschritt, ob h beim nächsten Schritt wieder vergrößert werden kann. Dies bewahrt uns davor, bis zum Zeitpunkt t_1 mit einer unnötig kleinen Schrittweite weiterzurechnen, wenn h zwischen t_0 und t_1 sehr klein geworden ist.

Die Verallgemeinerung auf mehrere gekoppelte Gleichungen ist offensichtlich. Wir erhalten für jede abhängige Variable y_i einen Schätzwert für den Fehler nach (7.21). Den größten Schätzwert bezeichnen wir mit ε_h und verfahren mit diesem wie oben beschrieben. Die Wahl einer einheitlichen Fehlerschranke für alle y_i ist nur möglich, wenn letztere sich nicht um allzu viele Größenordnungen unterscheiden. Wenn unsere Differentialgleichung einen physikalischen Vorgang beschreibt, können wir dies in der Regel durch Wahl geeigneter Maßeinheiten erreichen.

Die oben beschriebene Schrittweitenanpassung setzt nicht voraus, daß t_1 größer als t_0 ist. Die Schrittweite h kann negativ sein, ohne daß eine der Gleichungen (7.19) bis (7.23) ungültig würde. Dies ermöglicht uns einen zusätzlichen Genauigkeitstest, indem wir „zurückintegrieren", d. h. aus $y(t_1)$ numerisch $y(t_0)$ bestimmen. Falls das durch Rückrechnung bestimmte $y(t_0)$ zu sehr vom Anfangswert abweicht, wissen wir, daß wir ε_{max} zu hoch angesetzt haben.

Es gibt auch Methoden zur Schrittweitenanpassung beim RUNGE-KUTTA-Verfahren, welche die Zwischenergebnisse $k^{(1)}$ bis $k^{(4)}$ verwenden, um den Diskretisierungsfehler abzuschätzen. Bei diesen Verfahren muß man nicht jeden Integrationsschritt mehrmals ausführen. Die Methodik ist jedoch auf das RUNGE-KUTTA-Verfahren abgestimmt und kann nicht ohne weiteres auf andere Integrationsmethoden übertragen werden. Das oben angegebene Verfahren kann dagegen recht einfach verallgemeinert werden und wird deshalb häufig verwendet.

7.2.2 Koordinatentransformation

Die Koordinatensysteme 1 bis 5, welche wir für die Ein- und Ausgabe verwenden, unterscheiden sich vom Koordinatensystem 0, in dem wir die HAMILTON-Gleichungen lösen, durch eine (zeitabhängige) Drehung und Translation:

$$r(t) = r_c(t) + O(t)r_d(t). \tag{7.24}$$

Wir bezeichnen den Ortsvektor im Koordinatensystem 0 mit $r(t)$, den in den Koordinatensystemen 1 bis 5 mit $r_d(t)$. Der Vektor $r_c(t)$ beschreibt die Verschiebung des Koordinatenursprungs, die Matrix $O(t)$ beschreibt die Drehung. Beim Koordinatensystem 3 ist r_c gleich null, bei den Koordinatensystemen 1 und 2 ist der Drehwinkel gleich null. Wenn wir r_c und den Drehwinkel zu null setzen, beschreibt (7.24) die identische Transformation. Auf diese Weise können wir das Unterprogramm, das wir zur Auswertung von (7.24) schreiben werden, auch dann verwenden, wenn wir die Ein- und Ausgabe im Koordinatensystem 0 durchführen.

Vektoradditionen lassen sich in kartesischen Koordinaten leichter durchführen als in Polarkoordinaten. Deswegen rechnen wir bei der Koordinatentransformation mit kartesischen Koordinaten. Es gilt somit:

$$r_c(t) = (x_c(t), y_c(t)) = (r_c \cos \omega t, r_c \sin \omega t). \tag{7.25}$$

Für die Koordinatensysteme 0 und 3 ist r_c gleich null, für 1 und 4 gleich $-r_1$, für 2 und 5 gleich r_2. Durch das Minuszeichen vor r_1 wird berücksichtigt, daß die Erde dem Mond um den Winkel π voraneilt.

Für die Drehmatrix O(t) gilt:

$$O(t) = \begin{pmatrix} \cos \omega_r t & -\sin \omega_r t \\ \sin \omega_r t & \cos \omega_r t \end{pmatrix}. \tag{7.26}$$

Die Winkelgeschwindigkeit ω_r, mit der sich das Koordinatensystem dreht, ist für die rotierenden Koordinatensysteme 3 bis 5 gleich ω, für die nicht rotierenden Systeme 0 bis 2 gleich 0.

Die Transformationsgleichung für die Geschwindigkeit erhält man, indem man (7.24) auf beiden Seiten nach der Zeit ableitet. Es folgt:

$$\begin{aligned} \frac{dr}{dt} &= \frac{dr_c}{dt} + O\frac{dr_d}{dt} + \frac{dO}{dt}r_d \\ &= \frac{dr_c}{dt} + O\left(\frac{dr_d}{dt} + O^{-1}\frac{dO}{dt}r_d\right). \end{aligned} \tag{7.27}$$

Aus (7.25) erhalten wir

$$\frac{dr_c}{dt} = (-\omega r_c \sin \omega t, \omega r_c \cos \omega t) = (-\omega y_c, \omega x_c), \tag{7.28}$$

und aus (7.26)

$$\frac{dO}{dt} = \begin{pmatrix} -\omega_r \sin \omega_r t & -\omega_r \cos \omega_r t \\ \omega_r \cos \omega_r t & -\omega_r \sin \omega_r t \end{pmatrix}. \tag{7.29a}$$

Da O eine Drehmatrix ist, ist ihre Inverse gleich ihrer Transponierten, und wir erhalten durch Ausmultiplizieren

$$O^{-1}\frac{dO}{dt} = \begin{pmatrix} 0 & -\omega_r \\ \omega_r & 0 \end{pmatrix}, \tag{7.29b}$$

was die Auswertung sehr erleichtert. Der Vektor $O^{-1}(dO/dt)\boldsymbol{r}_\mathrm{d}$ steht auf $\boldsymbol{r}_\mathrm{d}$ senkrecht. Wir wollen ihn im folgenden mit $\boldsymbol{v}_r$ bezeichnen, seine Komponenten mit $v_{r,x}$ und $v_{r,y}$.

Für die HAMILTON-Gleichungen benötigen wir die kanonischen Impulse. Wir berechnen sie direkt aus den kartesischen Koordinaten für Ort und Geschwindigkeit. Da die Bahn eines Körpers im Gravitationsfeld nicht von seiner Masse abhängt, können wir die Masse μ des Raumschiffs gleich eins setzen und erhalten aus (7.13):

$$p_r = \frac{dr}{dt} = \frac{d\sqrt{x^2+y^2}}{dt} = \frac{1}{r}\left(x\frac{dx}{dt} + y\frac{dy}{dt}\right), \tag{7.30a}$$

$$p_\varphi = x\frac{dy}{dt} - \frac{dx}{dt}y. \tag{7.30b}$$

Gleichung (7.30b) gewinnt man am einfachsten, indem man sich anhand von (7.13b) überlegt, daß p_φ ein Drehimpuls ist.

Bei der Transformation vom kanonischen Koordinatensystem in das Ein-/Ausgabesystem müssen wir das Gleichungssystem (7.30) umkehren. Es ergibt sich:

$$\frac{dx}{dt} = \frac{rp_r x - yp_\varphi}{r^2}, \tag{7.31a}$$

$$\frac{dy}{dt} = \frac{rp_r y + xp_\varphi}{r^2}. \tag{7.31b}$$

7.3 Programmierung

7.3.1 HAMILTONsche Bewegungsgleichungen

Um unser Differentialgleichungssystem (7.16) in die Form (7.7),

$$\frac{dy_i}{dt} = f_i(y_1, y_2, y_3, y_4; t), \qquad i = 1,\ldots,4 \ , \tag{7.32}$$

zu bringen, müssen wir zunächst unsere Koordinaten r, φ, p_r und p_φ gemäß (7.6) durchnumerieren. Wir setzen

$$y_1 = r, \qquad y_2 = \varphi,$$
$$y_3 = p_r, \qquad y_4 = p_\varphi. \tag{7.33}$$

Aus Gleichungssystem (7.16) wird dann mit $\mu = 1$:

$$f_1 = y_3, \tag{7.34a}$$

$$f_2 = \frac{y_4}{y_1^2}, \tag{7.34b}$$

$$f_3 = \frac{y_4^2}{y_1^3} - \frac{\gamma m_1}{s_1^3}[y_1 - r_1 \cos(y_2 - \varphi_1)] - \frac{\gamma m_2}{s_2^3}[y_1 - r_2 \cos(y_2 - \varphi_2)], \tag{7.34c}$$

$$f_4 = -\frac{\gamma m_1}{s_1^3} y_1 r_1 \sin(y_2 - \varphi_1) - \frac{\gamma m_2}{s_2^3} y_1 r_2 \sin(y_2 - \varphi_2). \tag{7.34d}$$

Die Gleichungen (7.34a) – (7.34d) werden im Unterprogramm DGL7 ausgewertet. Die Ausdrücke für f_1 und f_2 lassen sich ohne weiteres programmieren. Die Ausdrücke für f_3 und f_4 enthalten einige transzendente Funktionen, deren Berechnung viel Zeit kostet. Da DGL7 bei jedem RUNGE-KUTTA-Rekursionsschritt viermal aufgerufen wird, sollte man versuchen, Rechenzeit zu sparen, indem man zunächst Teilausdrücke berechnet, die für (7.34c) und (7.34d) übereinstimmen.

Da die Erde dem Mond um den Winkel π vorausläuft, gilt:

$$\varphi_1 = \varphi_2 + \pi, \tag{7.35}$$

$$\begin{aligned}\sin(y_2 - \varphi_1) &= -\sin(y_2 - \varphi_2),\\ \cos(y_2 - \varphi_1) &= -\cos(y_2 - \varphi_2).\end{aligned} \tag{7.36}$$

Von den in (7.34c) und (7.34d) vorkommenden Sinus- und Cosinus-Ausdrücken müssen wir also nur je einen berechnen. Zur Rechenzeitersparnis empfiehlt es sich, auch s_1^3 und s_2^3 vorher zu berechnen.

In Abb. 7.2 sind die Bezeichnungen zusammengefaßt, die in DGL7 verwendet werden. Die Größen R1, R2, G1, G2 und OMEGA werden auch in anderen

Physikalische Bezeichnung	FORTRAN-Bezeichnung	Physikalische Bezeichnung	FORTRAN-Bezeichnung
$y_1 = r$	Y(1)	γm_1	G1
$y_2 = \varphi$	Y(2)	γm_2	G2
$y_3 = p_r$	Y(3)	r_1	R1
$y_4 = p_\varphi$	Y(4)	r_2	R2
ω	OMEGA	s_1	S1
t	T	s_2	S2
$\varphi_2 = \omega t$	PHI2	s_1^3	S13
$\sin(\varphi - \varphi_2)$	SIPH	s_2^3	S23
$\cos(\varphi - \varphi_2)$	COPH	$f_i(y_1(t), y_2(t), y_3(t), y_4(t); t)$	F(I)

Abb. 7.2 Im Unterprogramm DGL7 verwendete Bezeichnungen

```
      SUBROUTINE DGL7(T,Y,F)                                      100
      IMPLICIT DOUBLE PRECISION(A-H,O-Z)                          101
      DIMENSION F(4),Y(4)                                         102
      COMMON/SYST/G1,R1,G2,R2,OMEGA,OMEGAR,RCENT,PLOTR,NCOR,PI    103
      F(1)=Y(3)                                                   104
      F(2)=Y(4)/Y(1)**2                                           105
      PHI2=OMEGA*T                                                106
      COPH=COS(Y(2)-PHI2)                                         107
      SIPH=SIN(Y(2)-PHI2)                                         108
      S1=SQRT( R1*R1 + Y(1)*Y(1) + 2*R1*Y(1)*COPH )               109
      S2=SQRT( R2*R2 + Y(1)*Y(1) - 2*R2*Y(1)*COPH )               110
      S13=S1**3                                                   111
      S23=S2**3                                                   112
      F(3)=(Y(4)**2)/(Y(1)**3)                                    113
     &     -G1*(Y(1)+R1*COPH)/S13                                 114
     &     -G2*(Y(1)-R2*COPH)/S23                                 115
      F(4)= G1*(Y(1)*R1*SIPH)/S13                                 116
     &     -G2*(Y(1)*R2*SIPH)/S23                                 117
      END                                                         118
```

Abb. 7.3 Unterprogramm DGL7

Unterprogrammen benötigt. Deshalb gehören sie einem COMMON-Block namens /SYST/ an.

Das Unterprogramm DGL7 läßt sich mit diesen Definitionen recht kompakt hinschreiben (vgl. Abb. 7.3).

7.3.2 Automatische Schrittweitenanpassung beim RUNGE-KUTTA-Verfahren

Die automatische Schrittweitenanpassung wird im Unterprogramm FINTEG realisiert. Abb. 7.4 zeigt die FORTRAN-Bezeichnungen der im Abschnitt 7.2.1 verwendeten Größen, das Programm FINTEG ist in Abb. 7.5 wiedergegeben.

Das Feld Y(I) nimmt die aktuellen Werte von $y_1(t), y_2(t), ..., y_n(t)$ auf. Beim Aufruf von FINTEG enthält es die Werte $y_i(t_0)$, am Ende die errechneten

Mathematische Bezeichnung	FORTRAN-Bezeichnung	Mathematische Bezeichnung	FORTRAN-Bezeichnung
t_0	T0	t	T
t_1	T1	$t+h$	TNEU
ε_h	EPS	h	H
ε_{max}	TOL	h_{max}	HMAX
$y_i(t)$	Y(I)	h/h_{max}	RELA
$y_{i,h}(t)$	Y1(I)		
$y_{i,h/2}(t)$	Y2(I)		

Abb. 7.4 Im Unterprogramm FINTEG verwendete Bezeichnungen

```
      SUBROUTINE FINTEG(T0,T1,N,Y,TOL,DGL,IERR)

      IMPLICIT DOUBLE PRECISION(A-H,O-Z)
      PARAMETER(NMAX=10)
      EXTERNAL DGL
      DIMENSION Y(N)
      DOUBLE PRECISION Y1(NMAX),Y2(NMAX)

      IF (N.GT.NMAX.OR.N.LT.O.OR.TOL.LE.0)
     &    STOP 'FALSCHE PARAMETER FÜR FINTEG'
      IERR=0
      T   =T0
      TNEU=T1
      H=T1-T0
      IF (H.EQ.0.D0) RETURN

1     CONTINUE
      DO 10 I=1,N
       Y1(I)=Y(I)
       Y2(I)=Y(I)
10    CONTINUE
      CALL RUNGE(N,H  ,T    ,Y1,DGL)
      CALL RUNGE(N,H/2,T    ,Y2,DGL)
      CALL RUNGE(N,H/2,T+H/2,Y2,DGL)
      EPS=0.D0
      DO 20 I=1,N
       RR= 16*ABS(Y2(I)-Y1(I))/15
       IF (RR.GT.EPS) EPS=RR
20    CONTINUE
      RELA=MAX( (EPS/TOL)**.2D0 , 1.D-8)
      HMAX=H/RELA
      IF (ABS(HMAX).LT.TOL) THEN
       IERR=1
       GOTO 2
      END IF
      IF (RELA.GT.2) THEN
       H=HMAX
       TNEU=T+H
       GOTO 1
      END IF
2     DO 30 I=1,N
       Y(I)=Y2(I)
30    CONTINUE
      IF (RELA.LT.1) H=2*H
      T=TNEU
      TNEU=T+H
      IF (ABS(TNEU-T0).GE.ABS(T1-T0)) THEN
       TNEU=T1
       H=TNEU-T
      END IF
      IF (T.NE.T1) GOTO 1

      END
```

Abb. 7.5 Unterprogramm FINTEG

Werte $y_i(t_1)$. Wir verwenden für alle y_i die gleiche Fehlerschranke $\varepsilon_{\max}$. Deshalb müssen wir die Einheiten für Länge und Zeit so wählen, daß die y_i sich nicht um allzu viele Zehnerpotenzen unterscheiden. Wir werden als Längeneinheit 1 000 km und als Zeiteinheit Stunden verwenden; dann sind für die meisten physikalisch interessanten Bahnen die y_i nur um wenige Größenordnungen verschieden.

Wie das Unterprogramm RUNGE aus Kapitel 5 benötigt auch FINTEG als Parameter den Namen eines weiteren Unterprogramms, welches die rechten Seiten des Differentialgleichungssystems ausrechnet. Wir nennen diesen Parameter wieder DGL (vgl. Zeile 200 in Abbildung 7.5).

Zur Integration der Bewegungsgleichungen für die Schrittweiten h und $h/2$ ruft FINTEG das Unterprogramm RUNGE auf (Zeilen 218 - 220). In der anschliessenden DO-Schleife wird ε_h ermittelt (Zeilen 222 - 225). Damit bei der Berechnung von $h_{\max}$ keine Division durch null auftreten kann, wird der Quotient $h/h_{\max}$ stets mindestens gleich 10^{-8} gesetzt (Zeilen 226 - 227). Ab Zeile 232 wird die in 7.2.1 besprochene Fallunterscheidung durchgeführt. Ist $h/2$ betragsmäßig größer als $h_{\max}$, so wird h gleich $2h_{\max}$ gesetzt und die Integration wird mit der neuen Schrittweite nochmals versucht (Zeilen 233 - 236). Ansonsten werden die $y_{i,h/2}(t+h)$ als neue Werte von y_i übernommen (Zeilen 237 - 239). Falls $h_{\max}$ größer als h war, wird h beim nächsten Integrationsschritt verdoppelt (Zeile 240). In den Zeilen 241 bis 246 werden h und $t+h$ für den nächsten Integrationsschritt berechnet. Dabei muß geprüft werden, ob man mit $t+h$ über t_1 hinausschießen würde. Da t_1 kleiner sein darf als t_0, läßt sich dies nur in einer etwas umständlichen Weise formulieren (Zeile 243). Falls die Integration schon am Intervallende angekommen ist, wird FINTEG beendet, ansonsten wird zur Marke 1 zurückgesprungen (Zeile 247).

Um zu verhindern, daß FINTEG endlos lange rechnet, ohne zum Ziel zu kommen, müssen wir eine untere Schranke für $|h|$ vorgeben. Sonst könnte es geschehen, daß $t+h$ und t numerisch gleich werden und die Integration nicht mehr vom Fleck kommt. In unserem Beispiel können wir $\varepsilon_{\max}$ als untere Schranke für $|h|$ verwenden. Die Variable IERR meldet dem rufenden Programm zurück, ob $h_{\max}$ zu klein geworden ist. Zu Beginn erhält sie den Wert null (Zeile 208). Wird $|h_{\max}| < \varepsilon_{\max}$, so wird h nicht mehr weiter verringert, und IERR bekommt den Wert eins (Zeilen 228 - 231).

7.3.3 Koordinatentransformation

Die Transformation der Ortskoordinaten wird im Unterprogramm TFX durchgeführt. Abb. 7.6 zeigt die FORTRAN-Bezeichnungen für die in Abschnitt 7.2.2 verwendeten Größen, das Programm TFX ist in Abb. 7.7 wiedergegeben.

Die Variable NDIR gibt die Richtung der gewünschten Transformation an. Ist NDIR größer als 0, so handelt es sich um eine Transformation ins Koordinatensystem 0, ansonsten um eine Transformation in eines der Ein/Ausgabekoor-

Physikalische Bezeichnung	FORTRAN-Bezeichnung	Physikalische Bezeichnung	FORTRAN-Bezeichnung
r_d	RD	t	T
φ_d	PHID	ω	OMEGA
x_d	XD	ω_r	OMEGAR
y_d	YD	r_c	RCENT
r	Z1	ωt	PHIC
φ	Z2	x_c	XC
x	X	y_c	YC
y	Y		

Abb. 7.6 Im Unterprogramm TFX verwendete Bezeichnungen

```
      SUBROUTINE TFX(NDIR,T,RD,PHID,Z1,Z2,XD,YD)                300

      IMPLICIT DOUBLE PRECISION(A-H,O-Z)                        301
      COMMON/SYST/G1,R1,G2,R2,OMEGA,OMEGAR,RCENT,PLOTR,NCOR,PI  302
*
      PHIR=OMEGAR*T                                             303
*     Berechnung des Zentrums in kartes. Koordinaten
      PHIC=OMEGA*T                                              304
      CALL CARTES(RCENT,PHIC,XC,YC)                             305
      IF (NDIR.GT.0) THEN                                       306
*     Transformation ins kanon. Koordinatensystem
        CALL CARTES(RD,PHID,XD,YD)                              307
        CALL ROTAT(XD,YD,PHIR,X2,Y2)                            308
        CALL TRANSL(X2,Y2,XC,YC,X,Y)                            309
        CALL POLAR (X,Y,Z1,Z2)                                  310
      ELSE                                                      311
*     Transformation ins Ein-/Ausgabesystem
        CALL CARTES(Z1,Z2,X,Y)                                  312
        CALL TRANSL(X,Y,-XC,-YC,X2,Y2)                          313
        CALL ROTAT(X2,Y2,-PHIR,XD,YD)                           314
        CALL POLAR(XD,YD,RD,PHID)                               315
      END IF                                                    316
      END                                                       317
```

Abb. 7.7 Unterprogramm TFX

dinatensysteme. Der Übersichtlichkeit halber werden die Umrechnung zwischen kartesischen und Polarkoordinaten, die Translation und die Rotation durch eigene Unterprogramme realisiert.

Zur Vorbereitung der Transformation wird der Verschiebungsvektor r_c in kartesischen Koordinaten berechnet (Zeilen 304 und 305). Erfolgt die Transformation von einem der Koordinatensysteme für Ein/Ausgabe ins Koordinatensystem 0, so wird die Raumschiffposition r_d in kartesische Koordinaten umgerechnet (Zeile 307), gemäß (7.24) transformiert (Zeilen 308 und 309), und das Ergebnis wieder in Polarkoordinaten umgerechnet (Zeile 310). Bei einer Transformation vom Koordinatensystem 0 in eines der Koordinatensysteme für die Ein/Ausgabe erfolgen alle Transformationsschritte in umgekehrter Richtung und Reihenfolge (Zeilen 312 – 315).

Physikalische Bezeichnung	FORTRAN-Bezeichnung	Physikalische Bezeichnung	FORTRAN-Bezeichnung
v_d	VD	$v_{r,x}$	VXR
ψ_d	PSID	$v_{r,y}$	VYR
p_r	Z3	dx_c/dt	VXC
p_φ	Z4	dy_c/dt	VYC

Abb. 7.8 Zusätzliche Bezeichnungen im Unterprogramm TFV

Die Transformation der Geschwindigkeitskoordinaten (nach 7.27) wird im Unterprogramm TFV durchgeführt. Es setzt voraus, daß die Ortskoordinaten r, φ, x_d und y_d bereits in TFX berechnet worden sind. Außer den von TFX bekannten Größen verwendet es noch weitere, die in Abb. 7.8 wiedergegeben sind.

```
      SUBROUTINE TFV(NDIR,T,VD,PSID,Z1,Z2,Z3,Z4,XD,YD)              400

      IMPLICIT DOUBLE PRECISION(A-H,O-Z)                            401
      COMMON/SYST/G1,R1,G2,R2,OMEGA,OMEGAR,RCENT,PLOTR,NCOR,PI      402
*
      PHIR=OMEGAR*T                                                 403
*     Berechnung der Rotationsgeschwindigkeit in Kartesischen
*        Koordinaten
      VXR=-OMEGAR*YD                                                404
      VYR= OMEGAR*XD                                                405
*     Berechnung der Zentrumsgeschwindigkeit in Kartesischen
*        Koordinaten
      PHIC=OMEGA*T                                                  406
      CALL CARTES(RCENT,PHIC,DX,DY)                                 407
      VXC=-OMEGA*DY                                                 408
      VYC= OMEGA*DX                                                 409
*     Kanon. Ortskoordinaten in kartes. umrechnen
      CALL CARTES(Z1,Z2,X,Y)                                        410
      IF (NDIR.GT.0) THEN                                           411
*     Transformation ins kanon. Koordinatensystem
        CALL CARTES(VD,PSID,VX1,VY1)                                412
        CALL TRANSL(VX1,VY1, VXR , VYR ,VX2,VY2)                    413
        CALL ROTAT (VX2,VY2,    PHIR    ,VX3,VY3)                   414
        CALL TRANSL(VX3,VY3, VXC , VYC ,VX4,VY4)                    415
        Z3=(VX4*X+VY4*Y)/Z1                                         416
        Z4=(VY4*X-VX4*Y)                                            417
      ELSE                                                          418
*     Transformation ins Ein-/Ausgabesystem
        VX4=(Z1*Z3*X-Z4*Y)/(Z1*Z1)                                  419
        VY4=(Z1*Z3*Y+Z4*X)/(Z1*Z1)                                  420
        CALL TRANSL(VX4,VY4,-VXC ,-VYC ,VX3,VY3)                    421
        CALL ROTAT (VX3,VY3,   -PHIR    ,VX2,VY2)                   422
        CALL TRANSL(VX2,VY2,-VXR ,-VYR ,VX1,VY1)                    423
        CALL POLAR (VX1,VY1,VD,PSID)                                424
      END IF                                                        425
      END                                                           426
```

Abb. 7.9 Unterprogramm TFV

Zur Vorbereitung der Transformation (7.27) werden zunächst $d\boldsymbol{r}_c/dt$ und $\boldsymbol{v}_r$ nach (7.28) und (7.29b) berechnet (Zeilen 404 – 409 in Abb. 7.9). Die Transformation von den Koordinatensystemen für die Ein/Ausgabe in das Koordinatensystem 0 wird in den Zeilen 412 bis 415 durchgeführt. In den beiden folgenden Zeilen werden die kanonischen Impulskoordinaten nach (7.30) berechnet. Die Transformation vom Koordinatensystem 0 in eines der Koordinatensysteme für die Ein/Ausgabe ist in den Zeilen 419 bis 424 programmiert.

Zur Vervollständigung sind in Abb. 7.10 die Unterprogramme ROTAT, TRANSL, CARTES und POLAR zusammengestellt. Da diese sehr einfach sind, wird auf eine Beschreibung verzichtet.

```
     SUBROUTINE ROTAT(X,Y,PHI,XOUT,YOUT)                500
     IMPLICIT DOUBLE PRECISION(A-H,O-Z)                 501
     COPH=COS(PHI)                                      502
     SIPH=SIN(PHI)                                      503
     XOUT=X*COPH-Y*SIPH                                 504
     YOUT=Y*COPH+X*SIPH                                 505
     END                                                506

     SUBROUTINE TRANSL(X,Y,DX,DY,XOUT,YOUT)             507
     IMPLICIT DOUBLE PRECISION(A-H,O-Z)                 508
     XOUT=X+DX                                          509
     YOUT=Y+DY                                          510
     END                                                511

     SUBROUTINE CARTES(R,PHI,X,Y)                       512
     IMPLICIT DOUBLE PRECISION(A-H,O-Z)                 513
     X=R*COS(PHI)                                       514
     Y=R*SIN(PHI)                                       515
     END                                                516

     SUBROUTINE POLAR(X,Y,R,PHI)                        517
     IMPLICIT DOUBLE PRECISION(A-H,O-Z)                 518
     R=SQRT(X*X+Y*Y)                                    519
     IF (R.GT.0) THEN                                   520
       PHI=ATAN2(Y,X)                                   521
     ELSE                                               522
       PHI=0                                            523
     END IF                                             524
     END                                                525
```

Abb. 7.10   Unterprogramme ROTAT, TRANSL, CARTES und POLAR

7.3.4 Hauptprogramm

Das Hauptprogramm steuert den Aufruf von FINTEG, die Eingabe der Anfangsbedingungen und der Daten des Erde-Mond-Systems sowie die graphische Ausgabe der berechneten Raumschiffpositionen.

Physikalische Bezeichnung	FORTRAN-Bezeichnung	Physikalische Bezeichnung	FORTRAN-Bezeichnung
π	PI	r_d	RD
(1 Monat in Std.)	AMONTH	φ_d	PHID
ω	OMEGA	x_d	XD
$r_1 + r_2$	ABSTD	y_d	YD
m_2/m_1	GX	$d|\mathbf{r}_d|/dt$	VD
r_1	R1	ψ_d	PSID
r_2	R2	$y_1 = r$	Y(1)
γm_1	G1	$y_2 = \varphi$	Y(2)
γm_2	G2	$y_3 = p_r$	Y(3)
t, t_0	T	$y_4 = p_\varphi$	Y(4)
t_1	TE	ε_{max}	TOL
		$t_1 - t_0$	DELTAT

Abb. 7.11 Im Hauptprogramm KAP7 verwendete Bezeichnungen

Abb. 7.12 gibt den numerischen Teil des Hauptprogramms wieder. In den Zeilen 607 und 608 werden zwei Größen vorbesetzt, die in verschiedenen Unterprogrammen immer wieder gebraucht werden und daher über den COMMON-Block /SYST/ an diese übergeben werden. Die Berechnung der Zahl π über arctan (Zeile 607) hat den Vorteil, daß sie weniger anfällig gegen Tippfehler im Programm ist als explizites Ausschreiben (PI=3.1415926...) und daß sie außerdem die volle Genauigkeit von DOUBLE PRECISION-Größen ausnützt.

Nach der Eingabe des Massenverhältnisses m_2/m_1 werden r_1 und r_2 in den Zeilen 609 und 610 nach (7.8) berechnet. Da Erde und Mond sich unter dem Einfluß der Gravitation bewegen, besteht auch ein Zusammenhang zwischen der Winkelgeschwindigkeit ω, der Erdmasse m_1 und der Mondmasse m_2. Damit die Himmelskörper auf ihrer Kreisbahn bleiben, müssen sich Gravitationskraft und Fliehkraft die Waage halten:

$$\frac{\gamma m_1 m_2}{(r_1 + r_2)^2} = m_1 \omega^2 r_1 = m_2 \omega^2 r_2, \qquad (7.37a)$$

woraus folgt:

$$\gamma m_1 = \omega^2 r_2 (r_1 + r_2)^2. \qquad (7.37b)$$

Da wir in unserem Programm den Abstand Erde-Mond und die Umlaufsdauer des Mondes um die Erde festhalten wollen, der Radius r_2 aber vom Massenverhältnis m_2/m_1 abhängt, müssen wir die Erdmasse m_1 anpassen. Wir berechnen γm_1 gemäß (7.37b) in Zeile 611 und den daraus folgenden Wert für γm_2 in Zeile 612.

Nach der Eingabe der Anfangswerte für Ort und Geschwindigkeit des Raumschiffs müssen diese vom gewählten Ein/Ausgabesystem in kanonische Koordinaten umgerechnet werden (Zeilen 614 und 615). Es folgt die Integration der Bewegungsgleichung. Nach der Berechnung eines neuen Bahnpunkts (Zeile 621) werden jedes Mal die neuen Positionen von Erde, Mond und Raumschiff gezeichnet. Dies wird 24mal wiederholt (Zeilen 616 bis 619 und 624). Danach hat man

```
        PROGRAM KAP7                                                    600

        IMPLICIT DOUBLE PRECISION(A-H,O-Z)                              601
        PARAMETER (AMONTH=648.D0,DIST=384.D0)                           602
        PARAMETER (TOLMAX=1.D-3)                                        603
        DIMENSION Y(4)                                                  604
        COMMON/SYST/G1,R1,G2,R2,OMEGA,OMEGAR,RCENT,PLOTR,NCOR,PI        605
        EXTERNAL DGL7                                                   606

*       (Variablen für Ein/Ausgabe)

        PI=4*ATAN(1.D0)                                                 607
        OMEGA=2*PI/AMONTH                                               608

*       (Eingabe von TOL, GX, PLOTR, Wahl des Koordinatensystems
*        und Bestimmung von OMEGAR, RCENT)
        R1=DIST*GX/(1+GX)                                               609
        R2=DIST/(1+GX)                                                  610
        G1=R2*OMEGA**2*DIST**2                                          611
        G2=GX*G1                                                        612
        T=0                                                             613

*       (Eingabe von RD,PHID,VD,PSIG,DELTAT)

        CALL TFX(1,T,RD,PHID,Y(1),Y(2),XD,YD)                           614
        CALL TFV(1,T,RD,PHID,VD,PSID,Y(1),Y(2),Y(3),Y(4),XD,YD)         615
        NIT=0                                                           616

*       (Graphische Ausgabe der Anfangspositionen von Erde, Mond,
*        Raumschiff)

4       CONTINUE                                                        617
        IF (NIT.LT.24) THEN                                             618
          NIT=NIT+1                                                     619
          TE=T+DELTAT                                                   620
          CALL FINTEG(T,TE,4,Y,TOL,DGL7,IERR)                           621
          T=TE                                                          622
          CALL TFX(-1,T,RD,PHID,Y(1),Y(2),XD,YD)                        623

*       (Graphische Ausgabe der neuen Positionen)

          GOTO 4                                                        624
        END IF                                                          625

*       (Steuerung des weiteren Flugs, z.B. Wechsel des
*        Koordinatensystems, Bremsen, Weiterfliegen, Neuanfang)

        END                                                             626
```

Abb. 7.12 Numerische Teile des Hauptprogramms KAP7

die Möglichkeit, auf das Geschehen Einfluß zu nehmen, z. B. das Raumschiff zu bremsen oder ein anderes Koordinatensystem zu wählen. Hat man z. B. eine Zeitschrittweite von einer Stunde vorgegeben, so kann man nach jedem Flugtag eine neue Wahl treffen.

Die alphanumerische Eingabe hält sich weitgehend an das Schema der vorangegangenen Kapitel. Die Wahl des Koordinatensystems kann an zwei verschiedenen Stellen im Hauptprogramm erfolgen, und wird deshalb in einem eigenen Unterprogramm namens GETCOR durchgeführt. In GETCOR werden auch die Variablen RCENT und OMEGAR aus dem COMMON-Block /SYST/, die in den Unterprogrammen TFX und TFV benötigt werden, mit Werten versorgt. Den entsprechenden Programmteil zeigt Abb 7.13 . Dabei bezeichnet NCOR die Nummer des Koordinatensystems nach Abschnitt 7.1 . Die anderen Bezeichnungen entsprechen denen der Unterprogramme TFX und TFV.

```
      IF (NCOR.LE.2) THEN                                   700
       OMEGAR=0                                             701
      ELSE                                                  702
       OMEGAR=OMEGA                                         703
      END IF                                                704
      IF (NCOR.EQ.0.OR.NCOR.EQ.3) THEN                      705
       RCENT=0                                              706
      ELSE IF (NCOR.EQ.1.OR.NCOR.EQ.4) THEN                 707
       RCENT=-R1                                            708
      ELSE                                                  709
       RCENT= R2                                            710
      END IF                                                711
```

Abb. 7.13 Bestimmung von RCENT und OMEGAR

Um die Möglichkeit zu schaffen, während der graphischen Ausgabe Einfluß auf das Geschehen zu nehmen, wird das bisher noch nicht besprochene Unterprogramm GINKEY aus dem Graphikpaket benötigt. Es ermöglicht die Eingabe eines einzelnen Zeichens, während die Graphik aktiv ist. Das Zeichen erscheint nicht auf dem Bildschirm, so daß die Graphik durch die Eingabe nicht verändert wird.

Aufruf:

    CALL GINKEY(NOTE,CH)

Zunächst gibt GINKEY den Text NOTE am oberen Bildschirmrand aus. Man sollte einen Text wählen, der dem Benutzer sagt, was er zu tun hat. Der Parameter CH muß eine CHARACTER-Variable sein. Sie enthält nach dem Aufruf das eingegebene Zeichen. Funktions- und Cursortasten werden durch einen Code aus 2 Buchstaben gemeldet. Die Codes findet man z.B. im Anhang des BASIC-Manuals von IBM. Will man solche Tasten verwenden, sollte CH vom Typ CHARACTER*2 sein.

Das Unterprogramm GINIT wird verwendet, um zwischen graphischer und alphanumerischer Ausgabe umzuschalten.

Aufruf:
```
CALL GINIT(1)          (zum Öffnen der Graphik)
CALL GINIT(-1)         (zum Schließen der Graphik)
```

Der Unterschied zu GOPEN und GCLOSE ist, daß außer dem Öffnen und Schließen nichts geschieht. Beim Öffnen werden Rahmen, Achsenkreuze und Beschriftungen nicht gezeichnet. Beim Schließen wird kein Text ausgegeben und nicht auf einen Tastendruck gewartet. Die Verwendung von GINIT ist z. B. dann sinnvoll, wenn die Graphik als Reaktion auf einen mit GINKEY angeforderten Tastendruck sofort beendet werden soll.

Um die Position des Raumschiffs auszugeben, wird das Unterprogramm GMARK verwendet.

Aufruf:
```
CALL GMARK(X,Y,ICOLOR,ISTYLE)
```

Die DOUBLE PRECISION-Größen X und Y bezeichnen den Ort, an dem eine Markierung gezeichnet werden soll. Wie in GMOVE und GDRAW bezeichnet ICOLOR die gewünschte Farbe. Mit ISTYLE wird die genaue Form der Markierung angegeben. Dabei bedeuten:

ISTYLE=0:	kleiner Punkt
ISTYLE=1:	großer Punkt
ISTYLE=2:	Pluszeichen
ISTYLE=3:	Sternchen
ISTYLE=4:	Quadrat
ISTYLE=5:	Kreuz
ISTYLE=6:	Raute

Die Positionen von Erde und Mond werden mit Hilfe des Unterprogramms GCIRCL gezeichnet.

Aufruf:
```
CALL GCIRCL(X,Y,R,ICOLOR,ISTYLE)
```

GCIRCL zeichnet einen Kreis mit dem Radius R und dem Mittelpunkt (X,Y). Dabei sind X, Y und R wieder DOUBLE PRECISION-Größen. Für den Radius R ist der Maßstab in x-Richtung maßgeblich. Die gewünschte Farbe wird wieder durch ICOLOR angegeben. Je nach dem Wert von ISTYLE wird ein hohler, ein voller oder ein schraffierter Kreis gezeichnet. Es bedeuten:

ISTYLE=1:	hohl
ISTYLE=2:	ausgefüllt
ISTYLE=3:	dicht schraffiert
ISTYLE=4:	mittel schraffiert
ISTYLE=5:	weit schraffiert
ISTYLE=6:	dicht kreuzschraffiert
ISTYLE=7:	mittel kreuzschraffiert
ISTYLE=8:	weit kreuzschraffiert

Das Unterprogramm GWRITE gibt einen Text auf dem Graphik-Bildschirm aus.

Aufruf:

```
CALL GWRITE(1,XNOTE,YNOTE,NOTE,ICOLOR)
```

Der auszugebende Text muß in NOTE als CHARACTER*(*)-Ausdruck übergeben werden. ICOLOR gibt die gewünschte Farbe an. Die x-Koordinate des Textes wird durch die DOUBLE PRECISION-Größe XNOTE angegeben, die y-Koordinate durch YNOTE. Anders als in den vorigen Unterprogrammen beziehen sich die Koordinaten hier nicht auf die physikalischen Maßeinheiten, sondern geben die Position in Prozent der Bildschirmgröße an. Die untere linke Ecke des Bildschirms hat die Koordinaten $(0,0)$, die obere rechte Ecke die Koordinaten $(100, 100)$. Setzt man den ersten Parameter von GWRITE auf einen Wert ungleich eins, so kann man auch andere Koordinatensysteme verwenden. Eine vollständige Beschreibung der Möglichkeiten findet man beim Programmlisting auf der Diskette.

Wir verwenden GWRITE, um die Zeit t und den Abstand r_d des Raumschiffs vom Koordinatenursprung auszugeben. Da t und r_d DOUBLE-PRECISION-Größen sind, wir für den Parameter NOTE aber einen CHARACTER-Ausdruck brauchen, müssen wir eine Umwandlung vornehmen. Dies geschieht, indem man Variablen vom Typ CHARACTER als Ziel eines WRITE-Statements verwendet. Durch

```
CHARACTER*8 GCHAR
...
WRITE(GCHAR,'(F8.2)') T
```

erhält die CHARACTER*8-Variable GCHAR den Wert von T als Gleitpunktzahl mit 2 Nachkommastellen zugewiesen.

Das vollständige Programm KAP7 ist auf der Diskette unter KAP-07.FOR abgespeichert.

7.4 Übungsaufgaben

7.1 Prüfen Sie die Genauigkeit der Integration, indem Sie die Bewegung eines Raumschiffs in einer erdnahen Umlaufbahn für einige Tage verfolgen und dann zurückintegrieren. Wie groß muß TOL sein, damit das Raumschiff zur Zeit null wieder die eingegebenen Anfangswerte für Ort und Geschwindigkeit erreicht?

7.2 Raumschiffe in erdnahen Umlaufbahnen müssen den KEPLERschen Gesetzen gehorchen. Können Sie dies anhand der graphischen Darstellungen der Raumschiffbahnen prüfen?

7.3 Versuchen Sie, Anfangsbedingungen zu finden, bei denen der Mond getroffen wird. Machen Sie den Mond etwas schwerer als in Wirklichkeit, um das Treffen des Monds zu erleichtern. Es ist günstig, die Anfangsbedingungen so zu wählen, als ob man aus einer Kreisbahn um die Erde starten würde.

7.4 Versuchen Sie, eine Bahn zu finden, bei der die Gravitation des Monds das Raumschiff so ablenkt, daß es in unmittelbare Erdnähe zurückkehrt. Wie empfindlich ist eine solche Bahn gegenüber leichten Änderungen der Anfangsbedingungen? Versuchen Sie, das Raumschiff in unmittelbarer Nähe des Monds in eine Mondumlaufbahn einzuschießen. Um wieviel müssen Sie dazu die Geschwindigkeit verringern? Schätzen Sie ab, welche Geschwindigkeitsänderungen die Triebwerke bei einer Apollo-Mondmission mit Flug zum Mond, Einschuß in eine Mondumlaufbahn, Landung auf dem Mond und Rückkehr zur Erde insgesamt erzeugen müssen.

7.5 Wie groß sind die maximalen Bahnradien, bei denen Umlaufbahnen um Erde bzw. Mond noch einigermaßen stabil sind?

7.5 Lösung der Übungsaufgaben

7.1 Berechnet man die Bahn eines Raumschiffs in einer erdnahen Umlaufbahn für eine Zeitdauer von ca. 3 Tagen, so benötigt man eine Fehlerschranke TOL von 0.00001 oder kleiner, um bei einer Bewegungsumkehr einigermaßen genau zu den Anfangsbedingungen für Ort und Geschwindigkeit zurückzukehren. Mit TOL = 0.00001 ergibt sich aber immer noch ein Fehler bis zu 1 Grad für φ und ψ. Erst bei einer Fehlerschranke von ca. 0.0000001 wird die rücklaufende Bahn nahezu identisch mit der ursprünglichen.

7.2 Nach dem ersten KEPLERschen Gesetz muß die Bahn des Raumschiffs eine Ellipse sein, wobei der Erdmittelpunkt einer der Brennpunkte ist.

Das zweite KEPLERsche Gesetz besagt, daß der Fahrstrahl zwischen dem Erdmittelpunkt und dem Raumschiff in gleichen Zeiten gleiche Flächen überstreicht. Da die Raumschiffposition in gleichen Zeitabständen ausgegeben wird, bewirkt das 2. KEPLERsche Gesetz, daß die Markierungspunkte, die die Raumschiffposition angeben, in der Nähe des erdfernsten Punkts viel dichter gedrängt sind als beim erdnächsten Punkt.

Das dritte KEPLERsche Gesetz besagt, daß die Quadrate der großen Halbachsen sich verhalten wie die Kuben der Umlaufzeiten. Man prüft dies, indem man die Umlaufzeiten für Kreis- oder Ellipsenbahnen mit unterschiedlich großen Halbachsen miteinander vergleicht.

7.3 und 7.4 Eine Bahn, die sehr nahe am Mond vorbeiführt und die Erde beinahe wieder trifft, erhält man für

$$m_2/m_1 = 0.0125$$

und den Anfangsbedingungen (Koordinatensystem 1):

$$r_d = 6\,800 \text{ km},$$
$$\varphi_d = 232 \text{ Grad},$$
$$v_d = 39\,030.95 \text{ km/h},$$
$$\psi_d = 322 \text{ Grad}.$$

Durch leichte Modifikation dieser Werte erhält man Bahnen, bei denen Mond oder Erde getroffen werden.

Wenn man in Mondnähe das Koordinatensystem wechselt, sieht man, daß das Raumschiff ca. 9 000 km weit am Mond vorbeifliegt mit einer Geschwindigkeit von ca. 5 500 km/h. Um in eine Mondumlaufbahn einzuschwenken, muß man die Geschwindigkeit wenigstens um ca.

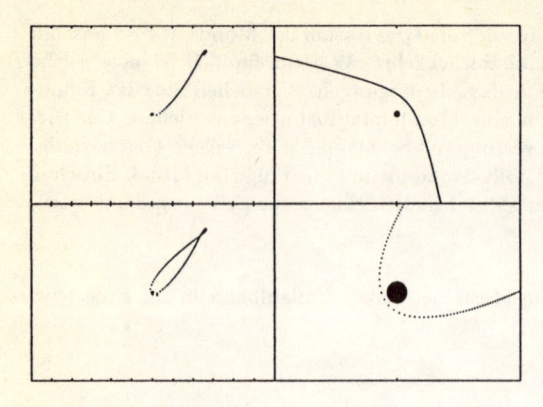

Abb. 7.14 Bahn eines Raumschiffs mit Umlenkung durch den Mond und Rückkehr zur Erde

1 500 km/h verringern. Verringert man die Geschwindigkeit um ca. 3 500 km/h, so kommt man in eine Umlaufbahn, deren mondnächster Punkt in unmittelbarer Nähe der Mondoberfläche liegt. Dabei fliegt das Raumschiff mit einer Relativgeschwindigkeit von ca. 9 500 km/h an der Mondoberfläche vorbei.

Zur Durchführung eines Mondflugs mit Mondlandung und Rückkehr zur Erde sind in unserem Modell folgende Geschwindigkeitsänderungen notwendig:

39 000 km/h	Einschuß in die Bahn zum Mond
3 500 km/h	Bremsen in die Mondumlaufbahn
9 500 km/h	Landung auf dem Mond
9 500 km/h	Start von der Mondoberfläche
3 500 km/h	Beschleunigen auf Rückkehrkurs zur Erde
65 000 km/h	

Durch geschicktere Wahl der Bahnparameter sowie Verwendung der realistischen Mondmasse kann man noch ein wenig sparen. Der Gesamtantriebsbedarf für Apollo-Raumschiffe hat sich aber tatsächlich in der angegebenen Größenordnung bewegt. Anmerkung: Die Bremsung des Raumschiffs bei der Rückkehr zur Erde übernimmt die Erdatmosphäre.

7.5 Bei einem realistischen Verhältnis von Mondmasse zu Erdmasse (GX = 0.012) wird die Abweichung bei Erdsatelliten ab ca. 250 000 km Umlaufhöhe recht deutlich. Kreisbahnen um den Mond sind schon ab 20 000 km Höhe stark gestört. Im realen Erde-Mond-System ist die Störung der Mondumlaufbahnen noch viel stärker, weil die Massenverteilung im Mond nicht ganz kugelsymmetrisch ist, weil die Mondbahn exzentrisch ist und weil Störungen durch die Sonne hinzukommen. Es ist ziemlich schwierig, einen Mondsatelliten überhaupt in eine einigermaßen stabile Bahn zu bringen.

8. Das himmelsmechanische Dreikörperproblem

8.1 Problemstellung

Der Flug eines Raumschiffs zum Mond, wie wir ihn in Kapitel 7 behandelt haben, ist ein Spezialfall des himmelsmechanischen Dreikörperproblems. Unter letzterem versteht man das Problem, die Bewegung von drei punktförmigen Massen zu berechnen, die sich unter dem alleinigen Einfluß der gegenseitigen Gravitationskräfte bewegen.

Wir haben das himmelsmechanische Dreikörperproblem mit drei Einschränkungen behandelt:

1. Die dritte Masse ist so klein, daß sie die Bewegung der beiden anderen Massen nicht beeinflußt.
2. Die beiden großen Massen bewegen sich auf einer Kreisbahn.
3. Alle drei Körper bewegen sich in einer (ruhenden) Ebene.

Wenn die ersten beiden Bedingungen erfüllt sind, spricht man vom „eingeschränkten himmelsmechanischen Dreikörperproblem". Wir wollen uns weiter mit diesem Problem beschäftigen, und auch die Beschränkung auf die Bewegung in einer Ebene beibehalten. Da wir einige Beispiele diskutieren werden, die nichts mit dem Erde-Mond-System zu tun haben, verzichten wir von nun an auf die Bezeichnungen „Erde" und „Mond" für die Massen m_1 und m_2.

In Kapitel 7 haben wir die Rechnung in einem Inertialsystem mit einer zeitabhängigen Wechselwirkung durchgeführt. Für die Ein/Ausgabe haben wir aber bereits Koordinatensysteme eingeführt, die mit den beiden großen Körpern mitrotieren. Wir wollen ein solches Koordinatensystem nun auch für die Rechnung verwenden. Wir wählen das Koordinatensystem 3 aus dem vorigen Kapitel. Der Koordinatenursprung ist der Gesamtschwerpunkt der Massen. Das Potential V ist nicht mehr explizit zeitabhängig. Dafür werden die Bewegungsgleichungen durch die neu hinzugekommenen Zentrifugal- und Coriolis-Terme komplizierter. Der HAMILTON-Formalismus setzt nicht voraus, daß bei der Definition der Ortskoordinaten $q_k(t)$ ein Inertialsystem verwendet wird; er läßt sich auch in einem rotierenden Koordinatensystem anwenden.

Um auf die HAMILTON-Gleichungen im rotierenden Koordinatensystem zu kommen, stellen wir zunächst die LAGRANGE-Funktion auf. Wir übernehmen die Bezeichnungen aus Kapitel 7. Bei der Berechnung der kinetischen Energie T für die Masse μ müssen wir die zusätzliche Bewegung berücksichtigen, die sich durch die Rotation des Koordinatensystems ergibt. Wir erhalten dann:

$$T = \frac{\mu}{2}\left(\left(\frac{dr}{dt}\right)^2 + r^2\left(\frac{d\varphi}{dt} + \omega\right)^2\right). \tag{8.1}$$

Der Ausdruck für die potentielle Energie V der Masse μ hängt nur von den Abständen $s_i = |\boldsymbol{r}_i - \boldsymbol{r}|$ ab und wird von der Drehung des Koordinatensystems nicht beeinflußt.

Wir erhalten für die LAGRANGE-Funktion und für die kanonischen Impulse p_k:

$$L = T - V = \frac{\mu}{2}\left(\left(\frac{dr}{dt}\right)^2 + r^2\left(\frac{d\varphi}{dt} + \omega\right)^2\right) + \frac{\gamma m_1 \mu}{s_1} + \frac{\gamma m_2 \mu}{s_2}, \tag{8.2}$$

$$p_r = \mu \frac{dr}{dt}, \tag{8.3a}$$

$$p_\varphi = \mu r^2 \left(\frac{d\varphi}{dt} + \omega\right). \tag{8.3b}$$

Wir können nun nach (7.3) die HAMILTON-Funktion bestimmen:

$$H' = \mu \frac{dr}{dt}\frac{dr}{dt} + \mu r^2 \left(\frac{d\varphi}{dt} + \omega\right)\frac{d\varphi}{dt} - L$$

$$= \frac{\mu}{2}\left(\left(\frac{dr}{dt}\right)^2 + r^2\left(\frac{d\varphi}{dt}\right)^2 - r^2\omega^2\right) - \frac{\gamma m_1 \mu}{s_1} - \frac{\gamma m_2 \mu}{s_2}, \tag{8.4}$$

$$H = \frac{p_r^2}{2\mu} + \frac{p_\varphi^2}{2\mu r^2} - p_\varphi \omega - \frac{\gamma m_1 \mu}{s_1} - \frac{\gamma m_2 \mu}{s_2}. \tag{8.5}$$

Von der HAMILTON-Funktion (7.15) unterscheidet sich H durch den Term $-p_\varphi \omega$. Dieser wirkt sich nur auf die zweite der vier Bewegungsgleichungen (7.16) aus, die anderen bleiben unverändert:

$$\frac{dr}{dt} = \frac{p_r}{\mu}, \tag{8.6a}$$

$$\frac{d\varphi}{dt} = \frac{p_\varphi}{\mu r^2} - \omega, \tag{8.6b}$$

$$\frac{dp_r}{dt} = \frac{p_\varphi^2}{\mu r^3} - \frac{\gamma m_1 \mu}{s_1^3}(r - r_1 \cos(\varphi - \varphi_1)) - \frac{\gamma m_2 \mu}{s_2^3}(r - r_2 \cos(\varphi - \varphi_2)), \tag{8.6c}$$

$$\frac{dp_\varphi}{dt} = -\frac{\gamma m_1 \mu}{s_1^3} r r_1 \sin(\varphi - \varphi_1) - \frac{\gamma m_2 \mu}{s_2^3} r r_2 \sin(\varphi - \varphi_2). \tag{8.6d}$$

Da unser Koordinatensystem mit m_1 und m_2 mitrotiert, sind die Winkel φ_1 und φ_2 nicht mehr zeitabhängig. Wir wählen die räumliche Orientierung so, daß m_1 und m_2 auf der x-Achse liegen:

$$\varphi_1 = \pi, \qquad \varphi_2 = 0. \tag{8.7}$$

Bereits im 17. Jahrhundert haben sich Mathematiker und Astronomen für stationäre Lösungen des eingeschränkten himmelsmechanischen Dreikörperproblems interessiert, d. h. für Lösungen, welche die Bedingungen

$$\frac{dr}{dt} \equiv 0, \qquad \frac{d\varphi}{dt} \equiv 0, \qquad \frac{dp_r}{dt} \equiv 0, \qquad \frac{dp_\varphi}{dt} \equiv 0 \tag{8.8}$$

erfüllen.

Eine elegante Methode, dieses Problem anzugehen, besteht darin, eine modifizierte potentielle Energie V' zu definieren, deren lokale Extrema und Sattelpunkte auf stationäre Lösungen der Bewegungsgleichungen führen. Mehr über diese Methode findet man in Ref. [8.1].

Da wir die Bewegungsgleichungen (8.6) bereits hergeleitet haben, wollen wir von diesen ausgehen, um Lösungen zu finden, die (8.8) erfüllen. Wir setzen dabei wieder μ gleich eins. Die ersten beiden Bedingungen lassen sich leicht auswerten:

$$\frac{dr}{dt} = p_r = 0, \tag{8.9a}$$

$$\frac{d\varphi}{dt} = p_\varphi - \omega r^2 = 0, \quad \text{also} \quad p_\varphi = \omega r^2. \tag{8.9b}$$

Für die beiden anderen Bedingungen nützen wir die in Kapitel 7 hergeleitete Beziehung (7.37) zwischen m_1, m_2 und ω aus:

$$\gamma m_1 = \omega^2 r_2 (r_1 + r_2)^2, \tag{8.10a}$$

und entsprechend:

$$\gamma m_2 = \omega^2 r_1 (r_1 + r_2)^2. \tag{8.10b}$$

Unter Berücksichtigung von (8.6d) und (8.7) können wir dann die vierte der Bedingungen (8.8) schreiben als

$$\frac{dp_\varphi}{dt} = r_1 r_2 \omega^2 (r_1 + r_2)^2 r \sin\varphi \left(\frac{1}{s_1^3} - \frac{1}{s_2^3} \right) \equiv 0. \tag{8.11}$$

Abgesehen von der trivialen Lösung $r = 0$, für die sich (8.6c) nicht auswerten läßt, kann (8.11) erfüllt sein, wenn

$$\sin\varphi = 0, \tag{8.12a}$$

oder wenn

$$s_1 = s_2 \tag{8.12b}$$

gilt.

Im ersten Fall liegen die drei Körper auf einer Linie, im zweten Fall bilden sie ein Dreieck. Will man im ersteren Fall auch noch die dritte der Bedingungen (8.8) auswerten, so muß man (8.12a) und (8.9b) in (8.6c) einsetzen. Man kommt auf algebraische Gleichungen 5. Grades für r, die insgesamt drei sinnvolle Lösungen haben. Diese sind jedoch vom astronomischen Standpunkt nicht sonderlich interessant, da es sich um instabile Lösungen handelt.

Der zweite Fall (8.12b) ist interessanter. Indem man (8.10b) und (8.7) verwendet, kann man die Bewegungsgleichung (8.6c) umformen zu:

$$\frac{dp_r}{dt} = \frac{p_\varphi^2}{r^3} - (r_1 + r_2)^2 \omega^2 \left(\frac{r_2}{s_1^3}(r + r_1 \cos\varphi) + \frac{r_1}{s_2^3}(r - r_2 \cos\varphi) \right). \quad (8.13)$$

Um die dritte Bedingung aus (8.8) auszuwerten, müssen wir die bereits aufgefundenen Beziehungen (8.9b) und (8.12b) in (8.13) einsetzen. Da nach (8.12b) s_1 und s_2 gleich sind, heben sich in (8.13) die Terme, die $\cos\varphi$ enthalten, weg. Wir werden im weiteren für s_1 und s_2 die Bezeichnung s verwenden. Es folgt:

$$\frac{dp_r}{dt} = \omega^2 r - \frac{(r_1 + r_2)^3 \omega^2 r}{s^3} = 0, \quad \text{also} \quad (8.14a)$$

$$s = r_1 + r_2. \quad (8.14b)$$

Da $r_1 + r_2$ der Abstand der beiden großen Massen voneinander ist, bedeutet (8.14b), daß die drei Massen ein gleichseitiges Dreieck bilden. Für die Orientierung des Dreiecks bezüglich der Drehachse gibt es zwei Möglichkeiten (vgl. Abb. 8.1). Die Dreieckslösungen sind stabil, falls m_2 deutlich kleiner als m_1 ist. Bei nahezu gleichen Massen ist die Stabilität nicht in jedem Fall gesichert.

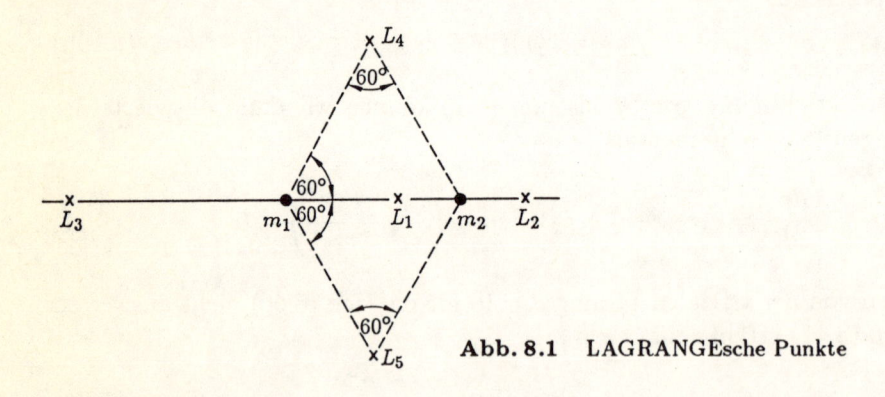

Abb. 8.1 LAGRANGEsche Punkte

Die 5 Positionen der Masse μ, für die stationäre Lösungen des Dreikörperproblems existieren, werden nach dem bekannten französischen Mathematiker, der sie als erster fand, LAGRANGEsche Punkte genannt und mit L_1 bis L_5 bezeichnet. Stabile Lösungen findet man bei L_4 und L_5, vgl. Abb. 8.1.

Seit Anfang dieses Jahrhunderts kennt man eine Reihe von Asteroiden, die sich auf der Bahn des Planeten Jupiter bewegen und diesem um ungefähr 60° vorauseilen oder hinterherlaufen. Sie befinden sich in unmittelbarer Nähe der Gleichgewichtspunkte L_4 und L_5 und führen nierenförmige Schwingungen um diese aus, die man als Librationsschwingungen bezeichnet. Im System der Saturnmonde wurden ebenfalls „trojanische" Satelliten beobachtet, die einem größeren Mond in derselben Bahn um 60° voraus- oder hinterherlaufen.

Eine weitere interessante Lösung des Dreikörperproblems ist die sogenannte „Hufeisenbahn". Dabei führt ein kleiner Mond auf der Bahn eines größeren Mondes eine hufeisenförmige Schwingung aus, welche die LAGRANGEschen Punkte L_3, L_4 und L_5 einschließt. Eine Variante der Hufeisenbahn will man im System der Saturnmonde beobachtet haben.

Die Gleichgewichtslösungen des himmelsmechanischen Dreikörperproblems sind nur ein Beispiel für die vielen Resonanzphänomene, die in der Himmelsmechanik des Sonnensystems eine Rolle spielen. Ein weiteres bekanntes Beispiel sind resonante Störungen im Asteroidengürtel. Zwischen den Bahnen von Mars und Jupiter bewegen sich mehrere tausend Asteroiden mit Größen zwischen einem und einigen hundert Kilometern. In der Verteilung der Asteroiden gibt es auffällige Lücken. Asteroiden, deren Umlaufzeit zu der des Jupiter in einem einfachen, ganzzahligen Verhältnis steht, wie z.B. 1:3 oder 2:5, fehlen nahezu ganz. Die Entstehung der Lücke für 1:3 ist mit einiger Sicherheit geklärt. Bei dieser Umlaufzeit begegnen die Asteroiden dem Jupiter immer wieder an denselben Stellen der Bahn, so daß sich die Störungen der Asteroidenbahn durch Jupiter aufschaukeln können. Dadurch erhöht sich die Exzentrizität der Asteroidenbahn und wird nach einiger Zeit so groß, daß die Asteroiden die Marsbahn kreuzen und durch eine nahe Begegnung mit dem Mars ihre Umlaufbahn völlig ändern [8.1]. Resonanzen können eine Bahn also instabil machen, sie können aber auch stabilisierend wirken, wie die Trojaner-Asteroiden zeigen.

8.2 Mathematische Methode

Zur Lösung der HAMILTON-Gleichungen (8.6) verwenden wir das in Kapitel 7 besprochene RUNGE-KUTTA-Verfahren mit Schrittweitenanpassung.

8.3 Programmierung

Die Programmierung ist weitgehend identisch mit der von Kapitel 7. Wir diskutieren daher nur die Änderungen, die sich gegenüber Kapitel 7 ergeben.

Obwohl unsere Untersuchung nicht mehr auf das Erde-Mond-System ausgerichtet ist, behalten wir bei, daß die Massen m_1 und m_2 einen Abstand von 384 000 km haben und sich in 648 Stunden umkreisen. Dies gibt uns eine einfache Methode, um zu überprüfen, ob wir beim Umschreiben des Programms Fehler gemacht haben, denn die Ergebnisse dürfen sich nicht dadurch ändern, daß die HAMILTON-Gleichungen nun im Koordinatensystem 3 gelöst werden, statt im Koordinatensystem 0. Durch eine Neudefinition von Kilometer und Stunde können wir unsere Ergebnisse auf andere Beispiele des eingeschränkten himmelsmechanischen Dreikörperproblems übertragen.

Zur Lösung der Bewegungsgleichungen (8.6) numerieren wir die Koordinaten wieder durch wie in (7.33). Es gilt dann mit $\mu = 1$:

$$\frac{dy_i}{dt} = f_i(y_1, y_2, y_3, y_4; t), \qquad i = 1, \ldots, 4, \qquad (8.15a)$$

$$\begin{aligned} y_1 &= r, & y_2 &= \varphi, \\ y_3 &= p_r, & y_4 &= p_\varphi, \end{aligned} \qquad (8.15b)$$

$$f_1 = y_3, \qquad (8.16a)$$

$$f_2 = \frac{y_4}{y_1^2} - \omega, \qquad (8.16b)$$

$$f_3 = \frac{y_4^2}{y_1^3} - \frac{\gamma m_1}{s_1^3}(y_1 - r_1 \cos(y_2 - \varphi_1)) - \frac{\gamma m_2}{s_2^3}(y_1 - r_2 \cos(y_2 - \varphi_2)), \qquad (8.16c)$$

$$f_4 = -\frac{\gamma m_1}{s_1^3} y_1 r_1 \sin(y_2 - \varphi_1) - \frac{\gamma m_2}{s_2^3} y_1 r_2 \sin(y_2 - \varphi_2). \qquad (8.16d)$$

Die Funktionswerte f_i berechnen wir im Unterprogramm DGL8 (vgl. Abb. 8.2). Es unterscheidet sich von DGL7 in Zeile 105, wo der zusätzliche Term aus

```
      SUBROUTINE DGL8(T,Y,F)                                    100
      IMPLICIT DOUBLE PRECISION(A-H,O-Z)                        101
      DIMENSION F(4),Y(4)                                       102
      COMMON/SYST/G1,R1,G2,R2,OMEGA,OMEGAR,RCENT,PLOTR,NCOR,PI  103
      F(1)=Y(3)                                                 104
      F(2)=Y(4)/Y(1)**2-OMEGA                                   105
*     (Zeile 106 entfällt)
      COPH=COS(Y(2))                                            107
      SIPH=SIN(Y(2))                                            108
      S1=SQRT( R1*R1 + Y(1)*Y(1) + 2*R1*Y(1)*COPH )             109
      S2=SQRT( R2*R2 + Y(1)*Y(1) - 2*R2*Y(1)*COPH )             110
      S13=S1**3                                                 111
      S23=S2**3                                                 112
      F(3)=(Y(4)**2)/(Y(1)**3)                                  113
     &    -G1*(Y(1)+R1*COPH)/S13                                114
     &    -G2*(Y(1)-R2*COPH)/S23                                115
      F(4)= G1*(Y(1)*R1*SIPH)/S13                               116
     &    -G2*(Y(1)*R2*SIPH)/S23                                117
      END                                                       118
```

Abb. 8.2 Unterprogramm DGL8

(8.16b) berücksichtigt wird, und in den Zeilen 106 bis 108, da der Winkel φ_2 nach (8.7) verschwindet. Um einen besseren Vergleich zu ermöglichen, wurde in Abb. 8.2 dieselbe Zeilennumerierung verwendet wie in Abb. 7.3.

Da m_1 und m_2 im Koordinatensystem 3 ruhen, ist der Verschiebungsvektor r_c bei der Koordinatentransformation nicht mehr zeitabhängig. Wir können deshalb das Unterprogramm TFX vereinfachen (Zeilen 304 und 305 von Abb. 8.3). Zur Unterscheidung bezeichnen wir das neue Unterprogramm mit TFXR.

```
      SUBROUTINE TFXR(NDIR,T,RD,PHID,Z1,Z2,XD,YD)            300

      IMPLICIT DOUBLE PRECISION(A-H,O-Z)                     301
      COMMON/SYST/G1,R1,G2,R2,OMEGA,OMEGAR,RCENT,PLOTR,NCOR,PI  302

      PHIR=OMEGAR*T                                          303
*     Berechnung des Zentrums in kartes. Koordinaten
      XC=RCENT                                               304
      YC=0                                                   305
      IF (NDIR.GT.0) THEN                                    306
*     Transformation ins kanon. Koordinatensystem
       CALL CARTES(RD,PHID,XD,YD)                            307
       CALL ROTAT(XD,YD,PHIR,X2,Y2)                          308
       CALL TRANSL(X2,Y2,XC,YC,X,Y)                          309
       CALL POLAR (X,Y,Z1,Z2)                                310
      ELSE                                                   311
*     Transformation ins Ein-/Ausgabesystem
       CALL CARTES(Z1,Z2,X,Y)                                312
       CALL TRANSL(X,Y,-XC,-YC,X2,Y2)                        313
       CALL ROTAT(X2,Y2,-PHIR,XD,YD)                         314
       CALL POLAR(XD,YD,RD,PHID)                             315
      END IF                                                 316
      END                                                    317
```

Abb. 8.3 Unterprogramm TFXR

Die Änderungen im Unterprogramm TFV, das wir jetzt TFVR nennen (Abb. 8.4), sind bedeutender. Da sich r_c zeitlich nicht mehr ändert, ist dr_c/dt gleich null, und ein Teil der Transformation (ehemalige Zeilen 406 – 409, 415 und 421) kann weggelassen werden. Zwei weitere Zeilen müssen modifiziert werden, weil die Verschiebung um dr_c/dt wegfällt (Zeile 414 und 422).

Bei der Berechnung der kanonischen Impulse müssen wir berücksichtigen, daß sich nach (8.3b) die Definition von p_φ geändert hat. Statt (7.30) gilt nun:

$$p_r = \frac{dr}{dt} = \frac{d}{dt}\sqrt{x^2+y^2} = \frac{1}{r}\left(x\frac{dx}{dt} + y\frac{dy}{dt}\right), \qquad (8.17a)$$

$$p_\varphi = x\frac{dy}{dt} - y\frac{dx}{dt} + r^2\omega. \qquad (8.17b)$$

```
      SUBROUTINE TFVR(NDIR,T,VD,PSID,Z1,Z2,Z3,Z4,XD,YD)            400

      IMPLICIT DOUBLE PRECISION(A-H,O-Z)                           401
      COMMON/SYST/G1,R1,G2,R2,OMEGA,OMEGAR,RCENT,PLOTR,NCOR,PI     402

      PHIR=OMEGAR*T                                                403
*     Berechnung der Rotationsgeschwindigkeit in Kartesischen
*       Koordinaten
      VXR=-OMEGAR*YD                                               404
      VYR= OMEGAR*XD                                               405
*     (Zeile 406-409 entfällt)
*     Kanon. Ortskoordinaten in kartes. umrechnen
      CALL CARTES(Z1,Z2,X,Y)                                       410
      IF (NDIR.GT.0) THEN                                          411
*       Transformation ins kanon. Koordinatensystem
        CALL CARTES(VD,PSID,VX1,VY1)                               412
        CALL TRANSL(VX1,VY1, VXR  , VYR  ,VX2,VY2)                 413
        CALL ROTAT (VX2,VY2,      PHIR      ,VX4,VY4)              414
*       (Zeile 415 entfällt)
        Z3=(VX4*X+VY4*Y)/Z1                                        416
        Z4=(VY4*X-VX4*Y)+OMEGA*Z1*Z1                               417
      ELSE                                                         418
*       Transformation ins Ein-/Ausgabesystem
        VX4=(Z1*Z3*X-Z4*Y)/(Z1*Z1)+OMEGA*Y                         419
        VY4=(Z1*Z3*Y+Z4*X)/(Z1*Z1)-OMEGA*X                         420
*       (Zeile 421 entfällt)
        CALL ROTAT (VX4,VY4, -PHIR     ,VX2,VY2)                   422
        CALL TRANSL(VX2,VY2,-VXR ,-VYR ,VX1,VY1)                   423
        CALL POLAR (VX1,VY1,VD,PSID)                               424
      END IF                                                       425
      END                                                          426
```

Abb. 8.4 Unterprogramm TFVR

Für die Transformation vom Koordinatensystem 3 ins Ein/Ausgabesystem muß das Gleichungssystem (8.17) invertiert werden. Statt (7.31) gilt nun:

$$\frac{dx}{dt} = \frac{rp_r x - yp_\varphi}{r^2} + y\omega, \qquad (8.18a)$$

$$\frac{dy}{dt} = \frac{rp_r y + xp_\varphi}{r^2} - x\omega. \qquad (8.18b)$$

Die entsprechenden Änderungen findet man in den Zeilen 417 bis 420.

Die Änderungen im numerischen Teil des Hauptprogramms bestehen darin, daß DGL7, TFX und TFV durch DGL8, TFXR und TFVR ersetzt werden.

Im Unterprogramm GETCOR wird die Winkelgeschwindigkeit ω_r bestimmt, mit der das Koordinatensystem für die Ein/Ausgabe gegen das Koordinatensystem 3 rotiert. Für die Koordinatensysteme 0 bis 2 ist ω_r nunmehr gleich $-\omega$, für die Koordinatensysteme 3 bis 5 gleich null. Die entsprechenden Änderungen sind in Abb. 8.5 angegeben.

```
        IF (NCOR.LE.2) THEN                                              700
            OMEGAR=-OMEGA                                                701
        ELSE                                                             702
            OMEGAR=0                                                     703
        END IF                                                           704
```

Abb. 8.5   Änderungen im Unterprogramm GETCOR

Die außerdem in Kapitel 7 abgedruckten Unterprogramme ROTAT, TRANSL, CARTES und POLAR sind vom verwendeten Koordinatensystem unabhängig und bleiben gleich. Von den nicht besprochenen Unterprogrammen zur Ein/Ausgabe, die auf der Diskette abgespeichert sind, muß nur ZEICH geändert werden, das die Positionen der beiden Massen ausgibt. Im Hauptprogramm KAP8 und in GETCOR müssen außerdem einige Texte modifiziert werden, in denen Erde und Mond explizit erwähnt werden.

Das vollständige Programm befindet sich unter dem Namen Kap-08.FOR auf der Diskette zum Buch.

8.4 Übungsaufgaben

8.1   Untersuchen Sie das Verhalten der kleinen Masse μ in der Nähe der LAGRANGEschen Punkte. Bestätigen Sie, daß Konfigurationen, bei denen die Massen m_1, m_2 und μ auf einer Linie liegen, instabil sind, daß Dreieckskonfigurationen dagegen stabil sind. Untersuchen Sie Größe und Gestalt der Stabilitätszone um L_4. Hinweis: Wählen Sie Koordinatensystem 4 oder 5 zur Eingabe.

8.2   Versuchen Sie, eine Hufeisenbahn zu finden. Hinweis: Wählen Sie m_2/m_1 sehr klein, z. B. $m_2/m_1 = 0.001$. Verwenden Sie Koordinatensystem 4 zur Eingabe und setzen Sie die Masse μ in die Nähe des LANGRAGEschen Punkts L_3, vgl. Abb. 8.1.

8.3   Untersuchen Sie, wie die Bahn der kleinen Masse μ durch m_2 gestört wird, wenn sich die Umlaufzeiten wie 1:2 (oder 1:3) verhalten. Arbeiten Sie wieder mit einem sehr kleinen Verhältnis m_2/m_1.

8.5 Lösung der Übungsaufgaben

8.1   Die stabile Zone um L_4 ist umso größer, je kleiner m_2/m_1 ist. Die Ausdehnung der Zone in φ-Richtung ist weitaus größer als die Ausdehnung in r-Richtung. Dies ist nicht verwunderlich, da eine Abweichung des Radius ja nach dem 3. KEPLERschen Gesetz zu einer Änderung der Bahngeschwindigkeit führt.

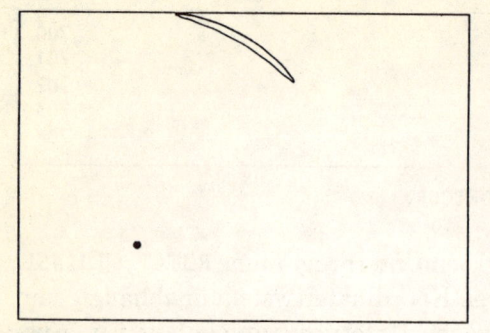

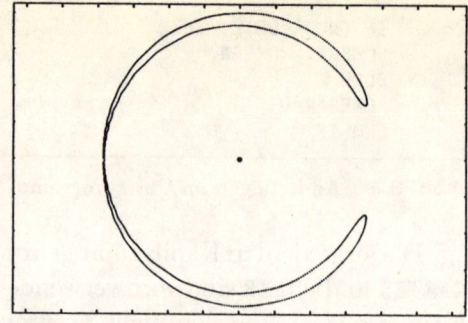

Abb. 8.6 Librationsschwingungen um L_4 **Abb. 8.7** Hufeisenbahn

8.2 Die in Abb. 8.7 gezeigte Hufeisenbahn findet man mit

$$m_2/m_1 = 0.001,$$
$$r_d = 384\,000\,\text{km},$$
$$\varphi_d = 180°,$$
$$v_d = 0,$$
$$\psi_d = 270°$$

im Koordinatensystem 4.

8.3 Mit den Eingabeparametern

$$m_2/m_1 = 0.001,$$
$$r_d = 241\,900\,\text{km},$$
$$\varphi_d = 90°,$$
$$v_d = 4\,680\,\text{km/h},$$
$$\psi_d = 0°$$

im Koordinatensystem 1 erhält man zunächst eine nahezu kreisförmige Bahn, deren Umlaufszeit ziemlich genau bei 324 h liegt, also der halben Umlaufszeit von m_2. Nach ca. 11 000 h ist die Bahn sehr viel exzentrischer geworden; r_d schwankt nun zwischen 209 000 und 268 000 km. Nach 23 000 h ist die Bahn wieder nahezu kreisförmig mit einem durchschnittlichen Bahnradius von 242 000 km.

9. Berechnung elektrischer Felder nach dem Verfahren der sukzessiven Überrelaxation

9.1 Problemstellung

Mit den in Kapitel 7 und 8 beschriebenen Methoden lassen sich auch die Bewegungsgleichungen für geladene Teilchen in elektromagnetischen Feldern lösen. Man kann so z. B. die Fokussierungseigenschaften von Führungsfeldern in Teilchenbeschleunigern untersuchen oder die Abbildungseigenschaften von Linsen in der Elektronenoptik. Voraussetzung dabei ist, daß man die elektromagnetischen Felder kennt, und dies bringt uns zum nächsten Problem, nämlich zum Randwertproblem partieller Differentialgleichungen (im Gegensatz zum bisher behandelten Anfangswertproblem).

Die Elektrostatik und die Magnetostatik werden im Unterricht meist so dargestellt, daß man die MAXWELL-Gleichungen herleitet und dann anhand einfacher Beispiele eine Vorstellung vom Aussehen ihrer Lösungen vermittelt. Zu den Beispielen gehören der Plattenkondensator, der Kugelkondensator, die Punktladung vor der leitenden Ebene, die unendliche Spule, das Feld eines geradlinigen, stromdurchflossenen Leiters, etc. Ein Gefühl für nichthomogene Felder vermittelt auch das bekannte Blatt Papier mit Eisenfeilspänen darauf und einem Magneten darunter. Man ist aber weitgehend auf die Phantasie angewiesen, wenn es darum geht, den Durchgriff beim Gitter einer Elektronenröhre zu verstehen oder sich den Feldverlauf bei Bauelementen der Elektronenoptik vorzustellen. Im folgenden soll nun gezeigt werden, wie man mit dem Computer das Reservoir an Beispielen mit bekanntem Feldverlauf vergrößern kann.

Wir beschränken uns auf elektrische Felder im Vakuum, d. h. wir untersuchen Lösungen der LAPLACE-Gleichung,

$$\Delta \Phi = 0. \tag{9.1}$$

Als Randbedingung geben wir das Potential auf dem Rand des Gebiets vor, in dem wir die Gleichung lösen wollen.

Als Beispiel wählen wir eine einfache elektrische Linse, wie sie vom Prinzip her auch heute noch in der Elektronenoptik verwendet wird. Ein zylindrisches Metallrohr mit dem Radius r_0 ist, wie in Abb. 9.1 gezeigt, durch einen Flansch F_1, F_2 unterbrochen. Der Flansch bildet gewissermaßen einen Plattenkondensator mit den zwei durchbohrten Platten F_1, F_2 im Abstand $2d$, auf welche die beiden Rohrstücke R_1, R_2 aufgesetzt sind. Am rechten Teil des Flansches sei

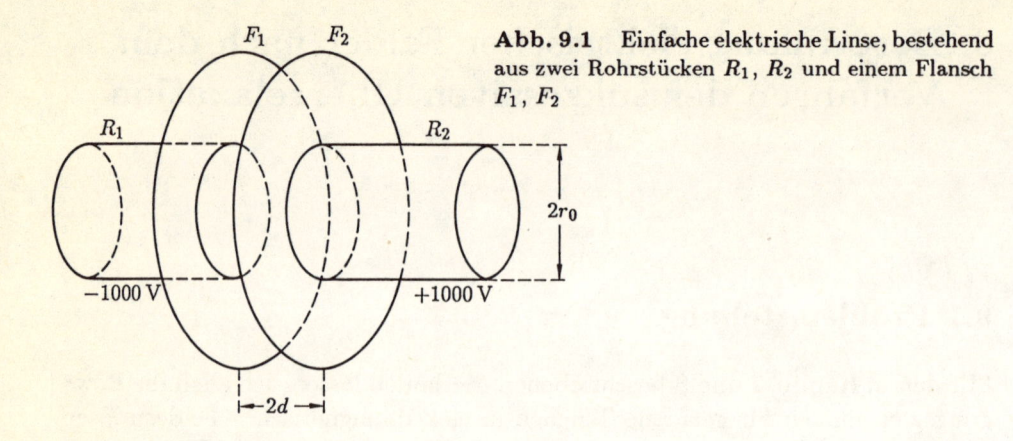

Abb. 9.1 Einfache elektrische Linse, bestehend aus zwei Rohrstücken R_1, R_2 und einem Flansch F_1, F_2

die Spannung 1000 V angelegt, am linken Teil die Spannung −1000 V.* Gesucht ist der Verlauf des Potentials $\Phi(x, y, z)$ im Bereich zwischen den Platten und in den Rohrstücken. Wenn das Potential als Funktion der Ortskoordinaten bekannt ist, dann erhält man mittels

$$\boldsymbol{E} = -\operatorname{grad} \Phi \qquad (9.2)$$

das elektrische Feld.

Die Lösung der LAPLACE-Gleichung (9.1) ist in einem abgeschlossenen Volumen eindeutig bestimmt, wenn das Potential auf der Oberfläche des Volumens vorgegeben ist. Bislang ist das Volumen, in welchem wir die Potentialfunktion berechnen wollen, noch offen. Mit ein wenig physikalischer Intuition läßt es sich aber abschließen. Wenn wir weit genug in die Rohrstücke vordringen, dann wird sich das Potential in jedem der Rohrstücke kaum noch ändern. Das heißt, weit rechts und weit links vom Flansch werden wir in den Rohren $\Phi_1 = +1000$ V und $\Phi_2 = -\Phi_1 = -1000$ V vorfinden. Oder anders gesagt, es wird sich am Potentialverlauf nichts ändern, wenn wir die Rohre weit rechts und weit links vom Flansch mit Metalldeckeln schließen. Zwischen den Platten wird der Potentialverlauf immer mehr dem eines gewöhnlichen Plattenkondensators ähneln, je weiter wir uns von der Rohrachse entfernen. Das heißt, daß wir auch hier wieder das Volumen abschließen können, nur diesmal nicht mit einem Metallblech, sondern mit einem Isolator oder einfach mit einer gedachten Oberfläche. Auf dieser Oberfläche ändert sich das Potential linear mit dem Abstand von den Platten, von +1000 V an der rechten Platte nach −1000 V an der linken Platte. Das Potential ist damit auf der Oberfläche eines abgeschlossenen Volumens vorgegeben, und wir können uns nun überlegen, wie wir die LAPLACE-Gleichung lösen.

---

* In der Elektronenoptik werden meist höhere Spannungen angelegt. Zur Vermeidung von Feldemission müssen die Kanten an den Übergängen Rohr/Flansch abgerundet werden; dies gilt auch für 1000 V bei sehr kleinen Werten von d. In unserer Rechnung werden wir eine solche Abrundung der Kanten nicht berücksichtigen.

Zunächst nutzen wir die Zylindersymmetrie der Anordnung aus, um die Anzahl der Koordinaten von 3 auf 2 zu reduzieren. Wir führen Zylinderkoordinaten ein. Die Rohrachse ist die z-Achse. Die Koordinaten x, y werden durch ebene Polarkoordinaten r, φ ersetzt, wobei r den Abstand von der z-Achse bedeutet und φ den Azimutwinkel um die z-Achse. In Zylinderkoordinaten lautet die LAPLACE-Gleichung:

$$\Delta \Phi = \frac{\partial^2 \Phi}{\partial z^2} + \frac{1}{r}\frac{\partial \Phi}{\partial r} + \frac{\partial^2 \Phi}{\partial r^2} + \frac{1}{r^2}\frac{\partial^2 \Phi}{\partial \varphi^2} = 0, \qquad (r > 0). \qquad (9.3)$$

Wegen der Zylindersymmetrie kann das Potential Φ nicht vom Azimutwinkel φ abhängen, und die Gleichung vereinfacht sich zu

$$\Delta \Phi = \left(\frac{\partial^2}{\partial z^2} + \frac{1}{r}\frac{\partial}{\partial r} + \frac{\partial^2}{\partial r^2}\right) \Phi(z,r) = 0, \qquad (r > 0). \qquad (9.4)$$

Weiter sehen wir, daß die Anordnung spiegelsymmetrisch zur Ebene $z = 0$ ist. Es genügt daher, (9.4) im schraffierten Bereich der Abbildung 9.2 zu lösen. Dieser Bereich ist nach unten offen. Da der untere Rand aber identisch ist mit der Symmetrieachse, wird hier keine Randbedingung benötigt.

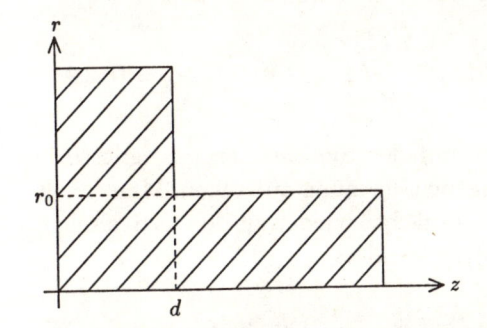

Abb. 9.2 Der Bereich, in dem die LAPLACE-Gleichung gelöst werden soll

Zur numerischen Lösung der Gleichung (9.4) mit den gegebenen Randwerten verwenden wir das Verfahren der sukzessiven Überrelaxation.

9.2. Numerische Methode

9.2.1 Diskretisierung der LAPLACE-Gleichung

Zur numerischen Lösung der LAPLACE-Gleichung wollen wir $\Phi(z,r)$ auf einem zweidimensionalen Punktgitter mit konstantem Gitterabstand h approximieren. Statt der Funktion $\Phi(z,r)$ wollen wir also nur eine Matrix $(\Phi_{i,k})$ von Funktionswerten betrachten. Es sei

$$z_i = ih, \qquad r_k = kh, \qquad \Phi_{i,k} = \Phi(z_i, r_k). \qquad (9.5)$$

Da wir eine recht einfache Form für den Elektrodenrand gewählt haben, fällt es uns leicht, diesen in das Gitter einzupassen. Wir müssen nur h so wählen, daß der Rohrradius r_0 und der halbe Flanschabstand d ein ganzzahliges Vielfaches von h sind. Kompliziertere Elektrodenformen müßte man durch eine Polygonapproximation darstellen.

Um die LAPLACE-Gleichung (9.4) auf diesem Gitter zu lösen, müssen wir zunächst die Differentialoperatoren $\partial/\partial r$, $\partial^2/\partial r^2$ und $\partial^2/\partial z^2$ diskretisieren. Wir benutzen die Formeln (2.6) und (2.8) und erhalten für $r > 0$:

$$\Delta \Phi = \left(\frac{\partial^2}{\partial z^2} + \frac{\partial^2}{\partial r^2} + \frac{1}{r}\frac{\partial}{\partial r} \right) \Phi(z, r)$$

$$= \frac{1}{h^2}\Big(\Phi(z, r+h) + \Phi(z, r-h) + \Phi(z+h, r) + \Phi(z-h, r) - 4\Phi(z, r) \Big)$$

$$+ \frac{1}{r}\frac{1}{2h}\Big(\Phi(z, r+h) - \Phi(z, r-h) \Big) + O(h^2) = 0. \qquad (9.6)$$

Wir verwenden nun die Bezeichnungen (9.5), vernachlässigen das Fehlerglied $O(h^2)$, multiplizieren die Gleichung mit h^2 durch und erhalten so eine Approximation der LAPLACE-Gleichung auf dem Gitter für $k > 0$:

$$(\Phi_{i,k+1} + \Phi_{i,k-1} + \Phi_{i+1,k} + \Phi_{i-1,k} - 4\Phi_{i,k}) + \frac{1}{2k}(\Phi_{i,k+1} - \Phi_{i,k-1}) = 0. \qquad (9.7)$$

Für $k = 0$, d.h. für die Gitterpunkte auf der Symmetrieachse, gilt (9.7) nicht. Wir müssen für diese Punkte eine eigene Gleichung aufstellen. Man erhält die Gleichung am einfachsten, indem man zunächst wieder zu den kartesischen Koordinaten x, y, z zurückkehrt und (2.8) verwendet:

$$\Delta \Phi(x, y, z) = \frac{1}{h^2}\Big(\Phi(x+h, y, z) + \Phi(x-h, y, z) + \Phi(x, y+h, z)$$

$$+ \Phi(x, y-h, z) + \Phi(x, y, z+h) + \Phi(x, y, z-h)$$

$$- 6\Phi(x, y, z) \Big) + O(h^2) = 0. \qquad (9.8)$$

Wir wollen diese Gleichung auf der Symmetrieachse anwenden und setzen darum $x = y = 0$. Nun gehen wir wieder zurück von der Potentialfunktion $\Phi(x, y, z)$ in kartesischen Koordinaten zur Potentialfunktion $\Phi(z, r)$ in Zylinderkoordinaten. Die ersten 4 Funktionswerte auf der rechten Seite sind alle gleich, nämlich gleich $\Phi(z, h)$. Wenn wir wieder $O(h^2)$ vernachlässigen, mit h^2 durchmultiplizieren und die Bezeichnungen (9.5) verwenden, erhalten wir die sogenannte Achsenformel:

$$4\Phi_{i,1} + \Phi_{i+1,0} + \Phi_{i-1,0} - 6\Phi_{i,0} = 0. \qquad (9.9)$$

9.2.2 Die Methode der sukzessiven Überrelaxation

Wenn man (9.7) für alle inneren Punkte des Gitters hinschreibt und (9.9) für alle Punkte auf der Symmetrieachse (mit Ausnahme des linken und rechten Randpunktes), dann erhält man ein lineares Gleichungssystem, aus dem sich im Prinzip die Matrix $(\Phi_{i,k})$ berechnen ließe. Da wir bestrebt sind, viele Funktionswerte $\Phi_{i,k}$ zu berechnen, hat dieses Gleichungssystem aber eine hohe Dimension. Die gewöhnlichen Methoden zur Lösung linearer Gleichungssysteme, wie das GAUSSsche Eliminationsverfahren, sind dann zur Lösung des Problems nicht mehr geeignet.

Das Gleichungssystem (9.7),(9.9) hat jedoch eine Besonderheit: Jeder Punkt wird nur mit den unmittelbar benachbarten Punkten verknüpft. Stellen wir uns den LAPLACE-Operator als riesige Matrix vor, so wäre diese Matrix nahezu leer, die allermeisten Elemente wären null. Für solche Probleme hat sich das Verfahren der sukzessiven Überrelaxation [9.1] bewährt.

Man löst dabei das lineare Gleichungssystem durch Iteration:

1. Man gibt eine Näherungslösung vor.
2. Aus dieser berechnet man mit Hilfe einer (das Verfahren kennzeichnenden) Formel eine verbesserte Näherungslösung.
3. Man prüft, ob die verbesserte Näherungslösung ein Qualitätskriterium erfüllt. Ist dies nicht der Fall, ersetzt man die ursprüngliche Näherungslösung durch die verbesserte Näherungslösung und geht zu Schritt 2 zurück.

Wie sehen nun die einzelnen Schritte des Verfahrens aus?

Zu 1: Man gibt für die unbekannten Potentialwerte $\Phi_{i,k}$ im Innenbereich des Gitters und auf der Symmetrieachse Werte vor, die man für vernünftig hält. Das Verfahren der sukzessiven Überrelaxation konvergiert auch, wenn man einen konstanten Wert für Φ vorgibt; durch geschicktere Wahl wird man lediglich Iterationsschritte einsparen.

Zu 2: Man wendet nacheinander für jeden Punkt (i,k) im Innenraum und auf der Symmetrieachse (9.7) bzw. (9.9) an, um aus den Potentialwerten an den Nachbarpunkten den Wert eines Potentials U am Punkt (i,k) zu errechnen,

$$U = \begin{cases} \frac{1}{4}(\Phi_{i,k+1} + \Phi_{i,k-1} + \Phi_{i+1,k} + \Phi_{i-1,k}) \\ \qquad + \frac{1}{8k}(\Phi_{i,k+1} - \Phi_{i,k-1}), & k > 0 \\ \frac{1}{6}(\Phi_{i+1,k} + \Phi_{i-1,k} + 4\Phi_{i,k+1}), & k = 0. \end{cases} \qquad (9.10)$$

Die verbesserte Näherungslösung am Punkt (i,k) berechnet man mit Hilfe der Formel

$$\Phi_{i,k}^{\text{neu}} = \Phi_{i,k}^{\text{alt}} + w(U - \Phi_{i,k}^{\text{alt}}), \qquad 1 \leq w < 2. \qquad (9.11)$$

Die Konstante w wird so gewählt, daß man eine möglichst rasche Konvergenz erhält. Wir werden noch näher darauf eingehen. Für die $\Phi_{i,k}$ ist im Speicher nur ein Zahlenfeld vorhanden. Wann immer ein neuer Wert $\Phi_{i,k}$ ausgerechnet ist, wird der alte Wert mit dem neuen überschrieben. Die Reihenfolge, in der (9.11) auf die Punkte des Gitters angewendet wird, ist beliebig.

Zu 3: Wenn sich die Elemente der Matrix $(\Phi_{i,k})$ nicht mehr ändern, d. h. wenn gilt

$$\Phi_{i,k}^{\text{neu}} = \Phi_{i,k}^{\text{alt}}, \qquad (9.12)$$

dann erfüllt die Matrix der Potentialwerte $\Phi_{i,k}$ die diskretisierte LAPLACE-Gleichung mit der vorgegebenen Randbedingung. Das Qualitäts- oder Konvergenzkriterium lautet daher, daß sich $\Phi_{i,k}^{\text{neu}}$ von $\Phi_{i,k}^{\text{alt}}$ an keinem Punkt (i,k) um mehr als einen vorgegebenen, kleinen Wert ε unterscheiden darf. In unserem Anwendungsbeispiel werden wir für ε den Wert $\varepsilon = 10^{-7}\Phi_1 = 10^{-4}$ V vorgeben.

Eine Besonderheit des Verfahrens ist der Parameter w in (9.11). Setzt man $w = 1$, dann wird einfach $\Phi_{i,k}^{\text{alt}}$ mit U überschrieben. Aus (9.10) ersieht man, daß U allein aus den Potentialwerten an den benachbarten Gitterpunkten berechnet wird. Bei jedem Iterationsschritt kann daher die von den Randwerten herrührende Information nur um jeweils einen Gitterabstand weiterwandern. Das Wandern der Information hat eine gewisse Ähnlichkeit mit einem Diffusionsvorgang. Mit $w = 1$ streben im Verlaufe der Iteration die Näherungswerte $\Phi_{i,k}$ langsam und monoton dem jeweiligen Endwert zu. Man kann diesen Vorgang beschleunigen, indem man $w > 1$ setzt. Man spricht dann von einer Überrelaxation, im Gegensatz zu einer Relaxation bei $w \leq 1$. Wählt man einen zu großen Wert für w, dann treten Oszillationen und Instabilitäten auf. Es ist bekannt, daß $w \geq 2$ beim hier gezeigten Verfahren immer zu Instabilitäten führt. Einen günstigen Wert für w ermittelt man durch Probieren. Theoretisch ist es schwer, den günstigsten Wert vorherzusagen. Man weiß jedoch, daß für zu große Werte von w die Konvergenz sehr rasch schlechter wird; es ist also besser, mit kleineren w-Werten zu beginnen.

9.3 Programmierung

Wir ersetzen zunächst den halben Flanschabstand d und den Rohrradius r_0 durch die dimensionslosen natürlichen Zahlen m und n,

$$m = \frac{d}{h}, \qquad n = \frac{r_0}{h}. \qquad (9.13)$$

Der angenommene Rand, der die Rohrenden abschließt, habe den Abstand

$m_{\max}$ von der Ebene $z = 0$, und der Rand, der den Flansch abschließt, habe den Abstand $n_{\max}$ von der Symmetrieachse. Damit haben wir h als Längeneinheit gewählt und aus der Berechnung eliminiert. Wir geben $m_{\max}$ und $n_{\max}$ fest vor und lassen m und n variabel. Bei praktischen Anwendungen mit feinem Gitter wird man, um Rechenzeit zu sparen, zunächst möglichst kleine Werte für $m_{\max}$ und $n_{\max}$ vorgeben; der Lösung kann man dann meistens ansehen, ob die gewählten Werte groß genug waren. Wir werden in unserem Programm $m_{\max}$ und $n_{\max}$ von vornherein ausreichend groß vorgeben. In Abb. 9.3 sehen wir das Punktgitter skizziert.

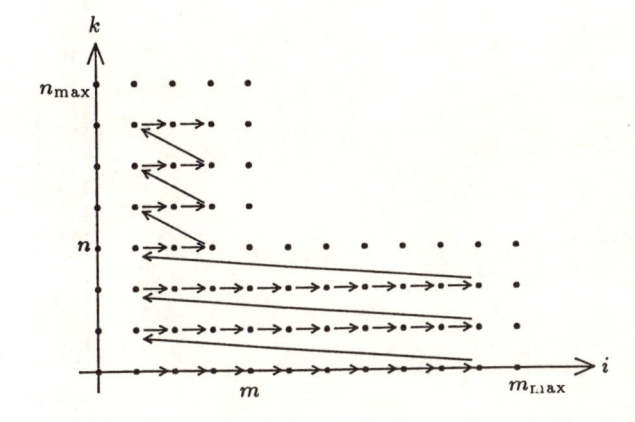

Abb. 9.3 Punktgitter des in Abb. 9.2 dargestellten Bereiches; die Pfeile geben an, in welcher Reihenfolge die Gitterpunkte bei jedem Iterationsschritt durchlaufen werden

Das Verfahren der sukzessiven Überrelaxation läßt sich mit geringem Aufwand programmieren. Wir führen die gesamte Berechnung im Hauptprogramm KAP9 durch (siehe Abb. 9.5). Die Werte für $m_{\max}$ und $n_{\max}$ sowie für Φ_1 und ε sind in der PARAMETER-Anweisung in Zeile 102 vorgegeben; eingegeben werden die Werte für m, n, und w sowie ein Potentialwert Φ_0, den wir für die Aufstellung einer 0-ten Näherungslösung brauchen.

Zu Beginn der Iteration geben wir folgende Näherungslösung vor (vgl. Abb. 9.3): Wir wählen für das Innere des Rohrstückes (Bereich von $i = m$ bis $i = m_{\max}$) ein konstantes Potential Φ_0 und lassen im Plattenzwischenraum

Physikalische Bezeichnung	FORTRAN-Bezeichnung	Physikalische Bezeichnung	FORTRAN-Bezeichnung
m	M	Φ_0	PHI0
n	N	Φ_1	PHI1
$m_{\max}$	MMAX	w	W
$n_{\max}$	NMAX	ε	EPS
i	I	U	U
k	K	$\Phi_{i,k}^{\text{alt}}$	PHIALT
		$\Phi_{i,k}, \Phi_{i,k}^{\text{neu}}$	PHI(I,K)

Abb. 9.4 Im Hauptprogramm KAP9 verwendete Bezeichnungen

```fortran
      PROGRAM KAP9                                                  100

      IMPLICIT DOUBLE PRECISION (A-H,O-Z)                           101
      PARAMETER (NMAX=50, MMAX=2*NMAX, PHI1=1000.D0, EPS=1.D-7*PHI1) 102
      DIMENSION PHI(0:MMAX,0:NMAX)                                  103
*     (Eingabe: M,N,PHI0,W)

      ITERA=1                                                       104
      DO 20 K=0,NMAX-1                                              105
       DO 10 I=1,M-1                                                106
        PHI(I,K)=(I*PHI0)/M                                         107
10     CONTINUE                                                     108
20    CONTINUE                                                      109
      DO 40 K=0,N-1                                                 110
       DO 30 I=M,MMAX-1                                             111
        PHI(I,K)=PHI0                                               112
30     CONTINUE                                                     113
40    CONTINUE                                                      114
      DO 50 K=0,NMAX                                                115
       PHI(0,K)=0.D0                                                116
50    CONTINUE                                                      117
      DO 60 I=1,M-1                                                 118
       PHI(I,NMAX)=(I*PHI1)/M                                       119
60    CONTINUE                                                      120
      DO 70 K=N,NMAX                                                121
       PHI(M,K)=PHI1                                                122
70    CONTINUE                                                      123
      DO 80 I=M+1,MMAX                                              124
       PHI(I,N)=PHI1                                                125
80    CONTINUE                                                      126
      DO 90 K=0,N-1                                                 127
       PHI(MMAX,K)=PHI1                                             128
90    CONTINUE                                                      129
100   CONTINUE                                                      130
      EPSMAX=0.D0                                                   131
      DO 120 K=0,NMAX-1                                             132
       IF(K.LT.N) THEN                                              133
        MGRENZ=MMAX-1                                               134
       ELSE                                                         135
        MGRENZ=M-1                                                  136
       ENDIF                                                        137
       DO 110 I=1,MGRENZ                                            138
        IF(K.EQ.0) THEN                                             139
         U=(PHI(I+1,K)+PHI(I-1,K)+4.D0*PHI(I,K+1))/6.D0             140
        ELSE                                                        141
         U= (PHI(I,K+1)+PHI(I,K-1)+PHI(I+1,K)+PHI(I-1,K))/4.D0      142
     &     +(PHI(I,K+1)-PHI(I,K-1))/(8.D0*K)                        143
        ENDIF                                                       144
        PHIALT=PHI(I,K)                                             145
        PHI(I,K)=PHIALT+W*(U-PHIALT)                                146
        IF(ABS(PHI(I,K)-PHIALT).GT.ABS(EPSMAX)) EPSMAX=PHI(I,K)-PHIALT 147
110    CONTINUE                                                     148
120   CONTINUE                                                      149
```

Abb. 9.5 Bildunterschrift s. gegenüberliegende Seite

```
*       (Ausgabe: ITERA,EPSMAX)

        ITERA=ITERA+1                                               150
        IF(ABS(EPSMAX).GT.EPS) GOTO 100                             151

*       (Ausgabe: PHI)

        END                                                         152
```

Abb. 9.5 Numerischer Teil des Hauptprogramms KAP9

(Bereich von $i = 0$ bis $i = m$) das Potential mit i linear von 0 bis Φ_0 anwachsen. In den beiden DO-Schleifen von Zeile 105 bis 114 wird diese Vorbesetzung durchgeführt. Die folgenden DO-Schleifen von Zeile 115 bis 129 dienen dazu, die Potentialbelegung der Randwerte vorzunehmen.

Im IF-Block von Zeile 139 bis 144 wird U nach (9.10) ausgerechnet. Anschließend werden nach (9.11) die neuen Potentialwerte bestimmt (Zeile 145 und 146). Das ganze wird noch in zwei ineinandergeschachtelte DO-Schleifen eingebaut, wobei die innere Schleife den Index i durchläuft (beginnend ab Zeile 138), die äußere Schleife den Index k (beginnend ab Zeile 132). In Zeile 147 wird bei jedem Iterationsdurchgang die maximale Potentialänderung ermittelt und der Variablen EPSMAX zugewiesen. Nach jeder Iteration wird geprüft, ob die maximale Potentialänderung noch größer als ε ist (Zeile 151). Ist das der Fall, wird eine weitere Iteration durchgeführt, ansonsten erfolgt die Ausgabe der $\Phi_{i,k}$.

Wir sehen im Programm eine graphische und eine numerische Ausgabe für Φ vor. Bei der numerischen Ausgabe wird aus Platzgründen nur der in Abb. 9.3 gezeigte Quadrant betrachtet. Die Werte der $\Phi_{i,k}$ werden schachbrettartig angeordnet, wobei in vertikaler Richtung der Index k aufgetragen ist, in horizontaler Richtung der Index i. Wir erinnern noch einmal daran, daß i die z-Achse durchläuft und k die r-Achse. In Abb. 9.6 bis Abb. 9.8 sehen wir die Ausgabe für unser obiges Beispiel.

Bei der graphischen Ausgabe wird nicht nur ein Quadrant der Linse ausgegeben, sondern die ganze Linse in der r,z-Ebene. Es werden Äquipotentiallinien in einem Abstand von 100 V gezeichnet. In Abb. 9.9 sehen wir das Ergebnis für $m = 4$, $n = 8$, $\Phi_0 = 1000$ V und $w = 1.5$; es wurden 72 Iterationen gebraucht.

Für das Zeichnen der Äquipotentiallinien verwenden wir die Unterprogramme GMOVE und GDRAW. Dazu berechnen wir einzelne Punkte auf den Äquipotentiallinien, die wir mit Hilfe von GDRAW durch gerade Linien verbinden. Das Auffinden von Punkten gleichen Potentials wollen wir anhand von Abb. 9.10 erläutern. Dort sehen wir einen Ausschnitt aus Abb. 9.8, wobei Gitterpunkte durch ausgefüllte Kreise und Punkte auf der 400 V-Äquipotentiallinie durch Quadrate markiert sind.

48	0	750												
45	0	750												
42	0	750												
39	0	750												
36	0	750												
33	0	750												
30	0	750												
27	0	750												
24	0	750												
21	0	750												
18	0	750												
15	0	750												
12	0	749												
9	0	733												
6	0	557	865	951	981	992	997	999	999	1000	1000	1000	1000	1000
3	0	440	743	891	955	982	992	997	999	999	1000	1000	1000	1000
0	0	409	707	870	945	977	991	996	998	999	1000	1000	1000	1000
K/I	0	3	6	9	12	15	18	21	24	27	30	33	36	39

Abb. 9.6 Numerische Ausgabe für $m = 4$, $n = 8$ (in Schritten von $3h$)

40	0	500	1000											
38	0	500	1000											
36	0	500	1000											
34	0	500	1000											
32	0	500	1000											
30	0	500	1000											
28	0	500	1000											
26	0	500	1000											
24	0	500	1000											
22	0	500	1000											
20	0	500	1000											
18	0	500	1000											
16	0	500	1000											
14	0	500	1000											
12	0	498	1000											
10	0	491	1000											
8	0	460	1000	1000	1000	1000	1000	1000	1000	1000	1000	1000	1000	1000
6	0	381	706	865	932	964	981	990	994	997	998	999	999	1000
4	0	322	592	772	875	932	962	979	989	994	997	998	999	999
2	0	290	540	722	840	910	950	972	985	992	995	997	999	999
0	0	281	524	707	828	902	945	970	983	991	995	997	998	999
K/I	0	2	4	6	8	10	12	14	16	18	20	22	24	26

Abb. 9.7 Numerische Ausgabe für $m = 4$, $n = 8$ (in Schritten von $2h$)

K\I	0	1	2	3	4	5	6	7	8	9	10	11	12	13
20	0	250	500	750	1000									
19	0	250	500	750	1000									
18	0	250	500	750	1000									
17	0	250	500	750	1000									
16	0	250	500	750	1000									
15	0	250	500	750	1000									
14	0	250	500	750	1000									
13	0	249	499	749	1000									
12	0	249	498	749	1000									
11	0	247	496	747	1000									
10	0	244	491	743	1000									
9	0	239	481	733	1000									
8	0	228	460	707	1000	1000	1000	1000	1000	1000	1000	1000	1000	1000
7	0	211	421	627	811	889	929	952	966	976	982	987	991	993
6	0	193	381	557	706	803	865	905	932	951	964	974	981	986
5	0	177	348	505	639	740	813	864	901	928	947	961	971	979
4	0	164	322	467	592	694	772	831	875	908	932	949	962	972
3	0	154	303	440	561	661	743	806	855	891	919	940	955	967
2	0	148	290	422	540	640	722	788	840	879	910	933	950	963
1	0	144	283	412	528	627	710	778	831	872	904	928	946	960
0	0	143	281	409	524	623	707	774	828	870	902	927	945	959

Abb. 9.8 Numerische Ausgabe für $m = 4$, $n = 8$ (in Schritten von h)

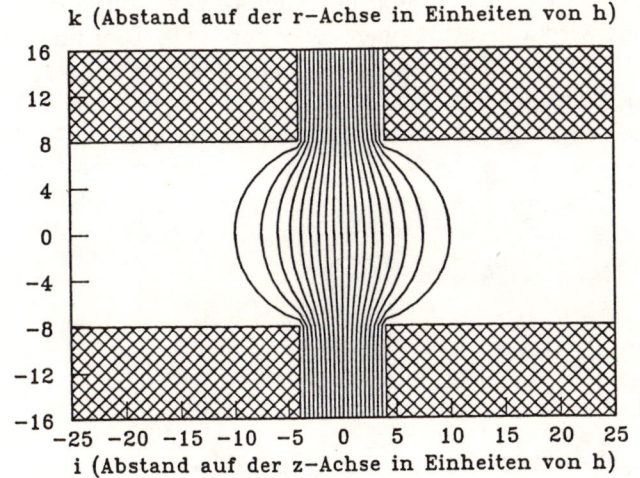

Abb. 9.9 Graphische Ausgabe für $m = 4$, $n = 8$

Das Punktgitter wird, anders als in Abb. 9.3, von rechts nach links und von unten nach oben durchlaufen. Liegt dabei der Potentialwert 400 V zwischen den Potentialwerten zweier benachbarter Gitterpunkte, so wird linear interpoliert, um den Punkt zu bestimmen, an dem das Potential 400 V beträgt. In Abb. 9.10 wird also zunächst der 400 V-Punkt zwischen den Gitterpunkten mit 505 und 348 V gefunden, dann der Punkt zwischen den beiden Punkten mit

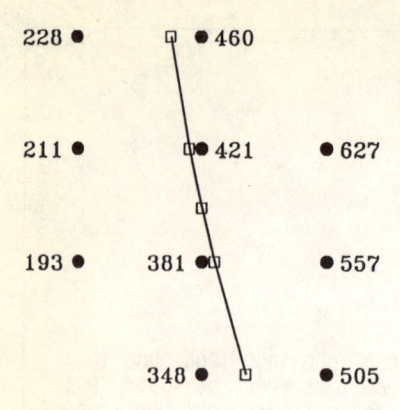

Abb. 9.10 Einige Gitterpunkte mit den dazugehörigen Potentialwerten und die 400 V-Äquipotentiallinie für $m = 4$, $n = 8$

557 und 381 V. Als nächster Punkt wird der zwischen 381 und 421 V gefunden usw. Jeder neu aufgefundene Punkt auf der 400 V-Äquipotentiallinie wird mit dem zuletzt gefundenen durch eine gerade Linie verbunden. Durch Spiegelung an den Achsen erhalten wir die Äquipotentiallinien für die gesamte Linse.

Um das Innere der Linse hervortreten zu lassen, haben wir in Abb. 9.9 den Außenbereich mit Hilfe des Unterprogramms GBOX schraffiert. Der Aufruf

```
CALL GBOX(X1,Y1,X2,Y2,ICOLOR,ISTYLE)
```

bewirkt, daß ein Rechteck gezeichnet wird, dessen linke untere Ecke durch die Koordinaten (X1,Y1) definiert wird, die rechte obere Ecke durch die Koordinaten (X2,Y2). Die Variable ICOLOR bezeichnet die Farbe (siehe Besprechung von GLINE, GMOVE und GCOLOR in Kapitel 4), die Variable ISTYLE das Füllmuster des Rechtecks. Für ISTYLE können folgende Werte eingegeben werden:

1 = hohl,
2 = ausgefüllt,
3 = dicht schraffiert,
4 = mittel schraffiert,
5 = weit schraffiert,
6 = dicht kreuzschraffiert,
7 = mittel kreuzschraffiert,
8 = weit kreuzschraffiert.

Das hier in Auszügen vorgestellte Programm ist auf der Diskette in der Datei KAP-09.FOR zu finden.

9.4 Übungsaufgaben

9.1 Suchen Sie durch Probieren nach dem günstigsten Überrelaxationsfaktor w. Was passiert bei $w = 1$, was bei $w \to 2$?

9.2 Das Erreichen der Konvergenzschranke $\varepsilon = 10^{-4}$ V täuscht eine sehr hohe Genauigkeit der gefundenen Lösung vor. Kann man mit dem vorliegenden Programm überprüfen, wie gut die Lösung wirklich ist, d. h. wie gut sie die wahre Lösung der LAPLACE-Gleichung approximiert?

9.3 Berechnen Sie das Potentialfeld für verschiedene Linsenparameter, und überlegen Sie sich qualitativ, wie die Bahnen der Elektronen aussehen. Wie wirkt ein WEHNELT-Zylinder? (Anmerkung: Ein WEHNELT-Zylinder umschließt eine Glühkathode und schnürt die Bahnen der Elektronen so ein, daß näherungsweise alle Elektronen aus einem Punkt kommen.)

9.5 Lösung der Übungsaufgaben

9.1 Um einigermaßen kurze Rechenzeiten zu erhalten, setzen wir $m = n = 5$, $\Phi_0 = 1000$ V und probieren $w = 1.0$, 1.2, 1.4, 1.6, 1.8, 1.9 und 1.99.

Bei $w = 1.0$ haben wir schleichende Konvergenz. Die größte Änderung eines Potentialwertes auf dem Punktgitter sinkt monoton von Iterationsschritt zu Iterationsschritt. Die Reihe der größten Änderungen ähnelt einer geometrischen Reihe, d.h. bei jedem Iterationsschritt wird die größte Änderung um einige Prozent kleiner. Qualitativ das gleiche Verhalten findet man bei $w = 1.2$ und $w = 1.4$; allerdings konvergiert die Iteration jetzt schneller. Bei $w = 1.0$ waren 99 Iterationsschritte nötig zum Erreichen der Konvergenzschranke von $\varepsilon = 0.0001$ V. Bei $w = 1.2$ sind es noch 67 Schritte und bei $w = 1.4$ nur noch 40 Schritte.

Bei $w = 1.6$ konvergiert die Iteration noch schneller; es sind nur noch 18 Schritte nötig. Aber die Reihe der größten Änderungen ähnelt nicht mehr einer geometrischen Reihe. Die Änderungen fangen an, hin und her zu springen. Bei noch größeren Werten von w wird das Springen stärker, und die Konvergenz wird schlechter. Bei $w = 1.8$ braucht man schon 58 Iterationsschritte, und bei $w = 1.9$ braucht man 128. Bei $w = 1.99$ dominiert das Springen. Erst nach 500 Iterationsschritten werden die Sprünge kleiner als 1 V. Die Konvergenzschranke wird nach 1339 Schritten unterschritten.

Bei anderen Werten für m und n findet man ein ähnliches Verhalten. Wenn man einen Standardwert für w vorgeben will, dann sollte dieser etwa bei $w = 1.5$ oder bei $w = 1.6$ liegen.

Der Standardwert für Φ_0 ist 1000 V. Das Verfahren konvergiert aber auch recht gut mit anderen Werten, wie z. B. mit $\Phi_0 = 0$ V. Es kostet dann vorweg einige Iterationsschritte, bis die Näherung die Qualität erreicht hat, die sie bei der Vorgabe $\Phi_0 = 1000$ V von vornherein gehabt hätte. Am weiteren Verlauf der Iteration ändert sich wenig.

9.2 Die Form der Lösungen der LAPLACE-Gleichung, d.h. die Form der Äquipotentialflächen, kann nicht von der Wahl der Einheiten für Länge und Spannung abhängen. In unserem Programm haben wir die Größe h nicht nur als Gitterabstand benutzt, sondern auch als Einheit der Länge. Deswegen erhalten wir bei vorgegebenen Parametern m und n dieselbe Lösung für alle Werte von h. Die Größe h ist aber auch der Gitterabstand. Wenn wir die Äquipotentialflächen einer physikalisch vorgegebenen Elektronenlinse mit zwei verschieden feinen Gittern berechnen wollen, um daraus Rückschlüsse über die Genauigkeit der Lösung zu ziehen, dann müssen wir m und n verändern, ohne das Verhältnis m/n zu ändern.

Wir testen die Genauigkeit des Verfahrens, indem wir die Linsenparameter durch die Wahl $m = 5$ und $n = 3$ vorgeben und dann die Rechnung mit $m = 5$, $n = 3$, mit $m = 10$, $n = 6$ und mit $m = 20$, $n = 12$ durchführen. Wir vergleichen die Potentialwerte $\Phi_{i,k}$ der ersten Rechnung mit den Potentialwerten $\Phi_{2i,2k}$ der zweiten Rechnung und den Potentialwerten $\Phi_{4i,4k}$ der dritten Rechnung.

Wir finden, daß sich bei der ersten Verdoppelung der Zahl der Gitterpunkte (pro Dimension) die Potentialwerte um maximal etwa 1 % ändern, bei der zweiten Verdoppelung nur noch um maximal 0.2 %. Man sollte dabei nicht vergessen, daß $m = 5$, $n = 3$ ein ziemlich grobes Gitter ergibt. Eine Genauigkeit von $\approx 1\%$ an den Stützstellen ist daher recht gut. Bei der graphischen Ausgabe entsteht eine zusätzliche Ungenauigkeit durch die lineare Interpolation zwischen den Stützstellen. Bei feineren Gittern als $m = 5$, $n = 3$ wird der Gesamtfehler trotzdem kleiner sein als die Breite der auf dem Bildschirm gezeigten Linien.

9.3 Die Äquipotentiallinien einer Elektronenlinse sehen wir in Abb. 9.9. Eine qualitative Überlegung zeigt, daß eine Hälfte der Linse (bezüglich $z = 0$) immer als Zerstreuungslinse wirkt und die andere Hälfte als Sammellinse. Weil die Elektronen aber die Linsenhälften nicht mit der gleichen Geschwindigkeit durchlaufen, heben sich die beiden Eigenschaften nicht auf. Die Eigenschaft der Sammellinse dominiert.

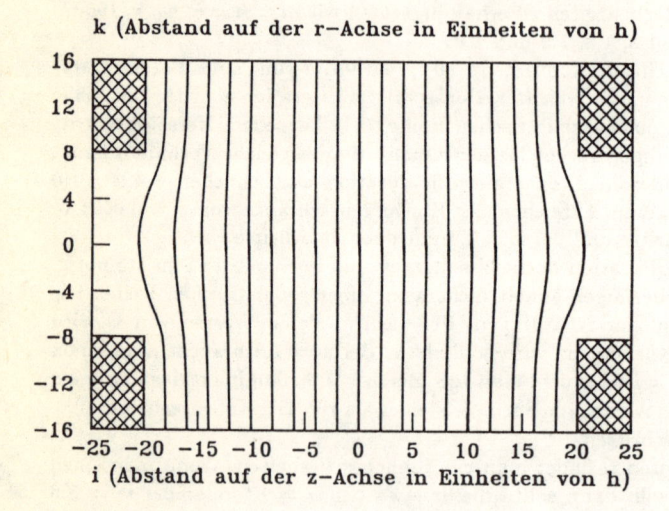

Abb. 9.11 Verlauf der Äquipotentiallinien für $m = 20$, $n = 8$

Interessant ist auch der Fall einer „dicken" Linse. Abb. 9.11 zeigt die Äquipotentiallinien für $m = 20$, $n = 8$. Wir ignorieren die rechte Hälfte der Linse und haben da, wo das linke Rohr in den Flansch übergeht, einen ähnlichen Feldverlauf wie in der Nähe des Loches im WEHNELT-Zylinder. Langsame, aus verschiedenen Richtungen von links kommende Elektronen werden von der Anodenspannung erfaßt und nach rechts beschleunigt. Gleichzeitig werden sie zur z-Achse hingezogen. Alle Elektronen passieren einen Bereich in Achsennähe, welcher kleiner ist als der Querschnitt der Öffnung, aus der die Elektronen kommen. Auf diese Weise erhält man eine fast punktförmige Elektronenquelle, die sich mit weiteren elektronenoptischen Bauelementen abbilden läßt (z. B. auf dem Bildschirm eines Personal Computers!).

10. Die Van der Waals'sche Gleichung

10.1 Problemstellung

In diesem Kapitel soll gezeigt werden, wie man mit Hilfe des Computers das Verständnis einer einfachen Gleichung der Physik vertiefen und die Übereinstimmung zwischen Theorie und Experiment überprüfen kann. Wir betrachten die VAN DER WAALSsche Gasgleichung. Sie ist aus der idealen Gasgleichung durch Hinzufügen von Korrekturen für reale Gase entstanden.

Bekanntlich beschreibt die ideale Gasgleichung ein Gas von punktförmigen Teilchen, deren Wechselwirkung untereinander nahezu verschwindet. Die Gasteilchen wechselwirken mit den Gefäßwänden nur durch die Übertragung von Impuls. Die ideale Gasgleichung lautet für die Gasmenge von 1 Mol

$$PV = RT, \qquad (10.1)$$

wobei P der vom Gas auf die Gefäßwände ausgeübte Druck ist, V das Molvolumen, R die Gaskonstante und T die absolute Temperatur. Die ideale Gasgleichung ist eine gute Näherung für Edelgase bei Zimmertemperatur und Atmosphärendruck, und sie läßt sich bei diesen Bedingungen auch noch recht gut auf Luft anwenden. Sie gilt dagegen nicht mehr für in Stahlflaschen komprimiertes Butan oder Kohlendioxid.

VAN DER WAALS hat die ideale Gasgleichung durch folgende Änderungen den realen Gasen angepaßt [10.1]:

1. Reale Gaspartikel haben eine endliche Ausdehnung. Bei dichtester Packung füllen sie ein Volumen, das man Eigenvolumen nennt. Der steile Anstieg des Drucks, der bei der idealen Gasgleichung für $V \to 0$ erfolgt, muß schon erfolgen, wenn das Gas auf sein Eigenvolumen zusammengepreßt wird. Man erreicht dies, indem man in der idealen Gasgleichung das Volumen V durch $(V - b)$ ersetzt, wobei b das Eigenvolumen von einem Mol Partikel ist.
2. Außerhalb des kurzreichweitigen Bereichs der Abstoßung wirkt zwischen den Gaspartikeln eine anziehende Kraft, die wir heute die VAN DER WAALS-Kraft nennen. Sie läßt sich in quantenmechanischen Modellen berechnen, ist eine Wechselwirkung von induzierten elektrischen Dipolen und verschwindet mit einer hohen Potenz des Abstandes der Partikel. In der Gasgleichung wirkt sich diese Anziehungskraft so aus, als käme zu dem von den Gefäßwänden auf das Gas ausgeübten Druck noch ein Innendruck

hinzu, der dem Außendruck hilft, das Gas zusammenzupressen. VAN DER WAALS macht für diesen Innendruck den Ansatz a/V^2.

Setzt man die beiden Korrekturen in die ideale Gasgleichung ein, so erhält man die VAN DER WAALSsche Gasgleichung

$$\left(P + \frac{a}{V^2}\right)(V - b) = RT. \tag{10.2}$$

Die Isothermen dieser Gleichung, d. h. die Kurven gleicher Temperatur im P-V-Diagramm haben das in Abb. 10.1 gezeigte Aussehen. Für Temperaturen unterhalb einer kritischen Temperatur T_k hat man für jeweils 3 Werte von V den gleichen Druck. Dies erscheint zunächst unphysikalisch. Reale Gase verhalten sich anders. Wenn man das Volumen bei konstanter Temperatur verringert, dann steigt der Druck an, bis der Dampfdruck der flüssigen Phase erreicht ist. Dann erfolgt Kondensation, und der Druck steigt so lange nicht, bis die gesamte Gasmenge kondensiert ist. Bei weiterer Verringerung des Volumens steigt der Druck dann sehr steil an.

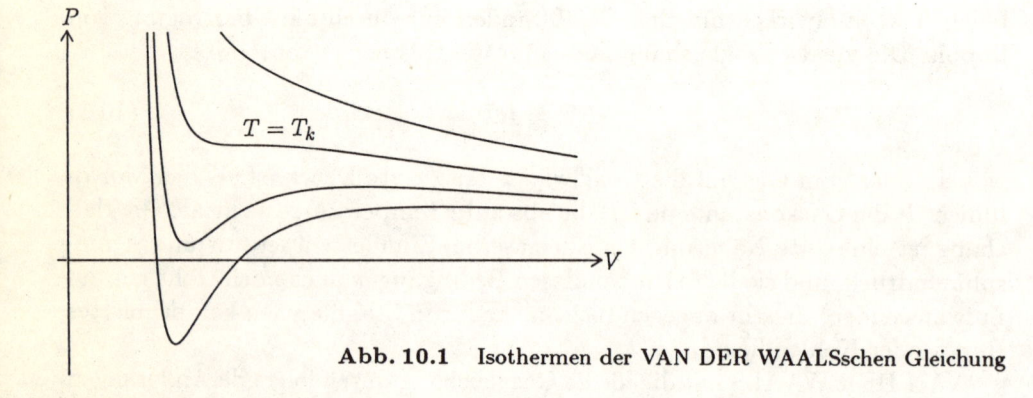

Abb. 10.1 Isothermen der VAN DER WAALSschen Gleichung

Die VAN DER WAALSsche Gleichung enthält das Phänomen der Kondensation nicht. Sie ist dennoch nicht unphysikalisch. Zumindest in unmittelbarer Nähe der Werte von P, V und T, bei denen man Kondensation erhält, beschreibt sie noch recht gut die Bildung von übersättigtem Dampf. Die beim Vorhandensein von Kondensationskeimen einsetzende Kondensation muß durch eine zusätzliche Vorschrift in die VAN DER WAALSsche Gleichung eingebaut werden. MAXWELL hat dies getan durch Einführung der nach ihm benannten Geraden. Für jede Isotherme unterhalb der kritischen Temperatur definiert MAXWELL eine waagerechte Gerade im P-V-Diagramm derart, daß die beiden schraffierten Flächen in Abb. 10.2 gleich groß sind. Man kann dies auch so formulieren: Die Fläche des Rechtecks unterhalb der MAXWELLschen Geraden muß so groß sein wie das Integral über die Isotherme im gleichen Intervall. Immer dann, wenn Gasphase und flüssige Phase nebeneinander existieren, liegt

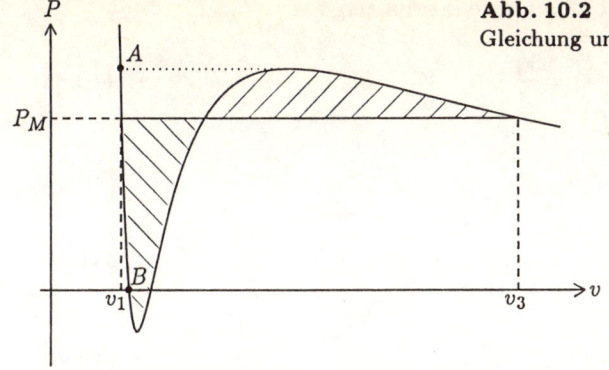

Abb. 10.2 Isotherme der VAN DER WAALS-Gleichung und MAXWELLsche Gerade

der Zustand des realen Gases auf der MAXWELLschen Geraden und nicht auf der VAN DER WAALSschen Isotherme.

Wie schon gesagt, wurde die ideale Gasgleichung von VAN DER WAALS mit nur zwei Parametern a und b den realen Gasen angepaßt. Man darf nicht erwarten, daß diese einfache Korrektur bei allen realen Gasen zu einer vollständigen Übereinstimmung von Theorie und Experiment führt. Besonders im Übergangsbereich zwischen Abstoßung und Anziehung der Gaspartikel können die zwei Parameter nicht die Details der Wechselwirkung beschreiben. Mit dem Computer und dem bereits erarbeiteten Programmgerüst für numerische und graphische Ausgabe können wir uns ohne viel Aufwand die Isothermen der VAN DER WAALSschen Gleichung vor Augen führen. Das Einfügen der MAXWELLschen Geraden kostet nur wenig Rechenzeit. Hat man die MAXWELLsche Gerade für eine Reihe von Temperaturen festgelegt, dann erhält man eine theoretische Dampfdruckkurve und kann sie mit der experimentell gewonnenen Dampfdruckkurve vergleichen.

10.2 Numerische Methode

Durch die VAN DER WAALSsche Gleichung ist ein Punkt im P-V-Diagramm ausgezeichnet, nämlich der, an dem die beiden Nullstellen der Ableitung $\partial P/\partial V$ zusammenfallen und an dem folglich auch die zweite Ableitung $\partial^2 P/\partial V^2$ gleich null ist; vgl. Abb. 10.1. Man nennt diesen Punkt den kritischen Punkt. Die zugehörigen physikalischen Größen sind der kritische Druck P_k, die kritische Temperatur T_k und das kritische Volumen V_k. Wir errechnen den kritischen Punkt über die Bedingungen:

$$\frac{\partial P}{\partial V} = \frac{-RT_k}{(V_k - b)^2} + \frac{2a}{V_k^3} = 0, \quad \text{also} \quad \frac{RT_k}{(V_k - b)^2} = \frac{2a}{V_k^3} \quad (10.3a)$$

und

$$\frac{\partial^2 P}{\partial V^2} = \frac{2RT_k}{(V_k - b)^3} - \frac{6a}{V_k^4} = 0, \quad \text{also} \quad \frac{2RT_k}{(V_k - b)^3} = \frac{6a}{V_k^4}. \quad (10.3b)$$

Indem wir (10.3a) durch (10.3b) dividieren, erhalten wir

$$\frac{V_k - b}{2} = \frac{V_k}{3}, \qquad V_k = 3b, \tag{10.4a}$$

und nach kurzer Rechnung:

$$T_k = \frac{8a}{27Rb}, \tag{10.4b}$$

$$P_k = \frac{a}{27b^2} \tag{10.4c}$$

und

$$P_k V_k = \frac{3}{8} R T_k, \tag{10.4d}$$

woraus wir ersehen, daß der Gasdruck am kritischen Punkt 3/8 mal so groß ist wie der eines idealen Gases bei gleicher Dichte und gleicher Temperatur.

Eine verkürzte Schreibweise der VAN DER WAALSschen Gleichung gewinnen wir, wenn wir die (dimensionslosen) reduzierten Größen $p = P/P_k$, $v = V/V_k$ und $t = T/T_k$ einführen:

$$\left(\frac{pa}{27b^2} + \frac{a}{9b^2 v^2}\right)(3bv - b) = \frac{8at}{27b},$$

$$\left(p + \frac{3}{v^2}\right)(3v - 1) = 8t. \tag{10.5}$$

Wir sehen hier deutlich, daß die P-V-Diagramme für alle VAN DER WAALSschen Gase einander ähnlich sind und sich nur durch Maßstabsfaktoren voneinander unterscheiden. Aus (10.5) folgt, daß das reduzierte Eigenvolumen gerade 1/3 ist.

Die Bedingung für die MAXWELLsche Gerade ist im p-v-Diagramm dieselbe wie im P-V-Diagramm: Das Integral über die Isotherme muß genauso groß sein wie die Fläche unterhalb der MAXWELLschen Geraden. Mit den Bezeichnungen v_1 und v_3 für die Endpunkte der MAXWELLschen Geraden und p_M für den Dampfdruck lautet die Bedingung:

$$p_M(v_3 - v_1) = \int_{v_1}^{v_3} p(v)\, dv. \tag{10.6}$$

Um diese Beziehung auswerten zu können, eliminieren wir zunächst p_M mittels (10.5). Wir erhalten für die linke Seite von (10.6):

$$p_M(v_3 - v_1) = \left(\frac{8t}{3v_1 - 1} - \frac{3}{v_1^2}\right)(v_3 - v_1), \tag{10.7}$$

wobei wir im Nenner statt v_1 auch v_3 hätten schreiben können. Für die rechte Seite von (10.6) erhalten wir unter Verwendung von (10.5):

$$\int_{v_1}^{v_3} p(v)dv = \int_{v_1}^{v_3} \left(\frac{8t}{3v-1} - \frac{3}{v^2} \right) dv = \frac{8t}{3} \ln \frac{3v_3-1}{3v_1-1} + \frac{3}{v_3} - \frac{3}{v_1}. \quad (10.8)$$

Gleichsetzen der beiden Seiten ergibt:

$$8t \left(\frac{v_3-v_1}{3v_1-1} - \frac{1}{3} \ln \frac{3v_3-1}{3v_1-1} \right) - 3 \frac{(v_3-v_1)^2}{v_1^2 v_3} = 0. \quad (10.9)$$

Gl. (10.9) enthält sowohl v_1 als auch v_3. Diese beiden Größen sind jedoch durch (10.5) miteinander verknüpft, da bei beiden der gleiche Druck p_M herrschen muß:

$$\frac{8t}{3v_1-1} - \frac{3}{v_1^2} = \frac{8t}{3v_3-1} - \frac{3}{v_3^2},$$

$$\frac{24t(v_3-v_1)}{(3v_1-1)(3v_3-1)} = \frac{3(v_3^2-v_1^2)}{v_1^2 v_3^2},$$

$$\frac{8t}{(3v_1-1)(3v_3-1)} = \frac{v_3+v_1}{v_1^2 v_3^2}. \quad (10.10)$$

Löst man (10.10) nach v_3 auf und beachtet, daß v_3 die größere der beiden Lösungen sein muß, dann erhält man:

$$v_3 = \frac{(3v_1-1)^2 + \sqrt{(3v_1-1)^4 - 4v_1(3v_1-1)(8tv_1^2 - 3(3v_1-1))}}{2(8tv_1^2 - 3(3v_1-1))}. \quad (10.11)$$

Mit dieser Gleichung können wir in (10.9) v_3 durch v_1 und t ersetzen. Die gesuchte Lösung v_1 erhalten wir dann als Nullstelle der Funktion auf der linken Seite von (10.9), bei gegebener Temperatur t. Wir können diese Nullstelle nicht analytisch berechnen, aber wir können sie mit dem Computer durch Intervallschachtelung finden.

Für die Intervallschachtelung benötigen wir eine untere und eine obere Schranke für v_1. Als untere Schranke nehmen wir das zum Punkt A in Abb. 10.2 gehörende reduzierte Volumen v_A. Wir erhalten v_A als niedrigste Nullstelle der in (10.11) auftretenden Diskriminante; denn die Diskriminante sagt ja aus, ob es auf der Isotherme zu einem Volumen v_1 noch weitere Volumina bei gleichem Druck gibt. Als obere Schranke v_{grenz} nehmen wir das zur Nullstelle B der Abb. 10.2 gehörende reduzierte Volumen v_B, wann immer diese Nullstelle existiert. Wie sich gleich zeigen wird, existiert die Nullstelle, wenn die reduzierte Temperatur kleiner als 27/32 ist. Für $p = 0$ erhält man aus der VAN DER WAALSschen Gleichung (10.5)

$$\frac{3}{v^2}(3v-1) = 8t, \quad 8tv^2 - 9v + 3 = 0, \quad v = \frac{9 \pm \sqrt{81 - 96t}}{16t}. \quad (10.12)$$

Für $t \leq 27/32$ gibt es zwei reelle Lösungen. Die kleinere ist die gesuchte Schranke v_B. Für reduzierte Temperaturen $t > 27/32$ haben die Isothermen keine Nullstellen. In diesem Fall läßt sich analytisch zeigen (oder numerisch prüfen), daß $v_{\text{grenz}} = 1$ alle Bedingungen erfüllt, die wir an eine obere Schranke stellen, nämlich:

a) $v_{\text{grenz}} = 1$ liegt zwischen dem Minimum und dem Maximum der VAN DER WAALSschen Isotherme, d. h. es ist mit Sicherheit größer als das linke Ende der MAXWELLschen Geraden,

b) Gleichung (10.11) gilt im ganzen Intervall $[v_A, 1]$ und erfüllt die Bedingung $v_3 > v_1$.

Als obere Schranke v_{grenz} haben wir damit $v_{\text{grenz}} = v_B$ wenn $t \leq 27/32$ und $v_{\text{grenz}} = 1$ wenn $t > 27/32$.

10.3 Programmierung

Das Verfahren der Intervallschachtelung, das wir zur Bestimmung der Nullstelle von (10.9) unter Berücksichtigung von (10.11) heranziehen wollen, ist auch unter dem Namen Bisektionsverfahren bekannt. Es ist bei folgender Aufgabenstellung anwendbar: Gegeben ist eine stetige Funktion $f(x)$ auf einem Intervall $[a, b]$, gesucht ist eine Nullstelle x_0 der Funktion $f(x)$ mit $a < x_0 < b$. Das Bisektionsverfahren setzt voraus, daß entweder $f(a) > 0$, $f(b) < 0$ oder $f(a) < 0$, $f(b) > 0$ gilt, d.h. daß zumindest eine Nullstelle ungerader Ordnung existiert. Diese Voraussetzung läßt sich durch

$$f(a) \cdot f(b) < 0 \tag{10.13}$$

in eine kompaktere Form bringen.

Mit $x_1 = a$ und $x_2 = b$ kommen wir zum 1. Schritt des Verfahrens: Das Intervall $[x_1, x_2]$ wird halbiert, man erhält

$$x_0 = \frac{1}{2}(x_1 + x_2) \tag{10.14}$$

und berechnet $f(x_0)$.

Im 2. Schritt wird geprüft, ob für eine vorgegebene Genauigkeitsschranke ε gilt:

$$|x_1 - x_2| \leq \varepsilon. \tag{10.15}$$

Ist dies der Fall, dann ist x_0 die gesuchte Näherung für die Nullstelle. Andernfalls wird überprüft, ob die Bedingung

$$f(x_0) \cdot f(x_2) < 0 \tag{10.16}$$

erfüllt ist. Wenn ja, dann liegt zwischen x_0 und x_2 eine Nullstelle. Wir nehmen $[x_0,x_2]$ als neues Intervall $[x_1,x_2]$ und kehren zum 1. Schritt zurück. Wenn nein, dann gilt entweder

$$f(x_0) = 0, \qquad (10.17a)$$

womit wir die gesuchte Nullstelle gefunden hätten, oder

$$f(x_1) \cdot f(x_0) < 0. \qquad (10.17b)$$

Im letzteren Fall nehmen wir $[x_1,x_0]$ als neues Intervall $[x_1,x_2]$ und kehren zum 1. Schritt zurück.

Um von unserem speziellen Beispiel unabhängig zu sein, bauen wir die Nullstellenbestimmung nach dem Bisektionsverfahren nicht ins Hauptprogramm KAP10 ein, sondern erstellen ein Unterprogramm mit dem Namen BISEKT.

Mathematische Bezeichnung	FORTRAN-Bezeichnung	Mathematische Bezeichnung	FORTRAN-Bezeichnung
f	F	x_1	X1
a	A	x_2	X2
b	B	$f(x_0)$	F0
ε	EPS	$f(x_1)$	F1
x_0	X0	$f(x_2)$	F2

Abb. 10.3 Im Unterprogramm BISEKT verwendete Bezeichnungen

Das Unterprogramm BISEKT wird in Abb. 10.4 gezeigt. Es benötigt 4 Eingabeparameter, nämlich die Funktion f, die Intervallgrenzen a und b sowie die Genauigkeitsschranke ε. Als Ausgabe erhält man (höchstens) eine Nullstelle x_0 (vgl. Parameterliste in Zeile 100). Die Funktion f muß als FUNCTION-Unterprogramm F(X) vorliegen. Mit Hilfe von Abb. 10.3 lassen sich die obigen Ausführungen zum Bisektionsverfahren Zeile für Zeile nachvollziehen. Als Anhaltspunkte mögen die vier Abfragen dienen: (10.13) in Zeile 106 (bei Nichterfüllung erfolgt Programmabbruch), (10.15) in Zeile 111, (10.16) in Zeile 112 und (10.17) in Zeile 116.

Die Funktion $f(v_1)$, deren Nullstelle wir bestimmen wollen, steht auf der linken Seite von (10.9),

$$f(v_1) = 8t\left(\frac{v_3 - v_1}{3v_1 - 1} - \frac{1}{3}\ln\frac{3v_3 - 1}{3v_1 - 1}\right) - 3\frac{(v_3 - v_1)^2}{v_1^2 v_3}, \qquad (10.18)$$

wobei v_3 durch (10.11) zu ersetzen ist. Die Funktion $f(v_1)$ ist definiert im Intervall $[v_A, v_{\text{grenz}})$. Beim Bisektionsverfahren darf man den Definitionsbereich der Funktion f durch Anstückeln von Funktionen erweitern, wenn dadurch keine

```
        SUBROUTINE BISEKT(F,A,B,EPS,X0)                            100

        IMPLICIT DOUBLE PRECISION (A-H,O-Z)                        101
        X1=A                                                       102
        X2=B                                                       103
        F1=F(X1)                                                   104
        F2=F(X2)                                                   105
        IF(F1*F2.GE.0.D0)                                          106
      & STOP 'Fehler in BISEKT: Nullstelle nicht auffindbar'       107
   10   CONTINUE                                                   108
        X0=(X1+X2)/2.D0                                            109
        F0=F(X0)                                                   110
        IF(X2-X1.GT.EPS) THEN                                      111
          IF(F0*F2.LT.0.D0) THEN                                   112
            X1=X0                                                  113
            F1=F0                                                  114
            GOTO 10                                                115
          ELSEIF(F0*F1.LT.0.D0) THEN                               116
            X2=X0                                                  117
            F2=F0                                                  118
            GOTO 10                                                119
          ENDIF                                                    120
        ENDIF                                                      121
        END                                                        122
```

Abb. 10.4 Das Unterprogramm BISEKT

neuen Nullstellen geschaffen werden. Wir machen von dieser Möglichkeit Gebrauch und erweitern den Definitionsbereich von $f(v_1)$ auf das Intervall $[1/3,1]$, indem wir setzen

$$f(v_1) = +1 \quad \text{im Intervall } [1/3,v_A], \tag{10.19}$$

$$f(v_1) = -1 \quad \text{im Intervall } [v_{\text{grenz}},1]. \tag{10.20}$$

Die Schranke v_{grenz} läßt sich leicht bestimmen. Mit (10.20) hat man dann sofort die Funktionswerte im (eventuell leeren) Intervall $[v_{\text{grenz}},1]$.

Die Schranke v_A, die schwieriger zu bestimmen wäre, muß nicht explizit ausgerechnet werden. Wenn für ein Argument v_1 im Intervall $[1/3,v_{\text{grenz}}]$ die Diskriminante der Gleichung (10.11),

$$(3v_1 - 1)^4 - 4v_1(3v_1 - 1)(8tv_1^2 - 3(3v_1 - 1)), \tag{10.21}$$

einen negativen Wert hat, dann gilt (10.19). Wenn der Wert der Diskriminante größer oder gleich 0 ist, dann berechnet man v_3 nach (10.11) und $f(v_1)$ nach (10.18). Einen typischen Verlauf der Funktion $f(v_1)$ zeigt Abb. 10.5.

Wir realisieren die Funktion $f(v_1)$ als FUNCTION-Unterprogramm FKT(V1) (Abb. 10.7, Bezeichnungen in Abb. 10.6). Wir übergeben den für die Berech-

Abb. 10.5 Verlauf der Funktion $f(v_1)$ für die Temperatur $t = 0.8$

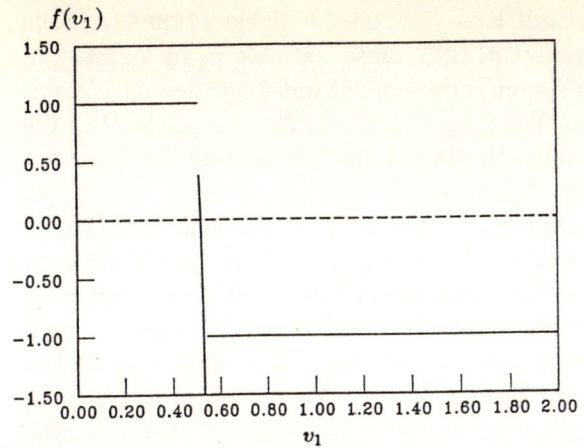

Physikalische Bezeichnung	FORTRAN-Bezeichnung	Physikalische Bezeichnung	FORTRAN-Bezeichnung
t	T	v_1	V1
$1/3$	B	v_3	V3
v_{grenz}	VLIM		

Abb. 10.6 Im FUNKTION-Unterprogramm FKT verwendete Bezeichnungen

```
      DOUBLE PRECISION FUNCTION FKT(V1)                           200
      IMPLICIT DOUBLE PRECISION (A-H,O-Z)                         201
      PARAMETER (B=1.D0/3.D0)                                     202
      COMMON /TEMPER/ T                                           203
      IF(T.GE.27.D0/32.D0) THEN                                   204
        VLIM=1.D0                                                 205
      ELSE                                                        206
        VLIM=(9.D0-SQRT(81.D0-96.D0*T))/(16.D0*T)                 207
      ENDIF                                                       208
      IF(V1.LE.B) THEN                                            209
        FKT=1.D0                                                  210
      ELSEIF(V1.GE.VLIM) THEN                                     211
        FKT=-1.D0                                                 212
      ELSE                                                        213
        TERM=3.D0*V1-1.D0                                         214
        DENOM=8.D0*T*V1**2-3.D0*TERM                              215
        DISKRI=TERM**4-4.D0*V1*TERM*DENOM                         216
        IF(DISKRI.GE.0.D0) THEN                                   217
          V3=(TERM**2+SQRT(DISKRI))/(2.D0*DENOM)                  218
          FKT=8.D0*T*((V3-V1)/TERM-LOG((3.D0*V3-1.D0)/TERM)/3.D0) 219
     &        -3.D0*((V3-V1)/V1)**2/V3                            220
        ELSE                                                      221
          FKT=1.D0                                                222
        ENDIF                                                     223
      ENDIF                                                       224
      END                                                         225
```

Abb. 10.7 Das FUNCTION-Unterprogramm FKT

nung benötigten Temperaturwert mit Hilfe des COMMON-Blocks /TEMPER/ (Zeile 203), weil das aufrufende Programm BISEKT diese Variable nicht kennt. Um Schreibarbeit und Rechenzeit zu sparen, arbeiten wir mit folgenden Abkürzungen: Die Variable TERM erhält den Wert des Ausdrucks $3v_1 - 1$ (Zeile 214), die Variablen DENOM und DISKRI nehmen Bezug auf den Nenner und die Diskriminante in Gleichung (10.11) (Zeilen 215 und 216).

Man erkennt in FKT die folgenden Gleichungen: (10.11) in Zeile 218, (10.12) in Zeile 207, (10.20) in Zeile 212 und (10.19) in Zeile 222. Die Zeilen (209 bis 212) sorgen dafür, daß FKT für alle Werte des Arguments definiert ist. Man spart dadurch die Abfrage, ob das Argument im Definitionsbereich der Funktion liegt.

Bislang war fast nur die Rede davon, wie sich die Volumenwerte v_1 und v_3 für die MAXWELLsche Gerade berechnen lassen. Wir wollen uns aber auch die VAN DER WAALSschen Isothermen in einem bestimmten Volumintervall $[v_{\min}, v_{\max}]$ ansehen. Dazu teilen wir dieses Intervall in $i_v = 200$ Teilintervalle auf und erhalten $i_v + 1$ Stützstellen,

$$v^{(i)} = ih + v_{\min}, \qquad i = 0, 1, 2, \ldots, i_v, \qquad (10.22)$$

mit der Schrittweite

$$h = \frac{v_{\max} - v_{\min}}{i_v}. \qquad (10.23)$$

Zu beachten ist hierbei, daß $v_{\min} > 1/3$ sein muß. Die Druckwerte an den Stützstellen folgen aus (10.5) und lauten

$$p^{(i)} = \frac{8t}{3v^{(i)} - 1} - \frac{3}{(v^{(i)})^2}. \qquad (10.24)$$

Den Druck p_M der MAXWELLschen Geraden erhalten wir auf dieselbe Weise:

$$p_M = \frac{8t}{3v_1 - 1} - \frac{3}{v_1^2}. \qquad (10.25)$$

Wir sehen uns jetzt das Hauptprogramm KAP10 an (Abb. 10.9). Die Werte für i_v und ε sowie das Eigenvolumen $1/3$ sind in einer PARAMETER-Anweisung vorgegeben (Zeile 302); die Werte für $v_{\min}, v_{\max}$ und t werden eingegeben.

Physikalische Bezeichnung	FORTRAN-Bezeichnung	Physikalische Bezeichnung	FORTRAN-Bezeichnung
$1/3$	B	ε	EPS
t	T	p_M	PM
$v_{\min}$	VMIN	i_v	IV
$v_{\max}$	VMAX	h	H
v_1	V1	$v^{(i)}$	V(I)
v_3	V3	$p^{(i)}$	P(I)

Abb. 10.8 Im Hauptprogramm KAP10 verwendete Bezeichnungen

```
      PROGRAM KAP10                                              300

      IMPLICIT DOUBLE PRECISION (A-H,O-Z)                        301
      PARAMETER (IV=200, B=1.D0/3.D0, EPS=1.D-14)                302
      DIMENSION V(0:IV), P(0:IV)                                 303
      COMMON /TEMPER/ T                                          304
      EXTERNAL FKT                                               305

*     (Eingabe: VMIN,VMAX)

      H=(VMAX-VMIN)/IV                                           306
      DO 10 I=0,IV                                               307
       V(I)=I*H+VMIN                                             308
10    CONTINUE                                                   309

*     (Eingabe: T)

      DO 20 I=0,IV                                               310
       P(I)=8.D0*T/(3.D0*V(I)-1.D0)-3.D0/V(I)**2                 311
20    CONTINUE                                                   312

*     (Ausgabe: V,P)

      IF(T.LT.1.D0) THEN                                         313
       CALL BISEKT(FKT,B,1.D0,EPS,V1)                            314
       TERM=3.D0*V1-1.D0                                         315
       DENOM=8.D0*T*V1**2-3.D0*TERM                              316
       DISKRI=TERM**4-4.D0*V1*TERM*DENOM                         317
       V3=(TERM**2+SQRT(DISKRI))/(2.D0*DENOM)                    318
       PM=8.D0*T/(3.D0*V1-1.D0)-3.D0/V1**2                       319

*     (Ausgabe: V1,V3,PM)

      ENDIF                                                      320
      END                                                        321
```

Abb. 10.9 Numerischer Teil des Hauptprogramms KAP10

Nachdem in der DO-Schleife von Zeile 307 bis 309 die Stützstellen nach (10.22) bestimmt wurden, werden in der DO-Schleife von Zeile 310 bis 312 die Druckwerte der VAN DER WAALSschen Isotherme nach (10.24) berechnet. Ist die Temperatur kleiner als die kritische Temperatur, d.h. $t < 1$, wird das Unterprogramm BISEKT aufgerufen (Zeile 314), welches den Wert für v_1 an KAP10 übergibt. Mit den bereits bekannten Abkürzungen TERM, DENOM und DISKRI wird in Zeile 318 v_3 nach (10.11) berechnet, und in der darauffolgenden Zeile erhalten wir p_M nach (10.25).

Wir wollen die Isothermen graphisch ausgeben. Dies geschieht wie bisher mit GMOVE und GDRAW. Die Isotherme $t = 1$ wird automatisch als erste Kurve berechnet und ausgegeben, falls sie das Bildfenster schneidet. Anschließend kann der Benutzer selbst weitere Isothermen auswählen. Zusätzlich zu den Isothermen geben wir die reduzierte Temperatur t der zuletzt gezeichneten Isotherme und den Dampfdruck p_M mit GWRITE aus. Anders als in Kapitel 7 wollen wir die beiden Größen nicht an den oberen Bildrand, sondern in das Zeichenfenster setzen. Wir rufen deshalb GWRITE folgendermaßen auf:

    CALL GWRITE(2,X,Y,NOTE,ICOLOR)

Wenn der erste Parameter von GWRITE gleich 2 ist, beziehen sich die Koordinaten X und Y nicht auf den ganzen Bildschirm, sondern nur auf das Zeichenfenster. Der Punkt (0,0) entspricht also der linken unteren, der Punkt (100,100) der rechten oberen Ecke des Zeichenfensters. Die Bedeutung der anderen Eingabeparameter ist dieselbe wie in Kapitel 7.

Bei der Eingabe der Temperatur t greifen wir zu einer neuen Methode. Anstatt t direkt einzugeben, geben wir ein (p,v)-Wertepaar ein, und das Programm berechnet daraus über die VAN DER WAALS-Gleichung (10.15) den zugehörigen Temperaturwert. Das (p,v)-Wertepaar geben wir graphisch mit Hilfe eines Graphik-Cursors (kleines Fadenkreuz) ein. Wir müssen dabei den Graphikmodus nicht verlassen, so daß alle bereits gezeichneten Kurven erhalten bleiben.

Ermöglicht wird uns diese Form der Eingabe durch das Unterprogramm GINPUT. Es wird durch den Aufruf

    CALL GINPUT(NOTE,XSTART,YSTART,X,Y,INPUT)

aktiviert. Wie bereits in Kapitel 4 besprochen, ist NOTE der CHARACTER-Ausdruck für einen Text, der oberhalb der Graphik ausgegeben wird. Durch die Koordinaten XSTART und YSTART bestimmen wir die Startposition des Cursors innerhalb der Diagrammfläche. Wir bewegen den Cursor mit Hilfe der Cursortasten (Pfeiltasten) an die von uns gewünschte Stelle. Der Cursor kann meist wahlweise in großen oder in kleinen Sprüngen über den Bildschirm bewegt werden; das Umschalten erfolgt bei den heute üblichen Personal Computern in der Regel durch Betätigung der Einfügetaste. Wenn die Eingabetaste oder eine Buchstaben-, Zahlen- oder Zeichentaste gedrückt wird, so gibt GINPUT die Kontrolle an das rufende Programm zurück, wobei die aktuellen Cursorkoordinaten in den Variablen X und Y übergeben werden. Der Parameter INPUT erhält den ASCII-Wert der gedrückten Taste.

Im Programm KAP10 gebrauchen wir den Parameter INPUT folgendermaßen: Drücken der Eingabetaste (ASCII-Wert 13) bedeutet „gewählte Isotherme berechnen und zeichnen", Drücken von „Q" oder „q" (ASCII-Werte 81 bzw. 113) bedeutet „Programm beenden". Andere Tasten werden ignoriert, d. h. GINPUT wird erneut aufgerufen.

Das hier in Auszügen vorgestellte Programm ist auf der Diskette in der Datei KAP-10.FOR zu finden.

10.4 Übungsaufgaben

10.1 Betrachten Sie die p-v-Diagramme für eine Reihe unterschiedlicher Temperaturen. Bestimmen Sie für verschiedene reduzierte Temperaturen t den Dampfdruck p_M. Zeichnen Sie die Funktion $p_M(t)$ zwischen $t = 0.25$ und $t = 1$ in logarithmischem Maßstab.

10.2 Kohlendioxid hat eine kritische Temperatur von 31.1° C und einen kritischen Druck von 72.95 atm (nach Ref. [10.1]). Berechnen Sie das kritische Volumen nach VAN DER WAALS. Vergleichen Sie die Gasvolumina für 1 Mol CO_2 nach der idealen Gasgleichung und nach VAN DER WAALS bei 40° C für 1, 10, 100 und 1 000 atm Druck.

Anmerkung: 1 Mol ideales Gas hat bei 1 atm Druck und 0° C ein Volumen von 22 420 cm^3, bei 1 atm Druck und 40° C hat es folglich ein Volumen von 25 700 cm^3.

10.3 Abb 10.10 gibt die gemessenen Siedetemperaturen für die Gase CH_4, NH_3, H_2O, HF und Ne bei verschiedenen Drucken wieder. Bestimmen Sie die Siedetemperaturen nach VAN DER WAALS anhand der in Aufgabe 10.1 erstellten Kurve. Für welche Gase finden Sie gute, für welche schlechte Übereinstimmung?

Gas	CH_4	NH_3	H_2O	HF	Ne
Molekulargewicht	16.04	17.03	18.02	20.01	20.18
Krit. Druck (atm)	47.2	115.2	218.0	66.2	27.1
Krit. Temperatur (K)	190.6	405.5	647.4	461	44.4
Siedetemperatur (K) gemessen					
bei 1 atm	111.7	239.7	373.2	292.7	27.07
bei 2 atm		254.5	393.3	313.3	29.63
bei 5 atm	134.9	277.9	425.6	343.1	33.81
bei 10 atm	148.4	298.9	453.7	371.5	37.65
bei 20 atm	164.7	323.3	486.3		42.35
bei 40 atm	186.9	352.1	524.3		

Abb. 10.10 Gemessene Siedetemperaturen für CH_4, NH_3, H_2O, HF, Ne (nach Ref. [10.2])

10.4 Propan (C_3H_8), Butan (C_4H_{10}) bzw. Gemische von beiden werden als Flüssiggas in Kartuschen zur Beheizung von Campingkochern, Lötlampen usw. gehandelt. Warnungen auf den Kartuschen ermahnen die Benutzer, die Behälter keinen hohen Temperaturen auszusetzen. Schätzen Sie mit Hilfe der Dampfdruckkurve aus Aufgabe 10.2 ab, wie berechtigt diese Warnungen sind. Wie hoch ist der Druck nach VAN DER WAALS bei 20° C, und um wieviel steigt er, wenn die Druckbehälter auf 50, 70 oder 100° C erhitzt werden?

Gas	C_3H_8	C_4H_{10}
Molekulargewicht	44.10	58.12
Krit. Druck (atm)	42.1	37.4
Krit. Temperatur (°C)	96.8	152.01

Abb. 10.11 Kritische Daten für haushaltsübliche Flüssiggase (nach Ref. [10.2])

10.5 Lösung der Übungsaufgaben

10.1 Abb. 10.12 zeigt die Kurve $p_M(t)$. Da $p_M(t)$ sich zwischen $t = 0.25$ und $t = 1$ um rund drei Größenordnungen verändert, ist ein logarithmischer Maßstab erforderlich. Wie man sieht, bedeutet in der Nähe des kritischen Punkts eine Verringerung von t um ca. 15 % eine Halbierung des Dampfdrucks. Weit unterhalb des kritischen Punktes genügt bereits eine Verringerung von t um wenige Prozent, um den Dampfdruck zu halbieren.

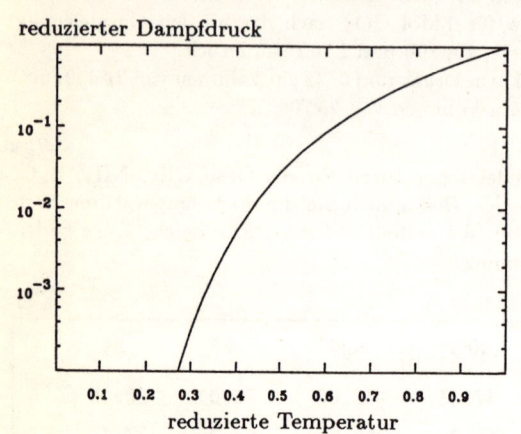

Abb. 10.12 Dampfdruckkurve $p_M(t)$

10.2 Man kann die Aufgabe mit dem Programm am einfachsten durchführen, wenn man den gewünschten Druck als Unter- oder als Obergrenze des im Graphikfenster angezeigten Druckbereichs wählt. Man erhält nach einigen Umrechnungen die folgenden Werte für das Molvolumen bei 40° C:

	Molvolumen in cm^3		
	ideale Gasgleichung	VAN_DER_WAALS-Gleichung	gemessen (nach Ref. [1])
bei 1 atm	25700	25590	25574
bei 10 atm	2570	2470	2448
bei 100 atm	257	89	69.3
bei 1000 atm	25.7	54	40

Wir sehen, daß insbesondere bei höheren Drucken die mit der VAN DER WAALS-Gleichung bestimmten Molvolumina näher an den experimentellen Werten liegen als die mit der idealen Gasgleichung bestimmten Molvolumina. Daß die Übereinstimmung nicht perfekt sein kann, geht schon daraus hervor, daß die Werte $P_k = 72.95$ atm und $T_k = 31.1°$ C auf ein kritisches Molvolumen $V_k = 128$ cm^3 führen, während der experimentell bestimmte Wert für V_k bei 100 cm^3 liegt.

10.3 Die berechneten Siedetemperaturen stimmen für keines der Gase sonderlich gut mit den gemessenen überein. Besonders schlecht ist die Übereinstimmung für H_2O, nahezu ebenso schlecht für NH_3 und HF, also für die Moleküle, die ein permanentes elektrisches Dipolmoment haben. Eine genaue Übereinstimmung ist aber auch gar nicht zu erwarten, denn die VAN DER WAALSsche Gleichung wurde als Verbesserung für die ideale Gasgleichung entwickelt, bei der versucht wird, durch Einführung von nur zwei neuen Parametern das Verhalten realer Gase besser zu beschreiben.

Gas	CH_4	NH_3	H_2O	HF	Ne
Siedetemperatur (K) berechnet					
bei 1 atm	92	173	240	212	23
bei 2 atm	102	190	261	233	26
bei 5 atm	118	217	295	270	31
bei 10 atm	135	243	328	306	35
bei 20 atm	156	276	368	351	41
bei 40 atm	183	318	418	408	

Abb. 10.13 Berechnete Siedetemperaturen für CH_4, NH_3, H_2O, HF, Ne

10.4 Wir kommen auf die folgenden Dampfdrucke:

Temperatur (°C)	0	20	50	70	100
Dampfdruck (atm)					
für Propan (C_3H_8)	11.0	15.4	23.9	30.9	
für Butan (C_4H_{10})	4.8	6.9	11.3	14.9	21.7

Eine Erhöhung von 20° C auf 70° C erhöht den Druck im Behälter bei beiden Gasen auf mehr als das Doppelte. Die reale Erhöhung ist sogar noch stärker als die nach VAN DER WAALS errechnete. Da 70° C schon überschritten werden können, wenn man die Behälter bei Sonnenschein unter der Heckscheibe des Autos lagert, sind die Warnungen durchaus berechtigt.

11. Lösung der Fourierschen Wärmeleitungsgleichung und das „Geokraftwerk"

11.1 Problemstellung

Die FOURIERsche Wärmeleitungsgleichung beschreibt den zeitlichen Temperaturausgleich in einem Festkörper. Sie ist historisch interessant. Zum ersten Mal erscheint sie 1822 in einer von FOURIER der *Académie Française* vorgelegten Arbeit „Théorie de la Chaleur". Damals hielt man die Arbeit für sehr wichtig, denn der vollkommene Temperaturausgleich im Universum wurde als Wärmetod der Welt, d.h. als eine mögliche Form des Weltuntergangs diskutiert. Heute ist die Arbeit von FOURIER aus einem anderen Grund wichtig. FOURIER hat nämlich in seiner Arbeit als Lösungsmethode für die Wärmeleitungsgleichung die Theorie der FOURIER-Reihen aufgestellt.

Wir wollen die Wärmeleitungsgleichung mit der von FOURIER angegebenen Methode lösen und suchen als erstes nach einem geeigneten Beispiel. Der Wärmetod des Universums ist in Anbetracht anderer möglicher Formen des Weltuntergangs weniger interessant geworden. Viel aktueller ist die Frage der Energieversorgung der Menschheit. Als alternative Energiequelle ist verschiedentlich vorgeschlagen worden, doch einfach die Wärme aus dem heißen Inneren der Erde hervorzuholen. Daß dies im Prinzip möglich ist, zeigen uns die vielen natürlichen heißen Quellen. Wenn geologische Anomalien vorliegen, wie z.B. in der Toskana, dann gelingt es auch, künstliche heiße Quellen zur Energieerzeugung zu nutzen. Es stellt sich die Frage, ob man auch ohne geologische Anomalie auskommt, d.h. ob es möglich ist, die Wärme aus dem trockenen, heißen Gestein tiefer Schichten hervorzuholen.

Als technische Möglichkeit zur Gewinnung von Wärme aus tief liegenden Gesteinsschichten hat man sich in den USA das „Hot Dry Rock Verfahren" ausgedacht. Man legt dazu ein mehrere tausend Meter tiefes Bohrloch an und erzeugt durch Einpressen von Wasser in der Tiefe eine pfannkuchenartige Felsspalte, genannt „Frac". Der Frac wird durch eine zweite Bohrung an anderer Stelle angezapft. Unter Aufrechterhaltung des erhöhten Wasserdruckes wird der Frac nun als Boiler benutzt. Durch das erste Bohrloch wird kaltes Wasser eingeleitet, durch das zweite Bohrloch wird heißes Wasser entnommen. Die gewonnene Wärme wird, entweder direkt oder über Wärmetauscher, einem Kraftwerk zugeleitet.

Wir wollen anhand eines Computermodells das Hot Dry Rock Verfahren testen und uns die Frage stellen, wie groß der technische Aufwand sein müßte, um ebensoviel Energie zu gewinnen, wie sie ein heutiges Großkraftwerk liefert (1300 Megawatt elektrischer Leistung).

Eine Faustregel aus der Geologie besagt, daß die Temperatur der Erde mit zunehmender Tiefe um etwa 3° C pro 100 m ansteigt. Wir können dann in unserem Modell 6 000 m, 8 000 m oder 10 000 m tief bohren und erhalten — bei einer Temperatur von 10° C an der Oberfläche — in der Tiefe eine Temperatur von 190° C, 250° C oder 310° C. Um die Rechnung zu vereinfachen, geben wir im Modell den Fracs eine einfache geometrische Gestalt und Anordnung. Sie seien von ebener Form und periodisch angeordnet. Zu jedem Frac gibt es parallel laufend im Abstand d wieder einen Frac. Genauer gesagt, zwischen je zwei parallel laufenden Fracs gibt es eine Felsschicht der Dicke d, deren Wärme durch das Wasser in den Fracs abgeführt werden soll.

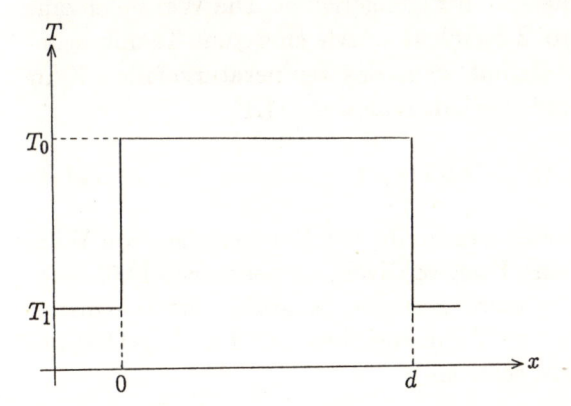

Abb. 11.1 Temperaturverlauf zur Zeit $t = 0$

Zur Zeit $t = 0$ wird der in Abb. 11.1 dargestellte Temperaturverlauf angenommen. Das Gestein hat die Temperatur T_0, das Wasser die Temperatur $T_1 < T_0$. Die Dicke d der Gesteinsschicht, die Temperaturdifferenz $T_0 - T_1$ sowie die Gesamtfläche der Grenzschicht Gestein/Wasser sind Eingabeparameter unseres Programms. Wenn das Kraftwerk in Betrieb ist, soll die Temperatur T_1 als Arbeitstemperatur des Kraftwerks konstant gehalten werden. Man kann das im Modell dadurch erreichen, daß man zu Beginn sehr viel Wasser durch den Frac strömen läßt und mit zunehmender Abkühlung des Gesteins den Wasserstrom verringert. Die Konsequenz davon ist, daß sich die Leistung des Kraftwerks mit der Zeit ändert. Wir werden diesen hypothetischen Fall rechnen. Es sei dem Leser überlassen, das Programm dadurch realistischer zu machen, daß er zunächst eine Arbeitstemperatur wählt, die recht nahe bei T_0 liegt, und diese dann im Laufe der Zeit immer weiter absenkt. Man kann auf diese Weise erreichen, daß das Kraftwerk mit einer einigermaßen konstanten Leistung arbeitet; die durch abrupte Änderungen der Arbeitstemperatur entstehenden Singularitäten in der Leistung sind harmlos und dürfen von Hand oder mit dem Computer geglättet werden.

Durch die Wärmeentnahme wird sich die Temperatur des Gesteins als Funktion von Ort und Zeit ändern. Den Temperaturverlauf $T(x,t)$ wollen wir berechnen, ebenso wie die vom Gestein an das Wasser pro Stunde abgegebene Wärmeenergie $P(t)$.

Als erstes brauchen wir die Wärmeleitungsgleichung. Sie läßt sich leicht herleiten. Man nimmt an, daß in einem Festkörper zur Zeit $t = 0$ ein vorgegebenes Temperaturfeld $T(\boldsymbol{r}, 0)$ besteht und fragt nach dem Temperaturfeld $T(\boldsymbol{r}, t)$ zu einer späteren Zeit t. Für die Wärmestromdichte macht FOURIER den Ansatz

$$\boldsymbol{q}(\boldsymbol{r}, t) = -\lambda \operatorname{grad} T(\boldsymbol{r}, t) \tag{11.1}$$

mit der Wärmeleitzahl λ [W/(mK)]. Der Wärmestrom ist dem Temperaturgradienten proportional und diesem entgegengerichtet. Die Wärmeleitzahl gibt an, welche Wärmemenge pro Zeiteinheit durch eine zum Temperaturgefälle senkrechte Fläche von 1 m² strömt, wenn das Temperaturgefälle 1 K/m beträgt. Durch Bildung der Divergenz erhält man aus (11.1)

$$\operatorname{div} \boldsymbol{q}(\boldsymbol{r}, t) = -\lambda \Delta T(\boldsymbol{r}, t). \tag{11.2}$$

Die Divergenz eines Wärmestromes beschreibt das Herausfließen von Wärme aus einem Volumen der Größe eins. Positive Divergenz bedeutet Abkühlung. Die Abkühlung pro Zeiteinheit ist umso geringer, je größer die spezifische Wärme c und je größer die Masse pro Volumeneinheit ist, d. h. je größer die Dichte ρ des Körpers ist. FOURIER setzt an

$$\operatorname{div} \boldsymbol{q}(\boldsymbol{r}, t) = -\rho c \frac{\partial T}{\partial t}(\boldsymbol{r}, t) \tag{11.3}$$

und erhält damit die Wärmeleitungsgleichung

$$\frac{\partial T}{\partial t}(\boldsymbol{r}, t) = \frac{\lambda}{\rho c} \Delta T(\boldsymbol{r}, t). \tag{11.4}$$

In unserem Computermodell vereinfacht sich diese Gleichung wegen der idealisierten Anordnung der Fracs. Die Wärme kann nur senkrecht zur Grenzfläche Gestein/Wasser strömen. Wir legen die x-Achse in diese Richtung und erhalten die Differentialgleichung für den eindimensionalen Temperaturausgleich

$$\frac{\partial T}{\partial t}(x, t) = \frac{\lambda}{\rho c} \frac{\partial^2 T}{\partial x^2}(x, t). \tag{11.5}$$

11.2 Lösungsmethode

Wir suchen eine Lösung $T(x, t)$ der Gleichung (11.5) zu folgenden Randbedingungen:

1. Für $t = 0$ ist der Temperaturverlauf $T(x,0)$ vorgegeben.
2. Für $t > 0$ gilt $T(0,t) = T(d,t) = T_1$.

Partikuläre Lösungen $T^{(n)}$ von (11.5), welche für $x = 0$ und $x = d$ zeitunabhängige Werte annehmen, lassen sich leicht finden. Durch Einsetzen von

$$T^{(n)}(x,t) = \sin(\frac{n\pi}{d}x)a_n(t) + \text{const.}, \qquad n = 1, 2, \ldots, \qquad (11.6)$$

in (11.5) erhalten wir

$$\frac{da_n(t)}{dt} = -\frac{\lambda}{\rho c}\left(\frac{n\pi}{d}\right)^2 a_n(t). \qquad (11.7)$$

Die Lösung dieser Differentialgleichung lautet

$$a_n(t) = a_n(0)\exp\left(-\frac{\lambda}{\rho c}\left(\frac{n\pi}{d}\right)^2 t\right). \qquad (11.8)$$

Mit (11.8) wird (11.6) zur partikulären Lösung von (11.5); die Konstante const. wird durch die zweite der beiden Randbedingungen festgelegt.

Die Lösungsmethode von FOURIER besteht nun darin, partikuläre Lösungen so zu überlagern, daß zur Anfangszeit $t = 0$ der vorgegebene Temperaturverlauf $T(x,0)$ wiedergegeben wird. Da jede lineare Überlagerung von partikulären Lösungen wiederum Lösung der Gleichung ist, erhält man so eine Lösung von (11.5), welche auch die erste der beiden Randbedingungen erfüllt.

Wir bilden die Überlagerung

$$T(x,t) = T_1 + \sum_{n=1}^{\infty} a_n(t)\sin\left(\frac{n\pi}{d}x\right). \qquad (11.9)$$

Die Koeffizienten $a_n(0)$ werden der Temperaturverteilung $T(x,0)$ angepaßt.

Für die Temperaturverteilung $T(x,0)$ wird die in Abb. 11.1 gezeigte rechteckige Form angenommen,

$$\begin{aligned} T(x,0) &= T_1, \quad &\text{für } x = 0 \text{ und } x = d, \\ T(x,0) &= T_0, \quad &\text{für } 0 < x < d. \end{aligned} \qquad (11.10)$$

Diese Temperaturverteilung gibt wegen des unendlich steilen Temperaturanstiegs bei $x = 0$ und $x = d$ die physikalische Realität nicht genau wieder, doch wird dies keinen merklichen Einfluß auf die Ergebnisse unserer Rechnung haben. Würden wir in (11.9) tatsächlich mit der unendlichen Reihe rechnen, dann würde die Lösungsfunktion $T(x,t)$ zur Zeit $t = 0$ den steilen Anstieg bei $x = 0$ und $x = d$ wiedergeben, und der Wärmestrom wäre bei $t = 0$ unendlich groß. Bei der numerischen Behandlung des Problems müssen wir die unendliche Reihe aber nach einer gewissen Anzahl $n_{\max}$ von Gliedern abbrechen. Dies hat zur Folge, daß für $t = 0$ die Rechteckverteilung (11.10) nur näherungsweise (nämlich leicht wellig) und mit abgerundeten Ecken wiedergegeben wird. Das Problem des unendlich hohen Wärmestromes beim Einschalten des Kraftwerks tritt dadurch gar nicht erst auf. Durch das Abbrechen der unendlichen Reihe macht man zwar einen Fehler, doch läßt sich dieser abschätzen. Die Entwicklungskoeffizienten $a_n(t)$ mit $n > n_{\max}$ klingen mit wachsender Zeit sehr rasch ab, wie man aus (11.8) erkennen kann; nur unmittelbar nach dem Einschalten des Kraftwerkes haben sie einen merklichen Einfluß auf die Lösungsfunktion $T(x,t)$. Wenn wir $n_{\max}$ groß genug wählen, dann wird der Fehler im Temperaturverlauf schon sehr bald nach dem Einschalten vernachlässigbar.

Der Vorteil der Rechteckverteilung (11.10) liegt darin, daß sich für diese Verteilung die Integrationen zur Berechnung der FOURIER-Koeffizienten $a_n(0)$ besonders leicht ausführen lassen.

$$\begin{aligned} a_n(0) &= \frac{2}{d} \int_0^d dx (T(x,0) - T_1) \sin\left(\frac{n\pi}{d}x\right) \\ &= \frac{2}{d} \int_0^d dx (T_0 - T_1) \sin\left(\frac{n\pi}{d}x\right) \\ &= \begin{cases} \dfrac{4}{n\pi}(T_0 - T_1) & \text{für} \quad n = 1, 3, 5, \dots, \\ 0 & \text{für} \quad n = 2, 4, 6, \dots. \end{cases} \end{aligned} \qquad (11.11)$$

Wir können noch (11.8) in (11.9) einsetzen und erhalten als Lösung

$$T(x,t) = T_1 + \sum_{n=1}^{\infty} a_n(0) \sin(k_n x) \exp(-b_n t), \qquad (11.12)$$

mit den Koeffizienten $a_n(0)$ nach (11.11) und den Abkürzungen

$$k_n = \frac{n\pi}{d} \qquad (11.13)$$

und

$$b_n = \frac{\lambda}{\rho c}\left(\frac{n\pi}{d}\right)^2. \qquad (11.14)$$

11.3 Programmierung

Um den Temperaturverlauf $T(x,t)$ zu berechnen, teilen wir das Intervall $[0,d]$ der x-Achse in i_d Teilintervalle und erhalten auf diese Weise $i_d + 1$ Stützstellen,

$$x_i = ih, \qquad i = 0, 1, 2, \dots, i_d, \qquad (11.15)$$

mit der Schrittweite
$$h = \frac{d}{i_d}. \tag{11.16}$$

Nach (11.12) ergeben sich an diesen Stützstellen die Temperaturwerte

$$T_i(t) = T(x_i, t) = T_1 + \sum_{n=1}^{n_{\max}} a_n(0) \sin(k_n x_i) \exp(-b_n t). \tag{11.17}$$

In Abb. 11.3 sehen wir, wie die Berechnung der Temperaturwerte $T_i(t)$ im Hauptprogramm KAP11 durchgeführt wird; die verwendeten Bezeichnungen findet man in Abb. 11.2. Wir wählen i_d zu 100 (Zeile 103). In Zeile 107 wird die Schrittweite h nach (11.16) bestimmt. In der DO-Schleife von Zeile 108 bis 111 werden die Stützstellen nach (11.15) berechnet. In dieser DO-Schleife werden außerdem die Temperaturen $T_i(t)$ mit der Temperatur T_1 vorbesetzt (vgl. (11.17)). Die Summation über n erfolgt in der DO-Schleife von Zeile 114 bis 128. Da die Koeffizienten $a_n(0)$ für gerade n verschwinden, brauchen wir nur über ungerade n zu summieren (vgl. Zeile 114). In den Zeilen 115 bis 117 werden die Koeffizienten $a_n(0)$, k_n und b_n berechnet. Bei der Berechnung der Exponentialfunktion in (11.17) kann es zum Exponentenüberlauf kommen. Manche Compiler (z. B. der PROFESSIONAL FORTRAN Compiler) sehen für diesen Fall eine Fehlermeldung vor. Durch den IF-Block von Zeile 118 bis 122 verhindern wir die Fehlermeldung und setzen $\exp(-b_n t) = 0$, wenn das Argument $b_n t$ größer wird als ein vorgegebener Maximalwert EXPMAX. Die Voreinstellung von EXPMAX in Zeile 105 sollte dem jeweils benutzten Rechner angepaßt werden. Außerdem haben wir durch Vorgabe von EXPMAX die Möglichkeit, die Berechnung der Exponentialfunktion einzusparen, wenn diese wegen ihrer Kleinheit keinen Einfluß haben kann. In der DO-Schleife von Zeile 123 bis 125 erfolgt schließlich die Berechnung der Temperaturwerte $T_i(t)$ nach (11.17).

Nachdem wir den Temperaturverlauf zu einer bestimmten Zeit kennen, interessiert uns natürlich auch, welche Wärmeleistung $P(t)$ zu diesem Zeitpunkt

Physikalische Bezeichnung	FORTRAN-Bezeichnung	Physikalische Bezeichnung	FORTRAN-Bezeichnung
λ	LAMBDA	$a_n(0)$	ANO
ρ	RHO	b_n	BN
c	C	k_n	KN
T_0	TO	$\exp(-b_n t)$	EN
T_1	T1	i_d	ID
d	D	h	H
A	A	x_i	X(I)
t	TIME	T_i	T(I)
n	N	P	P
$n_{\max}$	NMAX	Q	Q
		π	PI

Abb. 11.2 Im Hauptprogramm KAP11 verwendete Bezeichnungen

```
      PROGRAM KAP11                                                    100
          IMPLICIT DOUBLE PRECISION (A-H,O-Z)                          101
          DOUBLE PRECISION LAMBDA, KN                                  102
          PARAMETER (ID=100, PI=3.1415926535D0)                        103
          PARAMETER (LAMBDA=2.5D-6, RHO=2500.D0, C=2.35D-7             104
          PARAMETER (EXPMAX=50.D0)                                     105
          DIMENSION X(0:ID), T(0:ID)                                   106
*         (Eingabe: T0, T1, D, A, TIME, NMAX)
          H=D/ID                                                       107
          DO 10 I=0,ID                                                 108
           X(I)=I*H                                                    109
           T(I)=T1                                                     110
10        CONTINUE                                                     111
          P=0.D0                                                       112
          Q=0.D0                                                       113
          DO 30 N=1,NMAX,2                                             114
           AN0=4.D0/(N*PI)*(T0-T1)                                     115
           KN=N*PI/D                                                   116
           BN=LAMBDA*KN*KN/(RHO*C)                                     117
           IF(BN*TIME.LE.EXPMAX) THEN                                  118
            EN=EXP(-BN*TIME)                                           119
           ELSE                                                        120
            EN=0.D0                                                    121
           ENDIF                                                       122
           DO 20 I=0,ID                                                123
            T(I)=T(I)+AN0*SIN(KN*X(I))*EN                              124
20         CONTINUE                                                    125
           P=P+AN0*KN*EN                                               126
           Q=Q+AN0*KN/BN*(1.D0-EN)                                     127
30        CONTINUE                                                     128
          P=LAMBDA*A*P                                                 129
          Q=LAMBDA*A*Q                                                 130
*         (Ausgabe: X, T, P, Q)
          END                                                          131
```

Abb. 11.3 Numerischer Teil des Hauptprogramms KAP11

abgegeben wird und welche Wärmeenergie $Q(t)$ bis dahin abgegeben wurde. Die Oberfläche der Gesteinsschicht bei $x = 0$ sei mit A bezeichnet. Mit der Wärmestromdichte

$$|q(0,t)| = \frac{1}{A}\frac{dQ(t)}{dt} \qquad (11.18)$$

folgt dann aus (11.1) und (11.12) die Beziehung

$$P(t) = \frac{dQ(t)}{dt} = A|q(0,t)| = A\lambda \frac{\partial T(0,t)}{\partial x}$$
$$= A\lambda \sum_{n=1}^{\infty} a_n(0) k_n \exp(-b_n t). \qquad (11.19)$$

Für die abgegebene Wärmeenergie $Q(t)$ erhalten wir daraus

$$Q(t) = \int_0^t P(\tau)\,d\tau = A\lambda \sum_{n=1}^{\infty} \frac{a_n(0) k_n}{b_n}\left(1 - \exp(-b_n t)\right). \qquad (11.20)$$

Gleichung (11.19) wird in den Zeilen 112, 126 und 129 abgearbeitet, Gleichung (11.20) in den Zeilen 113, 127 und 130.

Für Granit betragen die Werte für die Wärmeleitzahl λ, die Dichte ρ und die spezifische Wärme c etwa

$$\lambda = 2.5 \times 10^{-6} \frac{\text{MW}}{\text{m K}}, \quad \rho = 2\,500 \frac{\text{kg}}{\text{m}^3}, \quad c = 2.35 \times 10^{-7} \frac{\text{MWh}}{\text{kg K}}.$$

Diese Werte sind im Programm fest vorgegeben (Zeile 104). Die Werte für die Temperaturen T_0 und T_1, die Gesteinsdicke d, die Oberfläche der Gesteinsschicht A, die Zeit t und die Summationsgrenze $n_{\max}$ werden eingegeben. Bei der Eingabe der Zeit t hat man die Möglichkeit, zwischen den Zeiteinheiten Stunde, Tag und Jahr zu wählen. Unmittelbar nach der Eingabe der Zeit wird diese in Stunden umgerechnet, da der numerische Teil des Programms ausschließlich Stunden als Zeiteinheit verwendet. Die Auswahl der Zeiteinheit geschieht mit Hilfe einer CHARACTER-Variablen, wie wir dies in ähnlicher Weise in Kapitel 2 beim Treffen einer Ja/Nein-Entscheidung kennengelernt haben.

Die Ausgabe der Temperaturwerte erfolgt in graphischer Form und auf Wunsch daran anschließend in numerischer Form. Die Werte für die Wärmeleistung und für die Wärmeenergie werden in die Graphik eingeblendet.

Das hier in Auszügen vorgestellte Programm ist auf der Diskette in der Datei KAP-11.FOR zu finden.

11.4 Übungsaufgaben

11.1 Prüfen Sie die Genauigkeit der FOURIERschen Methode durch folgende Untersuchungen:

a) Wie groß muß man NMAX wählen, damit der vorgegebene Temperaturverlauf zur Zeit $t = 0$ genügend genau wiedergegeben wird?

b) Wie beeinflußt die Wahl der Gesteinsdicke d die Genauigkeit der Lösung?

c) Woher rührt die Sensitivität der Ausgabegröße $Q(t)$ gegenüber Veränderungen von **NMAX** und d?

11.2 Berechnen Sie Temperturverlauf und Wärmeleistung für verschiedene Temperaturen T_0, T_1 und für verschiedene Laufzeiten t. Wie groß ist die Leistung des Modellkraftwerks nach 2, 5, 10 Jahren bei einer Bohrtiefe von 10 000 m und einer Gesteinsoberfläche von 30 km^2 ?

11.3 Diskutieren Sie die Unterschiede zwischen dem berechneten Modell und einem realistischen Geokraftwerk. Könnte ein realistisches Kraftwerk wesentlich effektiver arbeiten als das Modell?

11.5 Lösung der Übungsaufgaben

11.1 a) Wir setzen $T_0 = 300\,°\mathrm{C}$, $T_1 = 200\,°\mathrm{C}$, $d = 50$ m und $t = 0$. Mit $n_{max} = 50$ erhalten wir die obere der in Abb. 11.4 gezeigten Temperaturkurven. Anstatt eines Rechtecks (vgl. Abb. 11.1) erhalten wir eine wellige Linie, d. h. wir haben die FOURIERsche Reihe (11.17) zu früh abgebrochen. Mit $n_{max} = 1000$ erhalten wir die untere der in Abb. 11.4 gezeigten Temperaturkurven. Die Genauigkeit der Wiedergabe des Rechtecks ist sehr viel besser geworden. Die Welligkeit der Temperaturkurve ist nicht mehr erkennbar. Die numerische Ausgabe der Temperaturkurve zeigt aber, daß der steile Anstieg der Temperatur in der Nähe von

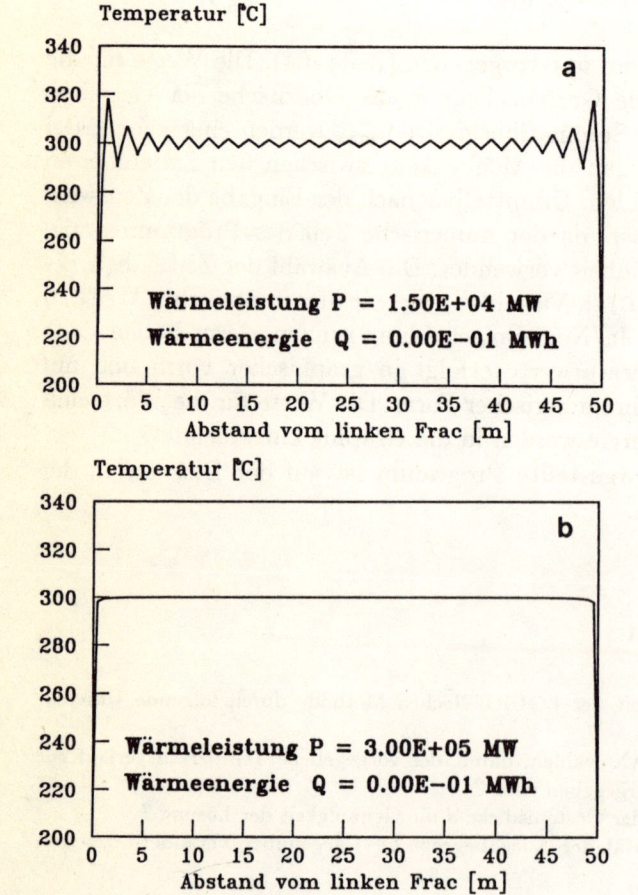

Abb. 11.4 Wiedergabe des in Abb. 11.1 gezeigten rechteckigen Temperaturverlaufes mit $n_{max} = 50$ (oberes Bild) und $n_{max} = 1000$ (unteres Bild)

$x = 0$ auch jetzt noch nicht genau wiedergegeben wird.

b) Wie aus (a) ersichtlich, wird bei der numerischen Rechnung die in Abb. 11.1 vorgegebene Verteilung der Anfangstemperatur durch eine genäherte Verteilung ersetzt. Wie dick die Gesteinsschicht ist, die von der Ungenauigkeit der Näherung betroffen ist, hängt von der Gesamtdicke d ab. Wenn die Ungenauigkeit mit $d = 50$ m nur eine Reichweite von einigen Zentimetern hat, dann werden daraus einige Meter, wenn man $d = 5000$ m setzt. Man sollte daher d nicht größer wählen als nötig.

c) Die ungenaue Wiedergabe des rechteckigen Temperaturverlaufes bei $t = 0$ entsteht durch das Abbrechen der FOURIERschen Reihe. Die weggelassenen Glieder der Reihe klingen mit der Zeit rascher ab als die Glieder, mit denen gerechnet wird. Die Ungenauigkeit wirkt sich daher in der Energiebilanz so aus, als sei das Kraftwerk vor dem Einschalten schon für kurze Zeit gelaufen. Die dabei ausgetauschte Wärme fehlt in $Q(t)$. Weil gerade im Moment des Einschaltens sehr viel Wärme fließt, führt dies zu einer Sensitivität von $Q(t)$ gegenüber n_{max} und d. Bei passender Wahl dieser letzteren Größen wird man auch für $Q(t)$ verläßliche Werte erhalten. Nach längerer Laufzeit des Kraftwerkes dominieren die ersten Glieder in der Reihe (11.17). Die im zweiten und dritten Jahr abgegebene Wärmemenge hängt kaum mehr von n_{max} ab, es sei denn, man hat einen zu großen Wert für d eingegeben.

11.2 Entsprechend der Bohrtiefe von 10 000 m setzen wir $T_0 = 310°C$. Mit $T_1 = 200°C$, $d = 160$ m und $t = 5$ Jahre erhalten wir den in Abb. 11.5 gezeigten Temperaturverlauf. Eine Gesteinsschicht von rund 40 m Dicke zeigt eine merkliche Temperaturänderung, tiefere Schichten haben von der Wärmeentnahme durch das Kraftwerk noch wenig gespürt. Nach 2, 5, 10 Jahren beträgt die thermische Leistung des Kraftwerks 539, 341, 241 Megawatt. Der beträchtliche Leistungsabfall im Laufe der Jahre rührt daher, daß die Wärme durch immer dicker werdende Gesteinsschichten hindurchfließen muß, um in die Kühlflüssigkeit zu gelangen. Eine thermische Leistung von 241 MW ist sehr gering, wenn man bedenkt, welchen technischen Aufwand es kostet, in großer Tiefe eine Gesteinsoberfläche von 30 Quadratkilometern (!) zu schaffen. Bei der Umwandlung der thermischen Leistung in elektrische Leistung spielt auch noch der kleine Wirkungsgrad bei niedriger Arbeitstemperatur eine wichtige Rolle.

11.3 Bei einem realistischen Geokraftwerk hätte T_1 weder räumlich noch zeitlich einen festen Wert. An den Stellen, wo das Wasser eingeleitet wird, hätte T_1 einen Wert von $\approx 30°C$. Man würde in diesem Bereich das Gestein tiefer abkühlen als im Beispiel zu Aufgabe 11.2. Im

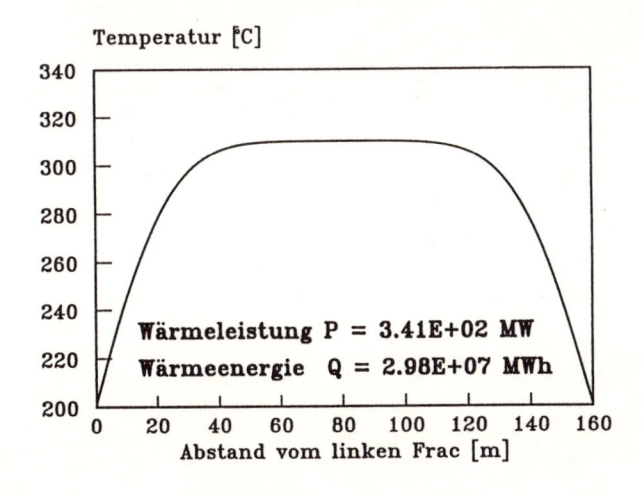

Abb. 11.5 Temperaturverlauf nach 5 Jahren

Wärmeleistung P = 3.41E+02 MW
Wärmeenergie Q = 2.98E+07 MWh

Bereich der Wasserentnahme würde man einen möglichst hohen Wert für T_1 ansetzen, was sich günstig auf den Wirkungsgrad bei der Umwandlung von Wärme in elektrischen Strom auswirkt. Unser Modell ließe sich in dieser Hinsicht verbessern. Wenn man nur an der Frage interessiert ist, ob in einem Geokraftwerk der hier besprochenen Art die gewonnene Energie den technischen Aufwand lohnt, dann geht es um Zehnerpotenzen, und ein Faktor 2 oder 3 spielt zunächst keine entscheidende Rolle. Die Aussagen des einfachen Modells können durchaus als Grundlage für weiterführende Diskussionen dienen.

12. Gruppen- und Phasengeschwindigkeit am Beispiel einer Wasserwelle

12.1 Problemstellung

Als Vorbereitung auf die Quantenmechanik wollen wir uns in diesem Kapitel mit der Wellenausbreitung beschäftigen. Wir betrachten als Grundform einer Welle die unendlich ausgedehnte, ebene, skalare Welle mit sinusartigem Verlauf. Wenn wir die x-Achse in die Ausbreitungsrichtung legen, lautet ihre Wellenfunktion

$$\psi(x,t) = \psi_0 \sin(kx - \omega t), \quad \text{oder} \quad \psi(x,t) = \psi_0 \cos(kx - \omega t). \tag{12.1}$$

Der Betrag der Wellenzahl k und die Kreisfrequenz ω sind bestimmt durch die Wellenlänge λ und die Schwingungsdauer τ:

$$|k| = \frac{2\pi}{\lambda}, \qquad \omega = \frac{2\pi}{\tau}. \tag{12.2}$$

Verfolgt man die Maxima der Wellenberge im Laufe der Zeit, dann bewegen sich diese mit der Geschwindigkeit

$$v_\mathrm{p} = \frac{\omega}{k}. \tag{12.3}$$

Die Geschwindigkeit v_p nennt man die Phasengeschwindigkeit. In der Natur gibt es keine unendlich ausgedehnten ebenen Wellen. Jede in der Natur vorkommende Wellenbewegung hat einen Anfang und ein Ende, sowohl räumlich als auch zeitlich. Man spricht in diesem Fall von einem Wellenzug oder einem Wellenpaket. Nach FOURIER können wir ein Wellenpaket darstellen als Überlagerung von ebenen Wellen. Wenn wir uns wiederum nur um die Ausbreitung in x-Richtung kümmern und ein Wellenpaket betrachten, das zur Zeit $t = 0$ eine gerade Funktion von x ist, dann können wir schreiben

$$\psi(x,t) = \int_{-\infty}^{\infty} a(k) \cos(kx - \omega t)\, dk. \tag{12.4}$$

Die Funktion $a(k)$ bestimmt die Form des Wellenpaketes und ist auch maßgebend dafür, in welche Richtung es sich bewegt. In weiten Bereichen der Mechanik, der Akustik, der Optik und der Quantenmechanik gilt für Wellen das Superpositionsprinzip: Die lineare Überlagerung (12.4) erfüllt die jeweilige Wellengleichung ebenso wie die Komponenten der Überlagerung. Das Superpositionsprinzip gilt jedoch nicht für alle Wellenbewegungen. Es gilt beispielsweise nicht mehr für Wasserwellen, die Schaumkronen haben.

Die Kreisfrequenz ω ist eine Funktion der Wellenzahl k,

$$\omega = \omega(k). \tag{12.5}$$

Die Eigenschaften dieser Funktion sind kennzeichnend für den physikalischen Vorgang der Wellenausbreitung.

Der einfachste Fall ist die Ausbreitung von Licht im Vakuum. Lichtwellen sind zwar keine skalaren Wellen, aber man kann z. B. eine Komponente der elektrischen Feldstärke mit $\psi(x,t)$ identifizieren und hat für diese Komponente dann die in (12.1) oder (12.4) angegebenen Wellenfunktionen. Bei der Ausbreitung von Licht im Vakuum ist ω eine lineare Funktion des Betrages der Wellenzahl,

$$\omega(k) = c|k|, \tag{12.6}$$

wobei c die Lichtgeschwindigkeit ist. Durch Einsetzen dieser Beziehung in (12.4) erhält man

$$\psi(x,t) = \int_0^\infty a(k)\cos[k(x-ct)]\,dk + \int_{-\infty}^0 a(k)\cos[k(x+ct)]\,dk. \tag{12.7}$$

Wenn wir uns auf Wellenpakete beschränken, die sich in positiver x-Richtung fortpflanzen, dann entfällt das zweite der beiden Integrale. Das erste Integral ändert sich nicht, wenn man die Zeit t um Δt erhöht und gleichzeitig auf der x-Achse um $c \cdot \Delta t$ weitergeht. Das Wellenpaket bewegt sich mit Lichtgeschwindigkeit und verändert dabei seine Gestalt nicht.

Wenn sich Licht durch Materie fortpflanzt, ist die Funktion $\omega(k)$ von allgemeinerer Form. Bei normaler Dispersion und langen, fast monochromatischen Wellenzügen, erhält man eine gute Näherung, wenn man $\omega(k)$ in eine TAYLOR-Reihe um die mittlere Wellenzahl k_0 des Wellenpaketes entwickelt und nach dem linearen Glied abbricht,

$$\omega(k) = \omega(k_0) + (k-k_0)\left.\frac{d\omega}{dk}\right|_{k=k_0} + O((k-k_0)^2). \tag{12.8}$$

Einsetzen dieser Beziehung in (12.4) liefert, wenn man sich wieder auf Wellenpakete beschränkt, die sich in positiver x-Richtung fortpflanzen,

$$\psi(x,t) = \int_0^\infty a(k)\cos\left[k(x - \omega'(k_0)t) - \{\omega(k_0)t - k_0\omega'(k_0)t\}\right]dk. \tag{12.9}$$

Der Ausdruck in geschweiften Klammern ist eine Phasenverschiebung, die zwar von der Zeit abhängt, aber nicht von der Wellenzahl k. Die Phasenverschiebung hat auf die Gestalt des Wellenpaketes wenig Einfluß. Wir können uns z. B. das Wellenpaket immer dann anschauen, wenn die Phasenverschiebung gerade ein ganzzahliges Vielfaches von 2π ist. Wir sehen dann, daß sich das Wellenpaket mit der Geschwindigkeit

$$v_g = \left.\frac{d\omega}{dk}\right|_{k=k_0} \equiv \omega'(k_0) \qquad (12.10)$$

bewegt. Man nennt die Geschwindigkeit v_g die Gruppengeschwindigkeit, weil sich mit ihr das Wellenpaket, oder die Wellengruppe, fortbewegt. Ein Morsesignal besteht aus einer Folge von Wellenpaketen. Da sich diese mit der Geschwindigkeit v_g fortbewegen, nennt man v_g auch die Signalgeschwindigkeit. Bei normaler Dispersion gilt stets

$$v_g \leq c. \qquad (12.11)$$

Bei der Bewegung von sehr kurzen Wellenpaketen, d. h. von Wellenpaketen, die nur aus wenigen Wellenbergen und -tälern bestehen, werden in der TAYLOR-Entwicklung (12.8) auch die Glieder $O((k-k_0)^2)$ wichtig. Diese Glieder führen zu einer Änderung der Form der Wellenpakete und damit zu einer Signalverzerrung.

Bei der sogenannten anomalen Dispersion kann $v_g > c$ werden, wenn man die Gruppengeschwindigkeit nach (12.10) berechnet. Man kommt scheinbar in Widerspruch zur speziellen Relativitätstheorie, nach welcher die Signalgeschwindigkeit nicht größer sein darf als die Lichtgeschwindigkeit im Vakuum. Aber im Fall anomaler Dispersion gilt die obige mathematische Beschreibung der Lichtausbreitung nicht mehr. Anomale Dispersion entsteht durch Kopplung der Lichtausbreitung an Resonanzschwingungen der Materie. Das Licht wird von den Resonatoren absorbiert und mit Zeitverzögerung wieder abgegeben. Unsere obige Beschreibung der Lichtausbreitung ist zu einfach, um diesen Sachverhalt richtig wiederzugeben.

In der Quantenmechanik wird der kräftefreien Bewegung eines Teilchens in positiver x-Richtung die komplexe Wellenfunktion

$$\psi(x,t) = e^{i(kx-\omega t)} \qquad (12.12)$$

zugeordnet. Die Kreisfrequenz als Funktion der Wellenzahl ist

$$\omega(k) = \frac{\hbar}{2m}k^2, \qquad (12.13)$$

wobei m die Masse des Teilchens ist und $\hbar$ das PLANCKsche Wirkungsquantum dividiert durch 2π.

Wenn wir ein Wellenpaket durch Überlagerung von ebenen Wellen der Form (12.12) aus einem schmalen Bereich um die mittlere Wellenzahl k_0 bilden, dann erhalten wir nach (12.10) die Gruppengeschwindigkeit

$$v_\mathrm{g} = \frac{\hbar}{m}k_0. \tag{12.14}$$

Sie ist gleich dem Erwartungswert der Geschwindigkeit des Teilchens, dessen Bewegung durch das Wellenpaket im Sinne der Quantenmechanik beschrieben wird.

Im vorliegenden Kapitel wollen wir uns noch nicht mit Quantenmechanik beschäftigen und uns auch von der Ausbreitung des Lichts in Materie fernhalten. Wir suchen uns ein Beispiel aus der klassischen Physik und wählen die Ausbreitung von Wasserwellen.

Die Theorie der Wasserwellen wird in A. SOMMERFELD, *Vorlesungen über Theoretische Physik* [12.1], behandelt. Es werden die verschiedenen Fälle: ebene Welle in tiefem Wasser, in mäßig tiefem Wasser und in seichtem Wasser behandelt, wobei noch unterschieden wird zwischen Schwerewellen und Kapillarwellen. Letztere sind sehr kurze Wasserwellen, bei denen die rücktreibende Kraft von der Oberflächenspannung herrührt. Als Resultat der nicht ganz einfachen mathematischen Behandlung übernehmen wir die Beziehung

$$\omega(k) = \sqrt{g|k|}, \tag{12.15}$$

wobei g die Erdbeschleunigung ist; die Beziehung gilt für Schwerewellen in tiefem Wasser. Es folgt für die Phasengeschwindigkeit

$$v_\mathrm{p} = \frac{\omega}{k} = \sqrt{\frac{g}{|k|}} = \sqrt{\frac{g\lambda}{2\pi}}, \tag{12.16}$$

und für die Gruppengeschwindigkeit

$$v_\mathrm{g} = \frac{d\omega}{dk} = \frac{1}{2}\sqrt{\frac{g}{|k|}} = \frac{1}{2}v_\mathrm{p}. \tag{12.17}$$

Die Gruppengeschwindigkeit ist gleich der halben Phasengeschwindigkeit. Phasen- und Gruppengeschwindigkeit wachsen mit der Wurzel aus der (mittleren) Wellenlänge. Lange Wellen auf dem Meer bewegen sich mit der Geschwindigkeit großer Schiffe, während kurze, von einem Gewitterwind aufgeworfene Wellen kaum ein Segelboot überholen. Daß die Gruppengeschwindigkeit kleiner ist als die Phasengeschwindigkeit kann man sehen, wenn man einen Stein ins Wasser wirft und die sich ausbreitenden Ringwellen beobachtet. Wenn man flink genug hinschaut, dann sieht man, daß die Wellenberge am inneren Rand des Ringes entstehen, durch den Ring hindurchwandern und am äußeren Rand des Ringes wieder verschwinden. Das ringförmige Wellenpaket ändert auch seine Form. Aus den anfänglichen 3 oder 4 Wellenbergen werden allmählich 5, 6 und mehr Wellenberge.

Wir wollen mit dem Computer diesen Vorgang genauer verfolgen und beschränken uns wieder auf die Wellenausbreitung in einer Dimension. Wir beschränken uns außerdem auf Lösungen von positiver Parität, d. h. auf Wellenpakete, die zu allen Zeiten symmetrisch zum Ursprung sind. Zur Zeit $t = 0$ geben wir ein GAUSSförmig moduliertes Wellenpaket vor,

$$\psi(x,0) = \exp\left(-\frac{x^2}{\alpha^2}\right) \cos(k_0 x), \tag{12.18}$$

wobei k_0 die mittlere Wellenzahl ist und

$$\lambda_0 = 2\pi/k_0 \tag{12.19}$$

die mittlere Wellenlänge. Für $\alpha = 6$ m, $\lambda_0 = 10$ m ist ein solches Wellenpaket in Abb. 12.1 aufgezeichnet. Wir wollen $\psi(x,0)$ in der Form der Gleichung (12.4) schreiben und dann zu Zeiten $t > 0$ übergehen. Durch FOURIER-Transformation erhalten wir die Überlagerungsamplitude $a(k)$,

$$a(k) = \frac{2}{\pi} \int_0^\infty \exp\left(-\frac{x^2}{\alpha^2}\right) \cos(k_0 x) \cos(kx) dx$$
$$= \frac{\alpha}{2\sqrt{\pi}} \left\{ \exp\left(-\frac{(k+k_0)^2 \alpha^2}{4}\right) + \exp\left(-\frac{(k-k_0)^2 \alpha^2}{4}\right) \right\}. \tag{12.20}$$

Sie besteht aus einer Summe von zwei GAUSS-Funktionen. Entsprechend erhalten wir beim Einsetzen in (12.4) eine Summe von zwei Wellenpaketen:

$$\psi(x,t) = \psi_1(x,t) + \psi_2(x,t), \tag{12.21}$$

$$\psi_1 = \frac{\alpha}{2\sqrt{\pi}} \int_{-\infty}^\infty \exp\left(-\frac{(k+k_0)^2 \alpha^2}{4}\right) \cos(kx - \sqrt{g|k|}t) dk, \tag{12.22}$$

$$\psi_2 = \frac{\alpha}{2\sqrt{\pi}} \int_{-\infty}^\infty \exp\left(-\frac{(k-k_0)^2 \alpha^2}{4}\right) \cos(kx - \sqrt{g|k|}t) dk. \tag{12.23}$$

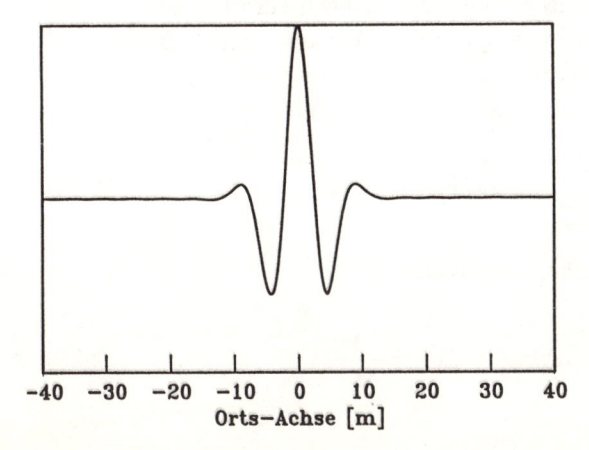

Abb. 12.1 Beispiel eines Wellenpakets der Form (12.18)

Das erste Wellenpaket bewegt sich bei hinreichend großem Wert von k_0 in Richtung der negativen x-Achse, das zweite in Richtung der positiven x-Achse. Dies entspricht den Ringwellen, die wir erhalten, wenn wir einen Stein ins Wasser werfen: Eine anfängliche Störung der Wasseroberfläche breitet sich nach allen Richtungen aus. Wir wollen in diesem Kapitel der Bewegung eines der beiden Wellenpakete folgen und uns ansehen, wie die Wellenberge das Wellenpaket überholen und wie das Wellenpaket im Laufe der Zeit seine Form ändert. Dazu genügt es, $\psi_2(x,t)$ als Funktion von x für verschiedene Werte von t auf dem Bildschirm zu zeigen. Interessierten Lesern sei empfohlen, auch die Summe der beiden Wellenpakete zu berechnen und sich am Bildschirm anzusehen, wie sich die Wellenpakete trennen.

12.2 Numerische Methode

Im weiteren wollen wir uns nur mit der Berechnung von $\psi_2(x,t)$ beschäftigen und deshalb den Index 2 weglassen. Das FOURIER-Integral (12.23) berechnen wir durch numerische Integration, vgl. Kapitel 3.

Das Integral erstreckt sich von $-\infty$ bis $+\infty$. Der Integrand fällt jedoch rasch ab, sobald $(k-k_0)^2\alpha^2$ groß gegen 1 wird. Es genügt, das Integral auf den Bereich $-4/\alpha \leq k-k_0 \leq 4/\alpha$ zu beschränken. Wir erhalten dann:

$$\psi(x,t) \approx \frac{\alpha}{2\sqrt{\pi}} \int_{k_0-4/\alpha}^{k_0+4/\alpha} \exp\left(-\frac{(k-k_0)^2\alpha^2}{4}\right) \cos(kx - \sqrt{g|k|}t) dk. \quad (12.24)$$

Der Integrand enthält mehrere transzendente Funktionen und muß für jeden x-Wert und jeden Zeitpunkt berechnet werden. Es wäre daher wünschenswert, für (12.24) eine Integrationsregel zu verwenden, die nur wenige Stützstellen benötigt, wie z. B. die GAUSS-LEGENDRE-Integration. Diese Integrationsregel ist aber für Integranden, die oft oszillieren, nicht sehr geeignet. Wir greifen deshalb auf die wohlbekannte Trapezregel (3.7) mit äquidistanten Stützstellen zurück. Da der Integrand an den Intervallgrenzen nahezu verschwindet, bringt die SIMPSON-Regel keinen Vorteil, vgl. Kapitel 3. Wir können die Trapezregel verwenden und dürfen sogar an den Randpunkten das gleiche Integrationsgewicht Δk verwenden wie im Innern des Intervalls. Wir erhalten damit die Näherung

$$\psi(x,t) \approx \sum_{j=-m}^{m} a_j \cos(k_j x - b_j)\Delta k, \quad (12.25)$$

wobei wir die folgenden Abkürzungen verwenden:

$$k_j = k_0 + j\Delta k, \qquad \Delta k = \frac{4}{\alpha m}, \quad (12.26)$$

$$a_j = \frac{\alpha}{2\sqrt{\pi}} \exp\left(-\frac{(k_j - k_0)^2 \alpha^2}{4}\right), \qquad b_j = \sqrt{g|k_j|}\, t. \qquad (12.27)$$

Die Zahl der Integrationsstützstellen ist $2m + 1$. Die hier gewählte Indizierung bietet sich an, da k_0 in der Mitte des Integrationsintervalls liegt.

Wir wollen (12.25) verwenden, um die Wellenfunktion $\psi(x,t)$ auf dem Intervall $[0, x_{\max}]$ an den Stützstellen

$$x_i = ih, \qquad i = 0, \ldots, i_{\max}, \qquad i_{\max} = x_{\max}/h \qquad (12.28)$$

für eine vorgegebene Zeit t zu berechnen.

Um Rechenzeit zu sparen, wollen wir die Cosinusfunktion in (12.25) nicht an jeder Stützstelle berechnen, sondern eine Rekursionsformel anwenden. Wir vergleichen dazu (12.25) für zwei benachbarte Stützstellen:

$$\psi(x_i, t) \approx \sum_{j=-m}^{m} a_j \cos(k_j x_i - b_j) \Delta k, \qquad (12.29a)$$

$$\psi(x_{i+1}, t) \approx \sum_{j=-m}^{m} a_j \cos(k_j x_{i+1} - b_j) \Delta k$$

$$= \sum_{j=-m}^{m} a_j \cos(k_j (x_i + h) - b_j) \Delta k. \qquad (12.29b)$$

Nun gilt aber ganz allgemein:

$$\begin{aligned}\cos(x + h) &= \cos x \cos h - \sin x \sin h, \\ \sin(x + h) &= \sin x \cos h + \cos x \sin h,\end{aligned} \qquad (12.30)$$

woraus folgt:

$$\begin{aligned}\cos(k_j x_{i+1} - b_j) &= \cos(k_j x_i - b_j)\cos(k_j h) - \sin(k_j x_i - b_j)\sin(k_j h), \\ \sin(k_j x_{i+1} - b_j) &= \sin(k_j x_i - b_j)\cos(k_j h) + \cos(k_j x_i - b_j)\sin(k_j h).\end{aligned} \qquad (12.31)$$

Wir können also von $\cos(k_j x_0 - b_j)$, $\sin(k_j x_0 - b_j)$, $\cos(k_j h)$ und $\sin(k_j h)$ ausgehen, um alle weiteren $\cos(k_j x_i - b_j)$ über die Rekursion (12.31) zu bestimmen.

Viele Rekursionsformeln sind wegen der Anhäufung von Rundungsfehlern numerisch unbrauchbar. Ein kleiner Test zeigt jedoch, daß die Rekursionsformeln (12.30) in dieser Hinsicht gutmütig sind. Wenn man $\cos(0.01)$ und $\sin(0.01)$ vorgibt und (12.30) 10 000 mal anwendet, um $\cos(100)$ zu berechnen, so ist der Rundungsfehler bei Verwendung von DOUBLE PRECISION kleiner als 10^{-10}.

12.3 Programmierung

Die Programmierung von (12.25) zusammen mit den Rekursionsformeln (12.31) ist so einfach, daß wir alles im Hauptprogramm KAP12 (vgl. Abb. 12.3) durchführen. Die verwendeten Bezeichnungen sind in Abb. 12.2 zusammengestellt.

Physikalische Bezeichnung	FORTRAN-Bezeichnung	Physikalische Bezeichnung	FORTRAN-Bezeichnung
π	PI	i_{max}	IMAX
g	G	h	H
α	A	x_i	X(I)
β	B	$\psi(x_i, t)$	PSI(I)
λ_0	LAMBDA	k_j	KJ
k_0	KO	a_j	AJ
Δk	DELTAK	b_j	BJ
τ	TAU	m	M
v_p	VP	$a_j \Delta k \cos(k_j x_i - b_j)$	COSKX
v_g	VG	$a_j \Delta k \sin(k_j x_i - b_j)$	SINKX
t	T	$\cos(k_j h)$	COSKH
		$\sin(k_j h)$	SINKH

Abb. 12.2 Im Hauptprogramm KAP12 verwendete Bezeichnungen

Die Größen m, i_{max} und h sind in KAP12 fest vorgegeben (Zeile 103). Eingegeben werden die mittlere Wellenlänge λ_0 und die Halbwertsbreite β des Wellenpakets, die mit α über die Beziehung

$$\beta = 2\alpha\sqrt{\ln 2} \qquad (12.32)$$

zusammenhängt (vgl. Zeile 106). In den Zeilen 107 bis 111 werden k_0 nach (12.19), die Schwingungsdauer τ nach (12.2) und (12.15) sowie v_p und v_g nach (12.16) und (12.17) bestimmt. In der DO-Schleife ab Zeile 113 werden die x_i nach (12.28) berechnet.

Um (12.25) für alle x_i auszuwerten, werden zunächst die $\psi(x_i, t)$ zu null gesetzt (Zeile 117). Im DO-Schleifen-Komplex von Zeile 119 bis 133 erfolgt dann die Summation über alle j. Zunächst werden k_j, a_j und b_j nach (12.26) und (12.27) bestimmt (Zeilen 120 bis 122). Anschließend werden die Größen $\cos(k_j x_0 - b_j)$, $\sin(k_j x_0 - b_j)$, $\cos(k_j h)$ und $\sin(k_j h)$ ausgerechnet, die als Startwerte für die Rekursion (12.31) benötigt werden (Zeilen 123 bis 126). Wir multiplizieren dabei die Werte $\cos(k_j x_0 - b_j)$ und $\sin(k_j x_0 - b_j)$ bereits mit dem Faktor $a_j \Delta k$, der bei der Auswertung von (12.25) auftritt. In der anschließenden DO-Schleife wird zunächst ein Summationsschritt nach (12.25) durchgeführt (Zeile 128), dann werden über die Rekursionsformeln (12.31) die Größen $a_j \Delta k \cos(k_j x_{i+1} - b_j)$ und $a_j \Delta k \sin(k_j x_{i+1} - b_j)$ bestimmt (Zeilen 129 bis 131).

```
        PROGRAM KAP12                                               100

           IMPLICIT DOUBLE PRECISION (A-H,O-Z)                      101
           DOUBLE PRECISION K0, KJ, LAMBDA                          102
           PARAMETER (M=100, IMAX=250, H=0.16D0)                    103
           PARAMETER (G=9.81D0, PI=3.1415926536D0)                  104
           DIMENSION PSI(0:IMAX), X(0:IMAX)                         105

  *        (Eingabe: LAMBDA, B)

           A=B/(2.D0*SQRT(LOG(2.D0)))                               106
           K0=2.D0*PI/LAMBDA                                        107
           DELTAK=4.D0/(A*M)                                        108
           TAU=SQRT(2.D0*PI*LAMBDA/G)                               109
           VP=SQRT(G*LAMBDA/(2.D0*PI))                              110
           VG=VP/2.D0                                               111
           T=0.D0                                                   112
           DO 10 I=0,IMAX                                           113
             X(I)=I*H                                               114
  10       CONTINUE                                                 115

  *        (Ausgabe: TAU, VP, VG)

           DO 20 I=0,IMAX                                           116
             PSI(I)=0.D0                                            117
  20       CONTINUE                                                 118
           DO 40 J=-M,M                                             119
             KJ=K0+J*DELTAK                                         120
             AJ=A/(2.D0*SQRT(PI))*EXP(-((KJ-K0)*A)**2/4.D0)         121
             BJ=SQRT(G*ABS(KJ))*T                                   122
             COSKX=COS(KJ*X(0)-BJ)*AJ*DELTAK                        123
             SINKX=SIN(KJ*X(0)-BJ)*AJ*DELTAK                        124
             COSKH=COS(KJ*H)                                        125
             SINKH=SIN(KJ*H)                                        126
             DO 30 I=0,IMAX                                         127
               PSI(I)=PSI(I)+COSKX                                  128
               COSII=COSKX*COSKH-SINKX*SINKH                        129
               SINKX=SINKX*COSKH+COSKX*SINKH                        130
               COSKX=COSII                                          131
  30         CONTINUE                                               132
  40       CONTINUE                                                 133

  *        (Ausgabe: PSI)
  *        (Eingabe: neues T)

           END                                                      134
```

Abb. 12.3 Numerischer Teil des Hauptprogramms KAP12

Es wird zunächst die Wellenfunktion für $t = 0$ berechnet und graphisch ausgegeben. Anschließend kann ein neuer Wert für die Zeit t eingegeben werden. Damit wir für diese Eingabe nicht den Graphikmodus verlassen müssen, setzen wir das FUNCTION-Unterprogramm GVALUE ein. GVALUE liefert einen Funktionswert vom Typ DOUBLE PRECISION und wird durch

 T=GVALUE(NOTE)

aufgerufen. Dabei bezeichnet NOTE den CHARACTER-Ausdruck für einen Text, der am oberen Bildschirmrand ausgegeben wird. Nach dem Aufruf von GVALUE kann man eine Zahl eingeben, die als Funktionswert an das rufende Programm zurückgegeben wird.

 Um die Wellenfunktionen für verschiedene Zeiten besser miteinander vergleichen zu können, zeichnen wir in KAP12 drei Wellenfunktionen untereinander, jede in ein anderes Graphikfenster. Das Unterprogramm GWINDO ermöglicht es uns, die kleinsten und die größten Werte auf jeder Achse sowie die Ausmaße des Graphikfensters neu zu definieren. GWINDO wird folgendermaßen aufgerufen:

 CALL GWINDO(XMIN,XMAX,YMIN,YMAX,XWMIN,XWMAX,YWMIN,YWMAX)

Dabei sind XMIN und XMAX der kleinste und der größte Wert auf der x-Achse, YMIN und YMAX der kleinste und der größte Wert auf der y-Achse. Sie entsprechen also den Parametern XMIN, XMAX, YMIN und YMAX des Unterprogramms GOPEN (vgl. Kapitel 4). Die Parameter XWMIN und XWMAX geben die linke und die rechte Grenze des Graphikfensters auf dem Bildschirm an. Es handelt sich dabei um DOUBLE PRECISION-Größen zwischen 0 und 100. Der Wert XWMIN=0 bedeutet, daß der linke Rand des Graphikfensters mit dem linken Bildschirmrand identisch ist, der Wert XWMIN=50, daß der linke Rand des Graphikfensters in der Bildschirmmitte liegt. In gleicher Weise geben YWMIN und YWMAX den oberen und den unteren Rand des Graphikfensters an. Nach dem Aufruf von GWINDO beziehen sich die Größen X und Y in GMOVE, GDRAW, GMARK, GBOX usw. auf die neu definierten Achsen, und die Ausgabe erfolgt auf den durch XWMIN, XWMAX, YWMIN und YWMAX eingegrenzten Teil des Bildschirms. Mit GWINDO können wir also mehrere Graphiken in getrennten Bereichen des Bildschirms zeichnen. GWINDO dient nur zur Definition des neuen Graphikfensters, nicht zum Zeichnen von Rahmen, Achsenkreuz oder Gitter. Dazu verwendet man das Unterprogramm GCHART, das durch

 CALL GCHART(XTICK,XCROSS,YTICK,YCROSS,
    XNAME,YNAME,IGRID,ICROSS,IWHERE)

aufgerufen wird. Die meisten Parameter von GCHART sind uns schon bei GOPEN begegnet. In XTICK und YTICK werden die gewünschten Abstände für die Markierungen auf der x- und auf der y-Achse übergeben. Die CHARACTER-Ausdrücke XNAME und YNAME enthalten die Texte, mit denen die Achsen beschriftet werden. Wird für XNAME oder YNAME nur ein Leerzeichen angegeben, so erhält die entsprechende Achse keine Beschriftung, und auch die Markierungen an dieser Achse werden nicht beschriftet. IGRID und ICROSS geben an, ob ein Gitternetz und ein Achsenkreuz gezeichnet werden sollen. Mit XCROSS und YCROSS kann der Schnittpunkt des Achsenkreuzes angegeben werden, bei GOPEN war dies stets der Punkt (0,0). Mit dem Parameter IWHERE kann man bestimmen, an welchen Seiten die Graphik beschriftet werden soll. IWHERE=1 bewirkt eine Beschriftung unten und links, also an denselben Stellen wie bei GOPEN. Mit IWHERE=2 wählt man Beschriftung unten und rechts, mit IWHERE=3 Beschriftung oben und rechts und mit IWHERE=4 Beschriftung oben und links.

Das hier in Auszügen vorgestellte Programm ist auf der Diskette in der Datei KAP-12.FOR zu finden.

12.4 Übungsaufgaben

12.1 Bestimmen Sie anhand der auf dem Bildschirm ausgegebenen Wellenfunktionen die Schwingungsdauer, die Phasen- und die Gruppengeschwindigkeit. Vergleichen Sie die so bestimmten Werte mit den nach (12.15) bis (12.17) berechneten. Gibt es Werte für die Wellenlänge und die Halbwertsbreite des Wellenpakets, bei denen die Gruppengeschwindigkeit kein physikalisch sinnvoller Begriff ist?

12.2 Beobachten Sie die zeitliche Veränderung der Form eines Wellenpakets. Welche Wellenpakete sind einigermaßen stabil, welche verändern ihre Form besonders schnell? Kann man bereits aus der zeitlichen Entwicklung eines einzelnen Wellenpakets schließen, daß lange Wasserwellen schneller laufen?

12.5 Lösung der Übungsaufgaben

12.1 Die Schwingungsdauer läßt sich am einfachsten bestimmen, wenn man nach den Zeiten sucht, bei denen Maxima und Knoten der Wellenfunktion an denselben Stellen liegen wie zur Zeit $t = 0$. Indem man die Wellenlänge durch die Schwingungsdauer teilt, erhält man die Phasengeschwindigkeit. Die Gruppengeschwindigkeit bestimmt man, indem man feststellt, wie schnell sich die Stelle des Wellenpakets bewegt, an der die Maxima am höchsten sind. Die Bestimmung einer Gruppengeschwindigkeit hat nur dann einen Sinn, wenn die Vernachlässigung des quadratischen Terms in (12.8) wenigstens noch näherungsweise gerechtfertigt ist. Das ist dann der Fall, wenn die Wellenlänge deutlich kürzer ist als die Halbwertsbreite des Wellenpakets.

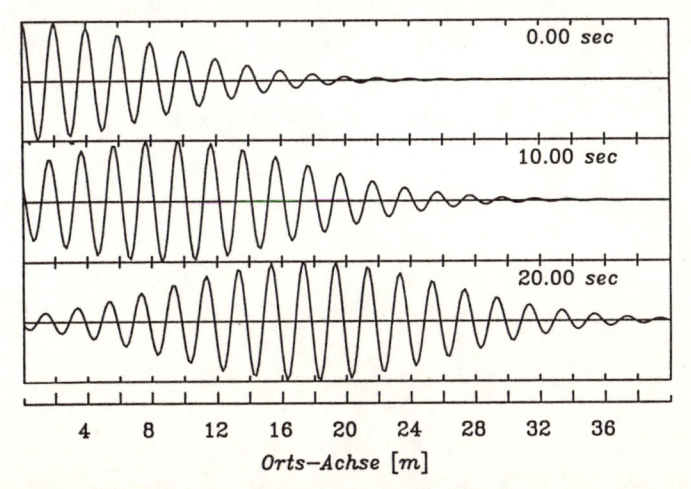

Abb. 12.4 Wellenpaket mit $\lambda_0 = 2\,\text{m}$ $\beta = 20\,\text{m}$ nach 0, 10 und 20 Sekunden

12.2 Wellenpakete, bei denen die durchschnittliche Wellenlänge viel kürzer ist als die Halbwertsbreite, d. h. solche, die einen langen Wellenzug bilden, verändern ihre Form nur langsam (vgl. Abb. 12.4). Der Grund dafür ist, daß nach (12.20) für solche Wellenpakete $a(k)$ nur in einem kleinen Bereich um k_0 deutlich von null verschieden ist; es handelt sich um nahezu „monochromatische" Wellenpakete.

Wellenpakete verändern dagegen ihre Form schnell, wenn die Halbwertsbreite kleiner oder gleich der durchschnittlichen Wellenlänge ist, d. h. wenn es sich um sehr kurze Wellenzüge handelt, vgl. Abb. 12.5.

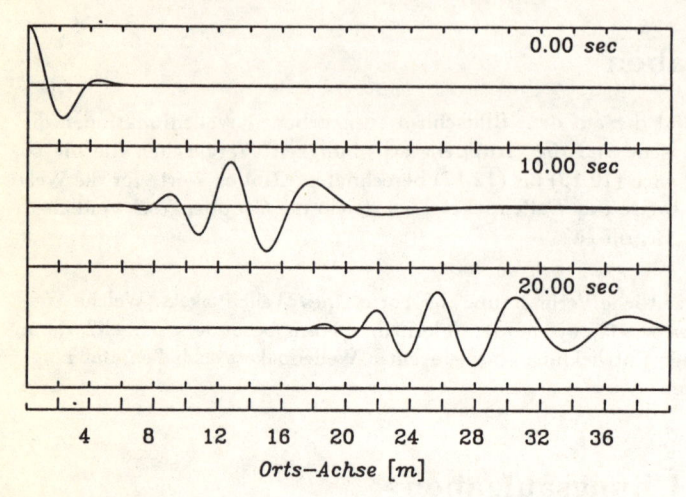

Abb. 12.5
Wellenpaket mit $\lambda_0 = 5$ m, $\beta = 5$ m nach 0, 10 und 20 Sekunden

Bei kurzen Wellenpaketen kann man deutlich erkennen, daß nach einiger Zeit die Wellenlänge am vorderen Ende des Wellenpakets größer ist als die am hinteren Ende (vgl. wieder Abb. 12.5). Dies kommt daher, daß die langwelligen Anteile solcher Wellenpakete schneller laufen als die kurzwelligen und daher am vorderen Ende des Pakets zu finden sind.

13. Lösung der radialen Schrödinger-Gleichung mit dem Fox-Goodwin-Verfahren

13.1 Problemstellung

Das Lösen der SCHRÖDINGER-Gleichung ist ein zentrales Problem der nichtrelativistischen Quantenmechanik. Ein einfacher Fall ist die Untersuchung der Bewegung eines Teilchens ohne Spin in einem äußeren Potential. Die zeitunabhängige SCHRÖDINGER-Gleichung lautet in diesem Fall in Ortsdarstellung

$$H\psi(\boldsymbol{r}) = E\psi(\boldsymbol{r}), \tag{13.1a}$$

mit dem HAMILTON-Operator

$$H = -\frac{\hbar^2}{2m}\Delta + V(\boldsymbol{r}). \tag{13.1b}$$

Für die Energie E darf, wenn das Teilchen am Potential gestreut wird, jeder positive Wert vorgegeben werden. Wenn das Teilchen vom Potential gebunden wird, ist E negativ und kann nur diskrete Werte annehmen.

Einige kompliziertere Probleme können auf die Lösung der Einteilchen-SCHRÖDINGER-Gleichung zurückgeführt werden. So bilden Lösungen der Einteilchen-SCHRÖDINGER-Gleichung die Zustandsbasen der Schalenmodelle der Atomphysik und der Kernphysik. Die Streuung von zwei Teilchen aneinander führt ebenfalls auf eine SCHRÖDINGER-Gleichung vom Typ (13.1). In diesem Fall ist $\boldsymbol{r}$ der Abstandsvektor der beiden Teilchen, m ist die reduzierte Masse und E ist die Energie im Schwerpunktsystem, d. h. in demjenigen Inertialsystem, in dem der Schwerpunkt der beiden Teilchen ruht.

Analytische Lösungen von (13.1) sind nur für einige spezielle Potentialformen bekannt. Im allgemeinen muß man die Gleichung numerisch lösen. Besonders einfach ist dies für kugelsymmetrische Potentiale, d. h. wenn gilt

$$V(\boldsymbol{r}) = V(r). \tag{13.2}$$

Wir werden im folgenden annehmen, daß diese Bedingung erfüllt sei.

Die Beschränkung auf Zentralpotentiale macht die Einführung von Kugelkoordinaten (r, ϑ, φ) sinnvoll. Die SCHRÖDINGER-Gleichung separiert dann, d. h. man erhält eine Gleichung für die Radialbewegung und eine Gleichung für die Winkelbewegung. Wir werden den Vorgang der Separation in Kapitel 17 noch genauer behandeln.

Die Differentialgleichung für die Winkelbewegung enthält das Potential $V(r)$ nicht. Ihre Lösungen sind die Kugelfunktionen $Y_{l,m}(\vartheta,\varphi)$. Die Differentialgleichung für die Radialbewegung lautet

$$-\frac{\hbar^2}{2m}\frac{d^2}{dr^2}u_l(r) + \frac{\hbar^2}{2m}\frac{l(l+1)}{r^2}u_l(r) + V(r)u_l(r) = Eu_l(r). \tag{13.3}$$

Mit den Kugelfunktionen $Y_{l,m}(\vartheta,\varphi)$ und den Radialfunktionen $u_l(r)$ läßt sich die allgemeine Lösung $\psi(\boldsymbol{r})$ der SCHRÖDINGER-Gleichung (13.1) darstellen als Überlagerung von Partialwellen

$$\psi(\boldsymbol{r}) = \sum_{l,m} c_{l,m} \frac{1}{r} u_l(r) Y_{l,m}(\vartheta,\varphi), \tag{13.4}$$

wobei jede Partialwelle für sich und natürlich auch die Summe die SCHRÖDINGER-Gleichung (13.1) erfüllen.

Die in (13.3) und (13.4) auftretende Größe l ist die Drehimpulsquantenzahl. Das Symbol m wird in der Quantenmechanik üblicherweise sowohl für die Masse als auch für die magnetische Quantenzahl (Quantenzahl der z-Komponente des Drehimpulses) verwendet. In (13.4) ist m die magnetische Quantenzahl.

Die Zerlegung der Gesamtwellenfunktion in Drehimpulspartialwellen bringt einige Vorteile. Bindungszustände enthalten nur eine Partialwelle. Bei Streuzuständen muß man zwar mehr als eine Partialwelle berücksichtigen, aber meist nur eine geringe Anzahl. Der Grund dafür ist folgender. Abgesehen vom COULOMB-Potential sind die meisten physikalischen Potentiale von kurzer Reichweite. Teilchen mit endlicher Energie und großem Drehimpuls können gar nicht in den Wechselwirkungsbereich eindringen. In der Radialgleichung (13.3) kommt dies durch den zweiten Term, der die Zentrifugalbarriere $\hbar^2 l(l+1)/(2mr^2)$ enthält, zum Ausdruck. Die Zentrifugalbarriere wirkt wie ein Potential, welches für große Werte von l so stark wird, daß man $V(r)$ dagegen vernachlässigen kann. Bei Vernachlässigung von $V(r)$ wird Gleichung (13.3) aber zur freien SCHRÖDINGER-Gleichung, deren Lösungen analytisch bekannt sind. Sie werden in Kapitel 18 behandelt. Wir müssen die Radialgleichung (13.3) also nur für einige wenige Werte von l lösen.

Die radiale SCHRÖDINGER-Gleichung (13.3) ist eine Differentialgleichung 2. Ordnung. Somit braucht man zwei Randbedingungen, um die Lösung eindeutig festzulegen.

Eine der Bedingungen erhält man aus der Forderung, daß die Wahrscheinlichkeitsdichte $|\psi(\boldsymbol{r})|^2$ am Koordinatenursprung endlich bleiben muß. Für die Wahrscheinlichkeitsdichte gilt

$$|\psi(\boldsymbol{r})|^2 = \left|\sum_{l,m} c_{l,m} \frac{u_l(r)}{r} Y_{l,m}(\vartheta,\varphi)\right|^2. \tag{13.5}$$

Die Wahrscheinlichkeitsdichte kann für beliebige Entwicklungskoeffizienten $c_{l,m}$ am Ursprung nur endlich bleiben, wenn

$$u_l(0) = 0 \qquad (13.6)$$

ist. Dies ist unsere 1. Randbedingung.

Die 2. Randbedingung steht im Zusammenhang mit der Normierung der Wellenfunktionen $u_l(r)$. Wir müssen hier zwischen Bindungslösungen ($E < 0$) und Streulösungen ($E > 0$) unterscheiden.

Bei Bindungslösungen muß sich die Bewegung des Teilchens (bzw. die Relativbewegung der beiden Teilchen) auf einen endlichen Raum beschränken, d. h. die Wellenfunktion muß auf 1 normierbar sein. Als 2. Randbedingung können wir versuchsweise die Wellenfunktion bei irgendeinem von uns gewählten Abstand $r_0 (\neq 0)$ gleich einer beliebigen Zahl setzen, z. B. gleich 1:

$$u_l(r_0) = 1. \qquad (13.7)$$

Damit ist die Lösung der Radialgleichung festgelegt. Wir werden sie numerisch bestimmen und sehen, daß sie für Werte von r, die größer sind als die Reichweite des Potentials, die Form hat

$$u_l(r) \to a_l e^{-\kappa r} + b_l e^{\kappa r} \qquad (13.8)$$

mit

$$\kappa = \left(\frac{2m(-E)}{\hbar^2}\right)^{1/2}. \qquad (13.9)$$

Die Bedingung der Normierbarkeit,

$$\int_0^\infty |u_l(r)|^2 \, dr = \text{endlich}, \qquad (13.10)$$

ist aber nur erfüllbar, wenn b_l verschwindet, da sonst die Funktion $u_l(r)$ für große Werte von r über alle Grenzen wachsen würde. Wir werden sehen, daß b_l eine Funktion der von uns in die Radialgleichung eingesetzten Energie E ist. Bei den Bindungsenergien E_i wird b_l als Funktion von E Nulldurchgänge haben,

$$b_l(E_i) = 0. \qquad (13.11)$$

Wir werden die Nulldurchgänge daran erkennen, daß für große r-Werte die Wellenfunktion $u_l(E, r)$ bei geringfügigem „Wackeln" an der Energie E zwischen großen negativen Werten und großen positiven Werten hin- und herspringt. Die Energie, bei der das Umspringen erfolgt, ist eine der Bindungsenergien E_i. Für $E = E_i$ wird $u_l(E, r)$ normierbar. Für die praktische Berechnung mit dem Computer müssen wir im Integral (13.10) die obere Integrationsgrenze durch einen nicht allzu großen Wert R ersetzen, da unsere Lösung für große r-Werte numerisch instabil wird. Wegen der willkürlichen 2. Randbedingung (13.7) ist die gefundene Bindungswellenfunktion $u_l(E_i, r)$ zwar normiert, aber nicht auf eins. Wir können jedoch das Integral

$$\int_0^R |u_l(E_i, r)|^2 \, dr = N^2 \tag{13.12}$$

berechnen und haben dann mit

$$\hat{u}_l(E_i, r) = \frac{1}{N} u_l(E_i, r) \tag{13.13}$$

eine auf eins normierte Bindungslösung. Wegen der Linearität der SCHRÖDINGER-Gleichung ist natürlich auch $\hat{u}_l(E_i, r)$ eine Lösung der Gleichung.

Bei Streulösungen hat die Energie E die physikalische Bedeutung einer Einschußenergie, die z. B. durch einen Teilchenbeschleuniger vorgegeben ist, und darf jeden positiven Wert annehmen. Mit den Randbedingungen (13.6) und (13.7) erhalten wir wieder eine eindeutig bestimmte Lösung $u_l(E, r)$, die aber nun asymptotisch nicht verschwindet. Wenn das Potential $V(r)$ keinen langreichweitigen Anteil enthält, dann hat $u_l(E, r)$ die asymptotische Form

$$u_l(E, r) \to N \sin\left(kr - \frac{l\pi}{2} + \delta_l\right) \tag{13.14}$$

mit

$$k = \left(\frac{2mE}{\hbar^2}\right)^{1/2}. \tag{13.15}$$

Die 2. Randbedingung (13.7) wird uns für N irgendeinen Wert liefern. Wenn wir es wünschen, können wir $u_l(E, r)$ wieder mit $1/N$ multiplizieren. Normierung bedeutet dann in diesem Fall, daß die Welle asymptotisch die Amplitude 1 hat. Die Größe δ_l nennt man Streuphase. Sie ist eine Funktion der Energie E und wird uns in den Kapiteln 18 und 19 noch näher beschäftigen. Die Größe $l\pi/2$ ist eine von der Drehimpulsbarriere erzeugte Phasenverschiebung.

Als physikalisches Beispiel wollen wir die Streuung zweier α-Teilchen aneinander betrachten, und zwar bei abgeschalteter COULOMB-Wechselwirkung. Die α-α-Streuung ist recht interessant, da α-Teilchen eigentlich keine Massenpunkte sind, sondern die Kerne von Heliumatomen. Sie bestehen aus je 2 Protonen und 2 Neutronen. Wenn zwei α-Teilchen so nahe beieinander sind, daß sie sich durchdringen, dann gewinnt das PAULI-Prinzip einen starken Einfluß auf die Wechselwirkung. Trotzdem läßt sich die Streuung zweier α-Teilchen aneinander mittels eines einfachen Potentials recht gut beschreiben. Wir verwenden für das Potential den Ansatz [13.1]

$$V(r) = -V_0 \exp(-\beta r^2) \tag{13.16a}$$

mit
$$V_0 = 122.694\,\text{MeV} \quad \text{und} \quad \beta = 0.22\,\text{fm}^{-2}. \tag{13.16b}$$

Für eine realistische Rechnung müßte man noch das COULOMB-Potential hinzunehmen.

Wir werden mit dem Potential (13.16) die radiale SCHRÖDINGER-Gleichung (13.3) lösen und uns die Lösungen näher ansehen. Als Drehimpulsquantenzahlen wählen wir $l = 0, 2, 4$ und 6. Ungerade Drehimpulsquantenzahlen sind bei zwei α-Teilchen wegen des PAULI-Prinzips verboten. Unsere Energieeinheit ist 1 MeV, die Längeneinheit ist 1 fm.

Im Bereich negativer Energien werden wir vier Bindungszustände finden, nämlich drei Bindungszustände für $l = 0$ und einen für $l = 2$. Die beiden niedrigsten Bindungszustände für $l = 0$ und der Bindungszustand für $l = 2$ sind unphysikalisch. Sie sind PAULI-verboten, weil sie einer zu dichten Packung der 8 Nukleonen entsprechen. Gerade wegen dieser unphysikalischen Bindungszustände gibt das Potential (13.16) die Streuwellenfunktionen recht gut wieder. Denn die Streuwellenfunktionen sind zu den Bindungswellenfunktionen orthogonal. Der dritte Bindungszustand für $l = 0$ ist auch unphysikalisch, aber aus einem anderen Grund. Wir haben die COULOMB-Wechselwirkung weggelassen, und darum gibt es einen schwach gebundenen Zustand von zwei α-Teilchen. Bei Hinzunahme des COULOMB-Potentials wird aus diesem Zustand die bekannte scharfe Resonanz bei 0.092 MeV, die man auch als den kurzlebigen Grundzustand des ^{8}Be-Kernes ansehen kann.

Da wir es mit einer Relativbewegung zu tun haben, müssen wir in der Radialgleichung (13.3), sowie in (13.9) und (13.15), anstatt der Masse eines α-Teilchens die reduzierte Masse von zwei α-Teilchen einsetzen. Letztere kommt nur in der Kombination $\hbar^2/2m$ vor. Wir verwenden den Wert

$$\frac{\hbar^2}{2m} = 10.375\,\text{MeV fm}^2. \tag{13.17}$$

13.2 Numerisches Lösungsverfahren

Die radiale SCHRÖDINGER-Gleichung (13.3) ist äquivalent mit der Gleichung

$$u''(r) + w(r)u(r) = 0, \tag{13.18}$$

wenn als Abkürzung

$$w(r) = \frac{2m}{\hbar^2}(E - V(r)) - \frac{l(l+1)}{r^2} \tag{13.19}$$

gesetzt wird. Der Index l soll von nun an unterdrückt werden.

Zur numerischen Behandlung von (13.18) wird der Differentialquotient $u''(r)$ durch einen Differenzenquotienten ersetzt. Die einfachste Näherung erhalten wir bei Verwendung der Dreipunkt-Formel (2.8) unter Vernachlässigung des Fehlergliedes $O(h^2)$,

$$u''(r) = \frac{u(r+h) + u(r-h) - 2u(r)}{h^2}. \tag{13.20}$$

Gleichung (13.18) lautet dann

$$\frac{u(r+h) + u(r-h) - 2u(r)}{h^2} + w(r)u(r) = 0, \tag{13.21}$$

oder

$$u(r+h) = 2u(r) - u(r-h) - h^2 w(r)u(r). \tag{13.22}$$

Gibt man nun beispielsweise

$$u(0) = 0 \tag{13.23}$$

und

$$u(h) = 1 \tag{13.24}$$

vor, so kann man mit (13.22) zunächst $u(2h)$ bestimmen. Aus $u(h)$ und $u(2h)$ folgt dann $u(3h)$ usw. Man erhält so $u(r)$ auf einem äquidistanten Punktgitter der Schrittweite h.

Die Näherungsformel (13.22) läßt sich verbessern, indem man das in (2.8) auftretende Fehlerglied in geeigneter Weise in Betracht zieht. Aus (2.8) und (2.9) erhalten wir

$$\frac{u(r+h) + u(r-h) - 2u(r)}{h^2} = u''(r) + \frac{h^2}{12} u^{(4)}(r) + O(h^4). \tag{13.25}$$

Setzen wir (13.25) in (13.18) ein, dann treten auf der rechten Seite Korrekturglieder in Erscheinung:

$$\frac{u(r+h) + u(r-h) - 2u(r)}{h^2} + w(r)u(r) = \frac{h^2}{12} u^{(4)}(r) + O(h^4). \tag{13.26}$$

Es gibt eine elegante Methode, das Korrekturglied von der Ordnung h^2 zum Verschwinden zu bringen, ohne auf die Dreipunkt-Formel verzichten zu müssen. Diese Methode heißt FOX-GOODWIN-, NOUMEROV- oder COWELL-Methode [13.2]. Wir verwenden die Bezeichnung FOX-GOODWIN-Verfahren.

Der Trick der Methode besteht darin, daß man auf (13.18) den Operator

$$1 + \frac{h^2}{12} \frac{d^2}{dr^2} \tag{13.27}$$

anwendet und den 1. Term der daraus resultierenden Gleichung

$$(1 + \frac{h^2}{12}\frac{d^2}{dr^2})u''(r) + w(r)u(r) + \frac{h^2}{12}\frac{d^2}{dr^2}(w(r)u(r)) = 0 \qquad (13.28)$$

durch (13.25) ersetzt. Man erhält

$$\frac{u(r+h) + u(r-h) - 2u(r)}{h^2} + O(h^4) + w(r)u(r)$$
$$+ \frac{h^2}{12}\frac{d^2}{dr^2}(w(r)u(r)) = 0. \qquad (13.29)$$

Alle Terme der Ordnung h^4 und höher werden vernachlässigt. Man darf nun für die zweite Ableitung von $(u(r)w(r))$ die Näherung (13.20) verwenden, denn der in (13.29) auftretende Faktor $h^2/12$ macht bereits aus dem ersten Korrekturterm einen Term der Ordnung h^4. Wir erhalten also

$$\frac{u(r+h) + u(r-h) - 2u(r)}{h^2} + w(r)u(r)$$
$$+ \frac{w(r+h)u(r+h) + w(r-h)u(r-h) - 2w(r)u(r)}{12} = 0, \qquad (13.30)$$

oder

$$u(r+h) = \frac{2u(r) - u(r-h) - \frac{h^2}{12}(10w(r)u(r) + w(r-h)u(r-h))}{1 + \frac{h^2}{12}w(r+h)}. \qquad (13.31)$$

Diese Gleichung tritt nun an die Stelle der Gleichung (13.22) und erlaubt uns wieder, die Funktion $u(r)$ auf einem äquidistanten Punktgitter der Schrittweite h zu berechnen. Die in (13.31) vernachlässigten Glieder sind um zwei Ordnungen in h kleiner als die in (13.22) vernachlässigten Glieder.

13.3 Programmierung

Zum Lösen von (13.3) mit der FOX-GOODWIN-Rekursion (13.31) schreiben wir ein Unterprogramm mit dem Namen FOX, das die Differentialgleichung (13.18) löst.

Wir führen die Zahlenfelder (r_i), (u_i) und (w_i) ein mit

$$r_i = ih, \quad u_i = u(r_i), \quad w_i = w(r_i), \qquad i = 0, 1, \ldots, i_b. \qquad (13.32)$$

Es soll die radiale Wellenfunktion im Intervall $[0, b]$ berechnet werden, d. h. die untere Intervallgrenze liegt bei $r = 0$, die obere bei $r = b$. Das Intervall $[0, b]$ wird in i_b äquidistante Teilintervalle der Länge

$$h = \frac{b}{i_b} \qquad (13.33)$$

aufgespalten. Die Anzahl der Stützstellen ist damit gleich $(i_b + 1)$.

Unter Verwendung der Bezeichnungen (13.32) und (13.33) läßt sich (13.31) folgendermaßen schreiben:

$$u_{i+1} = \frac{2u_i - u_{i-1} - \dfrac{h^2}{12}(10 w_i u_i + w_{i-1} u_{i-1})}{1 + \dfrac{h^2}{12} w_{i+1}}. \qquad (13.34)$$

Abb. 13.2 zeigt das Unterprogramm FOX; die verwendeten Bezeichnungen findet man in Abb. 13.1. Das rufende Programm übergibt an das Unterprogramm FOX die Obergrenze b des Integrationsintervalls, die Anzahl der Integrationsschritte i_b und die Werte w_i der Funktion $w(r)$. Es erhält von FOX die Werte u_i der Lösungsfunktion $u(r)$ zurück (vgl. Parameterliste in Zeile 100). In den Zeilen 104 und 105 werden die Randbedingungen (13.23) und (13.24) vorgegeben. In der DO-Schleife ab Zeile 106 wird die Rekursion (13.34) durchgeführt.

Um die Potentialfunktion bequem abändern zu können, führen wir das FUNCTION-Unterprogramm V ein, vgl. Abb. 13.3 und Abb. 13.4. In unserem Fall

Physikalische Bezeichnung	FORTRAN-Bezeichnung	Physikalische Bezeichnung	FORTRAN-Bezeichnung
i_b	IB	u_i	U(I)
b	B	w_i	W(I)
h	H		

Abb. 13.1 Im Unterprogramm FOX verwendete Bezeichnungen

```
      SUBROUTINE FOX(IB,B,W,U)                                       100

      IMPLICIT DOUBLE PRECISION (A-H,O-Z)                            101
      DIMENSION W(0:IB), U(0:IB)                                     102
      H=B/IB                                                         103
      U(0)=0.D0                                                      104
      U(1)=1.D0                                                      105
      DO 10 I=1,IB-1                                                 106
        U(I+1)=(2.D0*U(I)-U(I-1)-H*H/12.D0*(10.D0*W(I)*U(I)+W(I-1)   107
     &        *U(I-1)))/(1.D0+H*H/12.D0*W(I+1))                      108
   10 CONTINUE                                                       109
      END                                                            110
```

Abb. 13.2 Unterprogramm FOX

Physikalische Bezeichnung	FORTRAN-Bezeichnung	Physikalische Bezeichnung	FORTRAN-Bezeichnung
V_0	V0	r	R
β	BETA		

Abb. 13.3 Im FUNCTION-Unterprogramm V verwendete Bezeichnungen

```
      DOUBLE PRECISION FUNCTION V(R)                    200
      IMPLICIT DOUBLE PRECISION (A-H,O-Z)                201
      PARAMETER (V0=122.694D0, BETA=0.22D0)              202
      PARAMETER (EXPMAX=50.D0)                           203
      IF(BETA*R*R.LE.EXPMAX) THEN                        204
        V=-V0*EXP(-BETA*R*R)                             205
      ELSE                                               206
        V=0.D0                                           207
      ENDIF                                              208
      END                                                209
```

Abb. 13.4 FUNCTION-Unterprogramm V

berechnet V das α-α-Wechselwirkungspotential für einen bestimmten Abstand r nach Gleichung (13.16) (Zeile 205). Die Potentialparameter sind fest vorgegeben (Zeile 202). Der IF-Block von Zeile 204 bis 208 verhindert einen eventuellen Exponentenüberlauf und sorgt außerdem dafür, daß die Exponentialfunktion nicht unnötig oft berechnet wird.

Abb. 13.6 zeigt den numerischen Teil des Hauptprogramms KAP13; die verwendeten Bezeichnungen sind in Abb. 13.5 aufgeführt. In der DO-Schleife ab Zeile 307 werden die Stützstellen r_i nach (13.32) festgelegt und die Funktionswerte $w(r_i) = w_i$ nach (13.19) ausgerechnet. In Zeile 306 wird $w_0 = 0$ gesetzt. Letzteres bedarf einer Rechtfertigung, denn bei nichtverschwindendem Drehimpuls divergiert $w(r)$ für $r \to 0$. In der Gleichung (13.18) tritt $w(r)$ nur im Produkt $w(r)u(r)$ auf, und $u(0)$ haben wir gemäß der Randbedingung (13.23) gleich Null gesetzt. Die Größe „unendlich mal null" ist aber nicht definiert. Mit unserer Wahl $w(0) = 0$ setzen wir $w(0)u(0)$ willkürlich gleich Null. Die Rechtfertigung hierfür werden wir numerisch erhalten, indem wir uns davon überzeugen, daß immer dann, wenn die Drehimpulsbarriere gegenüber $V(r)$ dominiert (l groß, r klein), unsere Lösung $u_l(r)$ übergeht in die analytisch be-

Physikalische Bezeichnung	FORTRAN-Bezeichnung	Physikalische Bezeichnung	FORTRAN-Bezeichnung
i_b	IB	$\hbar^2/2m$	H2M
b	B	l	L
h	H	E	E
r_i	R(I)	u_i	U(I)
		w_i	W(I)

Abb. 13.5 Im Hauptprogramm KAP13 verwendete Bezeichnungen

```
        PROGRAM KAP13                                                   300

           IMPLICIT DOUBLE PRECISION (A-H,O-Z)                          301
           PARAMETER (IMAX=2000, H2M=10.375D0, BMAX=30.D0)              302
           DIMENSION R(0:IMAX), U(0:IMAX), W(0:IMAX)                    303
*          (Eingabe: E,L,B,IB)

           H=B/IB                                                       304
           R(0)=0.D0                                                    305
           W(0)=0.D0                                                    306
           DO 10 I=1,IB                                                 307
            R(I)=I*H                                                    308
            W(I)=(E-V(R(I)))/H2M-L*(L+1)/(R(I)*R(I))                    309
10         CONTINUE                                                     310
           CALL FOX    (IB,B,W,U)                                       311
*          (Ausgabe: U)

           END                                                          312
```

Abb. 13.6 Numerischer Teil des Hauptprogramms KAP13

kannte Lösung der freien SCHRÖDINGER-Gleichung (vgl. Kapitel 18). Damit wird dann auch die Frage beantwortet, ob die Vernachlässigung der Korrekturglieder der Ordnung h^4 in Gleichung (13.29) für $l \neq 0$ und kleine Werte von r zulässig war. Mit dem Aufruf des Unterprogramms FOX ist der numerische Teil von KAP13 beendet.

Der Wert für $\hbar^2/(2m)$ nach (13.17) ist fest vorgegeben (Zeile 302), wogegen die Energie E, die Drehimpulsquantenzahl l, die obere Grenze b des gewünschten Integrationsintervalls $[0, b]$ und die Anzahl i_b von Integrationsschritten eingegeben werden. Als Ausgabe erhält man die radialen Wellenfunktionen $u_l(r)$ in graphischer Form und auf Wunsch auch in numerischer Form.

Das hier in Auszügen vorgestellte Programm ist auf der Diskette in der Datei KAP-13.FOR zu finden.

13.4 Übungsaufgaben

13.1 Prüfen Sie die Genauigkeit des FOX-GOODWIN-Verfahrens auf folgende Weise:

a) Untersuchen Sie für $l = 0$, wie stabil die Nulldurchgänge der Wellenfunktion bei einer kleinen Anzahl von Integrationsschritten sind. Führen Sie diese Untersuchung mit Energien im Bereich 1 MeV, 10 MeV und 30 MeV durch. Hinweis: Wählen Sie die obere Intervallgrenze so, daß Sie abgesehen vom Ursprung gerade drei Nulldurchgänge auf den Bildschirm bekommen. Als Anzahl von Integrationsschritten bieten sich die Werte 10, 20, 40, 80 und 160 an.

b) Untersuchen Sie die Stabilität der Nulldurchgänge bei einer großen Anzahl von Integrationsschritten. Hinweis: Gehen Sie wie in a) vor, und wählen Sie als Anzahl von Integrationsschritten die Werte 500, 1000, 2000.

c) Für $l \neq 0$ können die Fehlerglieder nahe am Ursprung sehr groß werden. Untersuchen Sie, ob das FOX-GOODWIN-Verfahren trotzdem zu numerisch stabilen Lösungen führt.

13.2 Suchen Sie die in Abschnitt 13.1 erwähnten Bindungszustände, indem Sie die Energien bestimmen, bei denen die radiale Wellenfunktion für große Abstände das Vorzeichen wechselt (der Bereich zwischen 7 fm und 10 fm ist eine gute Wahl). Achten Sie auf die kurze Reichweite der drei PAULI-verbotenen Zustände.

13.3 Berechnen Sie Streuwellen für Energien zwischen 0.01 MeV und 30 MeV:

a) Für $l = 0$. Beachten Sie, daß die Wellenfunktionen, ziemlich unabhängig von der Energie, bei Abständen von ungefähr 0.9 fm und 2.0 fm Nulldurchgänge haben. Können Sie eine Erklärung dafür geben?

b) Für $l = 2, 4, 6, \ldots$. Achten Sie besonders auf das Verhalten der Wellenfunktion in der Nähe des Ursprungs.

13.4 a) Erweitern Sie das Unterprogramm V so, daß es das Potential

$$V(r) = -V_0 \exp(-\beta r^2) + V_C(r)$$

berechnet, wobei $V_C(r)$ die COULOMB-Wechselwirkung von zwei α-Teilchen beschreibt:

$$V_C(r) = \frac{4e^2}{r} \mathrm{erf}(\gamma r).$$

Anmerkung: Das COULOMB-Potential $4e^2/r$ gilt nur für Punktteilchen. Die endliche Ausdehnung der Ladungsverteilung im α-Teilchen wird näherungsweise mittels des Faktors $\mathrm{erf}(\gamma r)$ berücksichtigt, wobei der Parameter γ dem Radius des α-Teilchens angepaßt wird. Benutzen Sie folgende Zahlenwerte [13.1]:

$$e = 1.2\,(\mathrm{MeV\,fm})^{1/2} \quad \text{und} \quad \gamma = 0.75\,\mathrm{fm}^{-1}.$$

Eine auf 6 Stellen genaue Näherung der GAUSSschen Fehlerfunktion (error function) $\mathrm{erf}(x)$ lautet [13.3]:

$$\mathrm{erf}(x) = 1 - (a_1 t + a_2 t^2 + a_3 t^3 + a_4 t^4 + a_5 t^5) \cdot \exp(-x^2),$$

mit

$$t = \frac{1}{1 + px}, \quad p = 0.3275911, \quad a_1 = 0.254829592, \quad a_2 = -0.284496736,$$

$$a_3 = 1.421413741, \quad a_4 = -1.453152027, \quad a_5 = 1.061405429.$$

b) Untersuchen Sie die Wellenfunktion in der Nähe der Resonanzenergie von 0.092 MeV. Die Resonanz ist sehr scharf! Gehen Sie bei der Suche nach dem Resonanzzustand ähnlich vor wie bei der Suche nach einem Bindungszustand. Erhöhen Sie in der **PARAMETER**-Anweisung (Zeile 302 von Abb. 13.6) **IMAX** auf 10000 und **BMAX** auf 160.D0).

13.5 Lösung der Übungsaufgaben

13.1 a) Für $l = 0$, $E = 10\,\text{MeV}$ und $b = 5\,\text{fm}$ liegt mit 10 Integrationsintervallen der 3. Nulldurchgang bei 3.6711 fm. Diese Zahl erhält man, indem man die numerisch ausgegebene Wellenfunktion zwischen 3.5 fm und 4.0 fm linear interpoliert. Bei Erhöhung der Zahl der Integrationsintervalle auf 20, 40, 80, 160 konvergiert die Lage des Nulldurchganges sehr rasch gegen 3.770122 fm. Der Fehler im r-Wert für den 3. Nulldurchgang verringert sich bei jeder Verdoppelung der Zahl der Integrationsintervalle um einen Faktor von etwa 1/18 bis 1/20.

Erstaunlich ist die Güte der Näherung bei einer sehr kleinen Zahl von Integrationsintervallen. Sogar mit einer Intervallänge von 0.5 fm erhält man noch eine Wellenfunktion, die der wahren ähnlich sieht.

b) In Kapitel 2 haben wir gesehen, daß die numerische Berechnung einer zweiten Ableitung mittels einer Differenz zweiter Ordnung gefährlich werden kann. Da unser Personal Computer bei einfacher Genauigkeit nur mit 4 Bytes pro Gleitkommazahl arbeitet, haben wir unsere Programme von vornherein auf doppelte Genauigkeit, d. h. auf 8 Bytes pro Gleitkommazahl, eingestellt. Diese doppelte Genauigkeit ist aber nun wiederum so hoch, daß wir auch bei 2000 Integrationsschritten für eine halbe Wellenlänge noch kein Zurückgehen in der Genauigkeit der Wellenfunktion feststellen können.

c) Mit der relativ hohen Drehimpulsquantenzahl $l = 10$ und $E = 20\,\text{MeV}$ liegt der erste Nulldurchgang bei 10.828 fm. Trotz des ziemlich exotischen Verhaltens der Wellenfunktion bei kleinen r-Werten (die Funktion steigt mit r^{11} an!) erhalten wir auch hier schon mit einer Intervallänge von 0.5 fm Wellenfunktionen, die der wahren ähnlich sind.

13.2 Für $l = 0$ liegt der tiefste Bindungszustand bei $-76.9036145\,\text{MeV}$. Abb. 13.7 zeigt ihn im Bereich 0 bis 5 fm. Das Maximum liegt bei etwa 0.84 fm. Der experimentelle Radius der α-Teilchen beträgt rund 1.6 fm, d. h. in diesem niedrigsten Bindungszustand würden die beiden α-Teilchen so dicht beieinandersitzen, daß sie sich fast vollständig durchdringen. Es wird deutlich, daß hier das PAULI-Prinzip bezüglich der Neutronen und Protonen eine entscheidende Rolle spielen muß. Wie in Abschnitt 13.1 gesagt, ist der Zustand PAULI-verboten.

Der zweite Bindungszustand mit $l = 0$ hat die Energie $-29.00048\,\text{MeV}$ und wird in Abb. 13.8 gezeigt. Die Wellenfunktion hat einen Nulldurchgang und ist zur Wellenfunktion des ersten Bindungszustandes orthogonal.

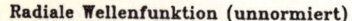

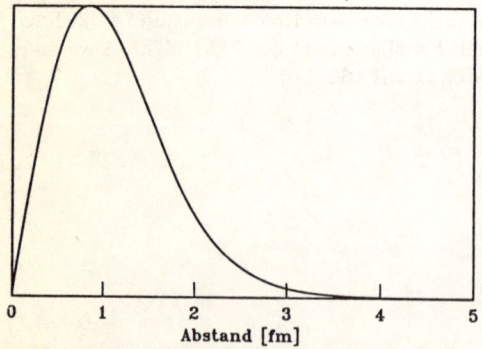

Abb. 13.7 Relativwellenfunktion des tiefsten Bindungszustandes von zwei α-Teilchen (PAULI-verboten)

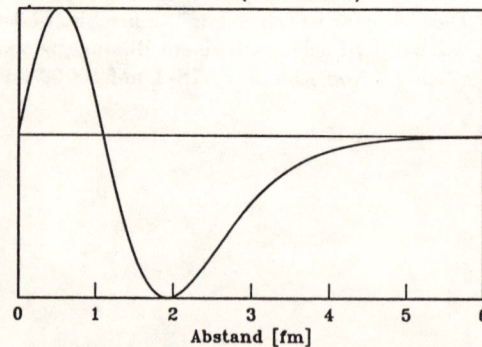

Abb. 13.8 Relativwellenfunktion des zweiten Bindungszustandes von zwei α-Teilchen (PAULI-verboten)

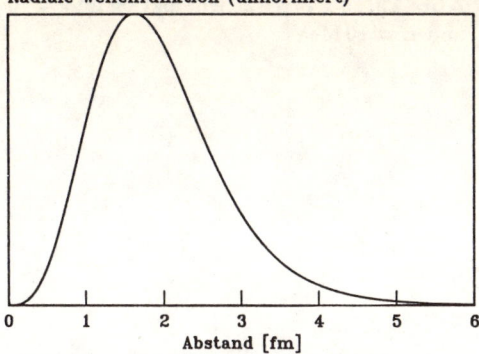

Abb. 13.9 Relativwellenfunktion des PAULI-verbotenen Bindungszustandes von zwei α-Teilchen bei $l = 2$

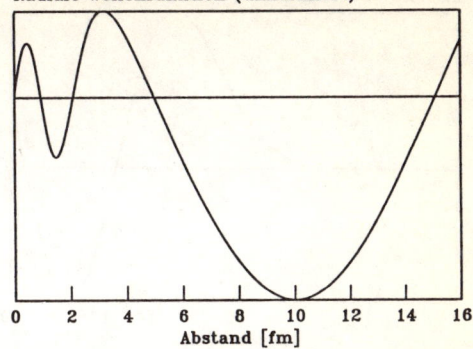

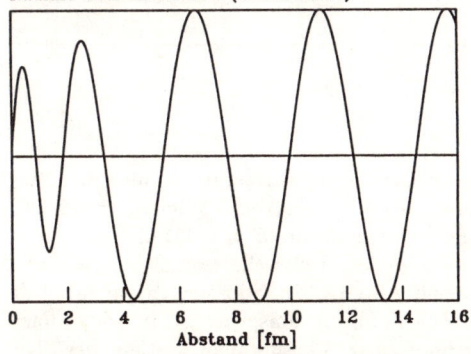

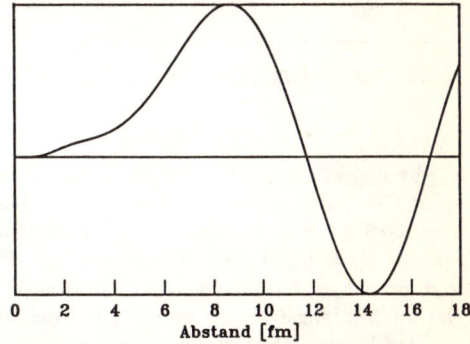

Abb. 13.10 Streuwellenfunktion für $l = 0$ und $E = 1\,\text{MeV}$

Der Bindungszustand bei $l = 2$ wird in Abb. 13.9 gezeigt. Man erkennt das andersartige Verhalten der Wellenfunktion in der Nähe des Ursprungs.

13.3 a) Eine Streuwelle für $l = 0$ und 1 MeV zeigt Abb. 13.10, eine Streuwelle für $l = 0$ und 20 MeV zeigt Abb. 13.11. Im Nahbereich ist unser Potential $V(r)$ so tief, daß der Term $Eu(r)$ in Gleichung (13.3) gegenüber dem Term $V(r)u(r)$ kaum ins Gewicht fällt. Deshalb sind die ersten beiden Nulldurchgänge der Wellenfunktion ziemlich unempfindlich gegenüber einer Änderung der Energie E. Eine ebenfalls richtige Erklärung, die allerdings mit der soeben gegebenen zusammenhängt, ist, daß die Streuwellenfunktionen zu den Bindungswellenfunktionen orthogonal sein müssen und daß diese Bedingung einen dominierenden Einfluß auf die Form der Streuwellenfunktionen im Nahbereich hat.

b) Abb. 13.12 zeigt eine Streuwellenfunktion für $l = 4$, $E = 5\,\text{MeV}$, und Abb. 13.13 zeigt zum Vergleich eine Streuwellenfunktion für $l = 10$ und $E = 10\,\text{MeV}$. Man erkennt die starke Wirkung der Zentrifugalbarriere daran, daß die Wellenfunktion mit $l = 10$ in der Nähe des Ursprungs noch stärker unterdrückt ist als die Wellenfunktion mit $l = 4$. Aus analytischen Untersuchungen weiß man, daß sich $u_l(r)$ in der Nähe des Ursprungs verhält wie r^{l+1}, d. h. $u_4(r)$ geht wie r^5 nach null und $u_{10}(r)$ wie r^{11}. Die numerische Ausgabe der Wellenfunktionen bestätigt dies.

Abb. 13.11 Streuwellenfunktion für $l = 0$ und $E = 20\,\text{MeV}$

Abb. 13.12 Streuwellenfunktion für $l = 4$ und $E = 5\,\text{MeV}$

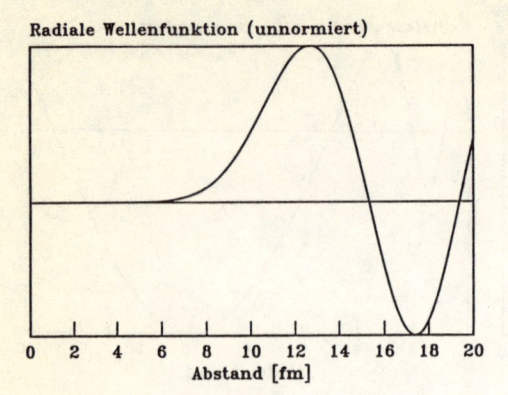

Abb. 13.13 Streuwellenfunktion für $l = 10$ und $E = 10\,\text{MeV}$

13.4 a) Um das COULOMB-Potential ins Programm einzubauen, muß man nur im FUNCTION-Unterprogramm V, nach dem IF-Block, also nach Zeile 208 der Abb. 13.4, das Statement

V = V+4.D0*1.2D0*1.2D0/R*ERF(0.75D0*R)

hinzufügen. Für die GAUSSsche Fehlerfunktion erf(x) muß ein weiteres FUNCTION-Unterprogramm ERF erstellt werden. Ein Programmvorschlag für die von uns angegebene Näherung ist in Abb. 13.14 zu finden.

```
      DOUBLE PRECISION FUNCTION ERF(X)
      IMPLICIT DOUBLE PRECISION (A-H,O-Z)
      PARAMETER (A1=0.254829592D0, A2=-0.284496736D0,
     &           A3=1.421413741D0)
      PARAMETER (A4=-1.453152027D0, A5=1.061405429D0,
                 P=0.3275911D0)
      Y=ABS(X)
      T=1.D0/(1.D0+P*Y)
      IF(Y.LE.25.D0) THEN
        ERF=1.D0-(A1*T+A2*T*T+A3*T**3+A4*T**4
     &           +A5*T**5)*EXP(-Y*Y)
      ELSE
        ERF=1.D0
      ENDIF
      IF(X.LT.0.D0) ERF=-ERF
      END
```

Abb. 13.14 FUNCTION-Unterprogramm ERF

b) Wegen der Schärfe der Resonanz müssen wir sowohl das Verfahren als auch den Personal Computer bis an die Grenze des Möglichen strapazieren. Wir wählen $i_b = 10\,000$, $b = 160\,\text{fm}$, $l = 0$ und berechnen die Wellenfunktion einmal mit $E = 0.091\,\text{MeV}$ und einmal mit $E = 0.093\,\text{MeV}$. Wir sehen, daß die erste größere Halbwelle einmal im Positiven und einmal im Negativen liegt (vgl. Abb. 13.15 und Abb. 13.16). Nun suchen wir, ähnlich wie im Bindungsfall, die Energie, bei der die Wellenfunktion umspringt, d. h. wir halbieren das Energieintervall, rechnen, halbieren, rechnen, usw. Der Resonanzzustand liegt bei $E = 0.091972\,\text{MeV}$ (die letzten Dezimalstellen mögen bei verschiedener Rundung etwas ver-

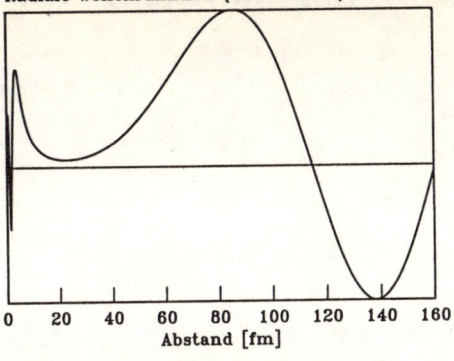

Abb. 13.15 Streuwellenfunktion für $l = 0$ und $E = 0.091$ MeV

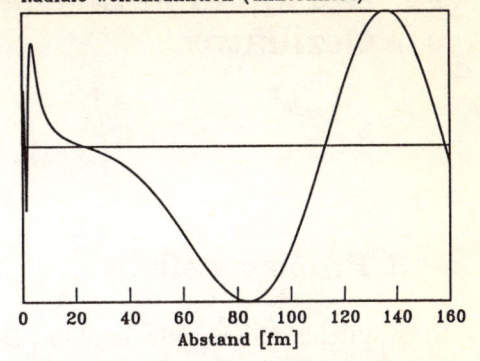

Abb. 13.16 Streuwellenfunktion für $l = 0$ und $E = 0.093$ MeV

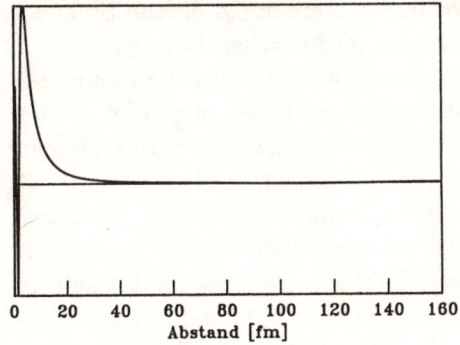

Abb. 13.17 Der Resonanzzustand bei $l = 0$ und $E = 0.091972$ MeV

schieden ausfallen, was aber bedeutungslos ist). Hier hat die Wellenfunktion den in Abb. 13.17 gezeigten Verlauf.

Ein Blick auf die numerische Ausgabe zeigt, daß im Falle der Abb. 13.15 die Amplitude der Wellenfunktion im Innenraum etwa halb so groß ist wie im Außenraum, während sie im Fall der Abb. 13.17 im Innenraum 250mal größer ist als im Außenraum. Die Wahrscheinlichkeit, die beiden α-Teilchen nahe beieinander anzutreffen, ist bei der Resonanzenergie groß und bei allen anderen Energien klein. Wenn wir zwei α-Teilchen aneinander streuen, dann wird sich dies im Wirkungsquerschnitt stark bemerkbar machen.

14. Der quantenmechanische harmonische Oszillator

14.1 Problemstellung

In Kapitel 5 haben wir eindimensionale harmonische und anharmonische Schwingungen behandelt. Die harmonische Schwingung war dadurch ausgezeichnet, daß die Schwingungsfrequenz nicht von der Amplitude der Auslenkung abhing. Hätten wir die dreidimensionale Bewegung betrachtet, dann hätten wir festgestellt, daß beim harmonischen Oszillator auch alle Kreisbahnen und alle Ellipsenbahnen mit gleicher Frequenz durchlaufen werden. In diesem Sinne ist die harmonische Schwingung die einfachste aller periodischen Bewegungen.

Wir wollen in diesem Kapitel nun den quantenmechanischen harmonischen Oszillator betrachten, und zwar die dreidimensionale Bewegung. Wir werden nach stationären Lösungen suchen, d. h. nach Eigenlösungen der zeitunabhängigen SCHRÖDINGER-Gleichung.

Auch der quantenmechanische harmonische Oszillator zeichnet sich durch besondere Einfachheit aus. Er ist eines der wenigen Systeme, für die sich die SCHRÖDINGER-Gleichung analytisch lösen läßt. Die Eigenzustände spannen eine vollständige Zustandsbasis auf und werden häufig zur Darstellung von Operatoren verwendet. Wir werden darauf in den folgenden Kapiteln noch näher eingehen.

Im vorliegenden Kapitel wird uns nach der Berechnung der Wellenfunktionen besonders der Zusammenhang zwischen den quantenmechanischen Zuständen und den klassischen Bewegungen interessieren. Bei Zuständen mit niedriger Anregungsenergie wird man wegen der HEISENBERGschen Unschärferelation einen solchen Zusammenhang nicht erkennen können. Erst bei hohen Quantenzahlen muß es wegen des Korrespondenzprinzips einen Zusammenhang geben. Da wir nicht zeitabhängig rechnen, werden wir keine Teilchenbahnen verfolgen können. Wir werden uns aber die Wahrscheinlichkeitsdichten näher ansehen. Bei der klassischen Bahn ist die Wahrscheinlichkeit, den sich bewegenden Körper auf einem Bahnelement anzutreffen, umgekehrt proportional zur Geschwindigkeit, mit welcher der Körper das Bahnelement durchläuft. Diese Geschwindigkeit, und damit die Aufenthaltswahrscheinlichkeit auf dem Bahnelement, kann man klassisch leicht berechnen aus der Gesamtenergie und der potentiellen Energie auf dem betrachteten Bahnelement. Es wird interessant sein zu sehen, wie die quantenmechanische Wahrscheinlichkeitsdichte sich bei hohen Quantenzahlen der klassischen nähert.

Das kugelsymmetrische Oszillatorpotential lautet

$$V(r) = cr^2 = \frac{1}{2}m\omega^2 r^2. \tag{14.1}$$

Die Konstante c haben wir im zweiten Teil der Formel durch die Masse m des sich bewegenden Körpers und durch die Kreisfrequenz ω der entsprechenden klassischen Bewegung ausgedrückt. Mit dem Oszillatorpotential lautet die radiale SCHRÖDINGER-Gleichung (vgl. (13.3))

$$-\frac{\hbar^2}{2m}\frac{d^2}{dr^2}v_l(r) + \frac{\hbar^2}{2m}\frac{l(l+1)}{r^2}v_l(r) + \frac{1}{2}m\omega^2 r^2 v_l(r) = E v_l(r). \tag{14.2}$$

Ihre Eigenlösungen werden wir im folgenden Abschnitt behandeln.

14.2 Numerische Methode

Wir führen als Abkürzungen den Oszillatorweiteparameter

$$a = \frac{m\omega}{2\hbar} \tag{14.3}$$

und die Länge

$$r_0 = \frac{1}{(2a)^{1/2}} = \left(\frac{\hbar}{m\omega}\right)^{1/2} \tag{14.4}$$

ein. Gleichung (14.2) läßt sich damit umformen zu

$$v_l''(r) - \left(\frac{r^2}{r_0^4} + \frac{l(l+1)}{r^2}\right) v_l(r) = -\frac{2mE}{\hbar^2} v_l(r). \tag{14.5}$$

Die Eigenlösungen dieser Gleichung sind analytisch bekannt. Wir verzichten auf eine Wiedergabe der Herleitung und verweisen auf die Literatur [14.1]. Die Energieeigenwerte E von (14.5) sind gegeben durch

$$E_{nl} = (2n + l - 1/2)\hbar\omega. \tag{14.6}$$

Die Quantenzahl n heißt Hauptquantenzahl und durchläuft die Werte $n = 1, 2, 3, \ldots$. Die dazugehörigen Eigenfunktionen $v_{nl}(r)$ heißen radiale Oszillatorfunktionen. Sie erfüllen die beiden Bedingungen

$$v_{nl}(0) = 0, \tag{14.7}$$

$$\int_0^\infty |v_{nl}(r)|^2 dr = 1 \tag{14.8}$$

und lauten

$$v_{nl}(r) = \left(\frac{2^{n+l+1}(n-1)!}{(2n+2l-1)!!\, r_0\sqrt{\pi}}\right)^{1/2} \left(\frac{r}{r_0}\right)^{l+1} \mathcal{L}_{n-1}^{l+1/2}\left(\frac{r^2}{r_0^2}\right) \exp\left(\frac{-r^2}{2r_0^2}\right).$$

Die Funktionen (14.9)

$$\mathcal{L}_{n-1}^{l+1/2}(x) = \sum_{k=0}^{n-1}(-1)^k \frac{(l+1/2)(l+3/2)\cdots(l-1/2+n)}{(l+1/2)(l+3/2)\cdots(l-1/2+k)} \frac{x^k}{k!(n-1-k)!}$$

$$= \sum_{k=0}^{n-1} \frac{\Gamma(l+1/2+n)}{\Gamma(l+3/2+k)} \frac{(-x)^k}{k!(n-1-k)!} \tag{14.10}$$

heißen verallgemeinerte LAGUERRE-Polynome. Die niedrigsten verallgemeinerten LAGUERRE-Polynome sind

$$\mathcal{L}_0^{l+1/2}(x) = 1 \tag{14.11a}$$

und

$$\mathcal{L}_1^{l+1/2}(x) = l + 3/2 - x. \tag{14.11b}$$

Die Berechnung höherer Polynome erfolgt am einfachsten über die Rekursionsformel

$$\mathcal{L}_n^{l+1/2}(x) = \frac{1}{n}\left((-x+l-1/2+2n)\mathcal{L}_{n-1}^{l+1/2}(x) - (n+l-1/2)\mathcal{L}_{n-2}^{l+1/2}(x)\right).$$
(14.12)

Aus (14.9) und (14.11) folgen die radialen Oszillatorfunktionen für $n=1$ und $n=2$:

$$v_{1l}(r) = \left(\frac{4\cdot 2^l}{(2l+1)!!\, r_0\sqrt{\pi}}\right)^{1/2} \left(\frac{r}{r_0}\right)^{l+1} \exp\left(\frac{-r^2}{2r_0^2}\right), \tag{14.13a}$$

$$v_{2l}(r) = \left(\frac{8\cdot 2^l}{(2l+3)!!\, r_0\sqrt{\pi}}\right)^{1/2} \left(\frac{r}{r_0}\right)^{l+1} \left(l+3/2 - \frac{r^2}{r_0^2}\right) \exp\left(\frac{-r^2}{2r_0^2}\right).$$
(14.13b)

Für die höheren radialen Oszillatorfunktionen erhält man aus (14.9) und (14.12) die Rekursionsformel

$$v_{n+1,l}(r) = \left(\frac{1}{n(n+l+1/2)}\right)^{1/2}$$

$$\cdot \left(\left(-\frac{r^2}{r_0^2} + l - 1/2 + 2n\right)v_{nl}(r) - \left((n+l-1/2)(n-1)\right)^{1/2} v_{n-1,l}(r)\right).$$
(14.14)

Mit dieser Formel wollen wir die Funktionen $v_{nl}(r)$ berechnen. Dazu wählen wir wie in Kapitel 13 für den Abstand r ein Intervall $[0,b]$, das wir in i_b Teilintervalle aufspalten. Die Oszillatorfunktionen werden dann an den Stützstellen $r_i = ih$ berechnet.

Schauen wir uns nochmals die radiale SCHRÖDINGER-Gleichung (14.2) an. Für die Drehimpulsquantenzahl $l = 0$ verschwindet das Zentrifugalpotential, und das Oszillatorpotential treibt die Masse m mit einer der Auslenkung proportionalen Kraft zum Ursprung zurück. Die zugehörige klassische Bewegung ist die lineare Schwingung.

Für $l \neq 0$ kommt in (14.2) das Zentrifugalpotential hinzu. Bei kleinen Werten von r überwiegt das Zentrifugalpotential, bei großen Werten von r das Oszillatorpotential. Es ergibt sich in r-Richtung eine Potentialmulde, in der sich die Masse bewegt. Die klassische Bahn mit nichtverschwindendem Drehimpuls ist die Kreis- oder Ellipsenbahn. Wenn wir von der Winkelbewegung absehen und die klassische Bahn nur bezüglich des Abstandes r vom Ursprung betrachten, dann läuft der Körper zwischen einem minimalen Abstand r_1 und einem maximalen Abstand r_2 hin und her (vgl. Abb. 14.1). Bei der Kreisbahn wird $r_1 = r_2$.

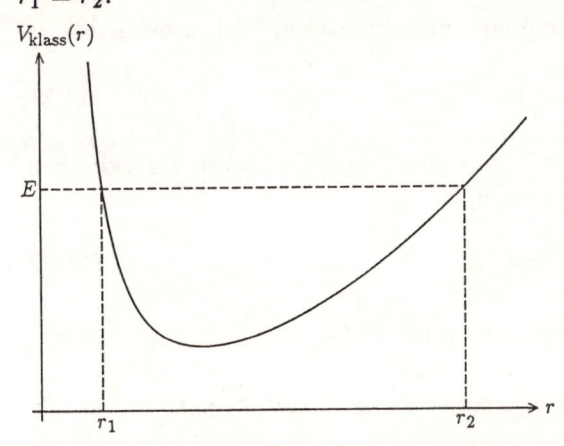

Abb. 14.1 Potentialverlauf im klassischen Fall

Dem Zentrifugalpotential $\hbar^2 l(l+1)/2mr^2$ entspricht klassisch die kinetische Energie der Winkelbewegung, d.h. der Ausdruck $L^2/2mr^2$, wobei L der Drehimpuls ist. Wir erhalten damit für die Radialbewegung das „Potential"

$$V_{\text{klass}}(r) = \frac{1}{2}m\omega^2 r^2 + \frac{L^2}{2mr^2}. \tag{14.15}$$

Für die Umkehrpunkte gilt

$$E = V_{\text{klass}}(r_{1,2}), \tag{14.16}$$

woraus

$$r_{1,2} = \left(\frac{E \pm (E^2 - \omega^2 L^2)^{1/2}}{m\omega^2}\right)^{1/2} \tag{14.17}$$

folgt.

Aus dem Radialanteil der kinetischen Energie

$$T = E - V_{\text{klass}}(r) = \frac{1}{2}mv^2 \tag{14.18}$$

folgt die Radialgeschwindigkeit

$$v = \left(\frac{2E}{m} - \omega^2 r^2 - \frac{L^2}{m^2 r^2}\right)^{1/2}. \tag{14.19}$$

Damit erhält man für die klassische Wahrscheinlichkeitsdichte $w(r)$ am Punkt r im Intervall (r_1, r_2) die Formel:

$$w(r) = \frac{2\omega}{\pi}\frac{1}{|v|} = \frac{1}{\frac{\pi}{2}\left(\frac{2E}{m\omega^2} - r^2 - \frac{L^2}{m^2\omega^2 r^2}\right)^{1/2}}. \tag{14.20}$$

Diese Formel müssen wir mit der quantenmechanischen Wahrscheinlichkeitsdichte

$$w_{nl}(r) = |v_{nl}(r)|^2 \tag{14.21}$$

vergleichen. Wir setzen daher für E den quantenmechanischen Energieeigenwert (14.6) ein und für L^2 den Eigenwert

$$L^2 = \hbar^2 l(l+1). \tag{14.22}$$

Wir erhalten damit aus (14.20), zusammen mit (14.4),

$$w(r) = \frac{1}{\frac{\pi}{2}\left((4n+2l-1){r_0}^2 - r^2 - l(l+1)\frac{{r_0}^4}{r^2}\right)^{1/2}} \quad \text{für } r_1 < r < r_2 \tag{14.23}$$

14.3 Programmierung

Um die Programmierung zu erleichtern, führen wir weitere Abkürzungen ein. Den Vorfaktor vor der Exponentialfunktion in (14.13a) bezeichnen wir mit $\sqrt{c_l}$ und erhalten damit

$$v_{1l}(r) = \sqrt{c_l}\exp\left(\frac{-r^2}{2{r_0}^2}\right). \tag{14.24}$$

Die Größen c_l lassen sich rekursiv berechnen:

$$c_0 = \frac{4}{r_0\sqrt{\pi}}\frac{r^2}{{r_0}^2}, \tag{14.25}$$

$$c_l = \left(\frac{2}{2l+1}\frac{r^2}{r_0{}^2}\right)c_{l-1}, \quad l \geq 1. \tag{14.26}$$

Gleichung (14.13b) läßt sich durch (14.13a) ausdrücken, indem man schreibt

$$v_{2l}(r) = \left(\frac{2}{2l+3}\right)^{1/2} v_{1l}(r)\left(l + 3/2 - \frac{r^2}{r_0{}^2}\right). \tag{14.27}$$

Die Berechnung der radialen Oszillatorfunktionen $v_{nl}(r)$ erfolgt im Unterprogramm RADOS (Abb. 14.3). Das rufende Programm, d.h. in unserem Fall

Physikalische Bezeichnung	FORTRAN-Bezeichnung	Physikalische Bezeichnung	FORTRAN-Bezeichnung
r	R	n	N
r_0	RO	c_l	CL
a	A	x	X
l	L	v_{nl}	OS(N)
n_{max}	NMAX	π	PI

Abb. 14.2 Im Unterprogramm RADOS verwendete Bezeichnungen

```
      SUBROUTINE RADOS(R,A,L,NMAX,OS)                                100

      IMPLICIT DOUBLE PRECISION (A-H,O-Z)                            101
      PARAMETER (PI=3.1415926535D0)                                  102
      PARAMETER (EXPMAX=700.D0)                                      103
      DIMENSION OS(NMAX)                                             104
      IF((R.LT.0.D0).OR.(L.LT.0).OR.(NMAX.LT.1)) STOP 'Fehler in     105
     & SUBROUTINE RADOS: Falscher Wert für R, L oder NMAX !'         106
      RO=1.D0/SQRT(2.D0*A)                                           107
      X=(R*R)/(RO*RO)                                                108
      CL=4.D0/(SQRT(PI)*RO)*X                                        109
      IF(L.GE.1) THEN                                                110
        DO 10 J=1,L                                                  111
          CL=2*CL/(2*J+1)*X                                          112
 10     CONTINUE                                                     113
      ENDIF                                                          114
      IF(X/2.LE.EXPMAX) THEN                                         115
        OS(1)=SQRT(CL)*EXP(-X/2)                                     116
      ELSE                                                           117
        OS(1)=0.D0                                                   118
      ENDIF                                                          119
      IF(NMAX.GE.2) OS(2)=SQRT(2.D0/(2*L+3))*OS(1)*(L+1.5D0-X)       120
      IF(NMAX.GE.3) THEN                                             121
        DO 20 N=2,NMAX-1                                             122
          OS(N+1)=SQRT(1.D0/(N*(N+L+0.5D0)))*                        123
     &    ((2*N+L-0.5D0-X)*OS(N)-SQRT((N-1)*(N+L-0.5D0))*OS(N-1))    124
 20     CONTINUE                                                     125
      ENDIF                                                          126
      END                                                            127
```

Abb. 14.3 Unterprogramm RADOS

das Hauptprogramm KAP14, übergibt RADOS die Werte für den Abstand r, den Oszillatorweiteparameter a, die Drehimpulsquantenzahl l und die maximale Hauptquantenzahl $n_{\max}$. Das Unterprogramm RADOS berechnet für alle Hauptquantenzahlen n von 1 bis $n_{\max}$ die Funktionswerte $v_{nl}(r)$ und übergibt sie als Feld OS dem rufenden Programm (vgl. Parameterliste in Zeile 100). Wird RADOS mit nicht sinnvollen Parameterwerten ($r < 0$, $l < 0$ oder $n_{\max} < 1$) aufgerufen, dann bricht das Programm ab (Zeilen 105 und 106). Unter Beachtung der in Abb. 14.2 angegebenen Bezeichnungen und der Beziehung

$$x = \frac{r^2}{r_0^2} \tag{14.28}$$

lassen sich die Programmzeilen von RADOS leicht verstehen. Es genügt, stichwortartig aufzuzählen, welche Gleichung wo behandelt wird: (14.4) in Zeile 107, (14.28) in Zeile 108, (14.25) in Zeile 109, (14.26) in der DO-Schleife ab Zeile 111, (14.24) in Zeile 116, (14.27) in Zeile 120 und schließlich (14.14) in der DO-Schleife ab Zeile 122. Der IF-Block von Zeile 115 bis 119 soll einen eventuellen Exponentenüberlauf verhindern.

Wir wollen die Oszillatorfunktionen auf dem Intervall $[0,b]$ mit $b = 12$ fm berechnen. Dazu teilen wir das Intervall in $i_b = 480$ Teilintervalle auf und erhalten mit der Schrittweite

$$h = \frac{b}{i_b} \tag{14.29}$$

die Stützstellen

$$r_i = ih, \qquad i = 0, 1, 2, \ldots, i_b. \tag{14.30}$$

Sehen wir uns nun das Hauptprogramm KAP14 an (Abb. 14.5). In den Zeilen 204 und 206 erkennen wir die letzten beiden Gleichungen wieder, wobei die Berechnung der Stützstellen in eine DO-Schleife eingebettet ist, die fast den gesamten numerischen Teil umfaßt (Zeile 205 bis 212). Nach der Berechnung einer Stützstelle wird das Unterprogramm RADOS aufgerufen (Zeile 207). Das Hauptprogramm erhält über das eindimensionale Feld OS die Funktionswerte $v_{nl}(r_i)$ für die Hauptquantenzahlen n von 1 bis $n_{\max}$, bei festgehaltenen l und r_i. Für die Ausgabe speichern wir in der DO-Schleife von Zeile 208 bis 211 um auf das zweidimensionale Feld VNL, das die Funktionswerte $v_{nl}(r_i)$ für alle n mit $1 \leq n \leq n_{\max}$ und alle r_i mit $i = 0, 1, \ldots, i_b$ enthält. In Zeile 210 wird schließlich die Wahrscheinlichkeitsdichte $w_{nl}(r_i)$ nach (14.21) berechnet.

Die Werte für die Anzahl der Teilintervalle i_b, für die maximale Hauptquantenzahl $n_{\max}$ und für die obere Grenze b des Abstandsintervalls werden in einer PARAMETER-Anweisung vorgegeben (Zeile 202). Eingegeben werden der Oszillatorweiteparameter a, die Drehimpulsquantenzahl l und die Hauptquantenzahl n. Die Funktionen $v_{nl}(r)$ und $w_{nl}(r)$ werden graphisch und auf Wunsch auch numerisch ausgegeben.

Physikalische Bezeichnung	FORTRAN-Bezeichnung	Physikalische Bezeichnung	FORTRAN-Bezeichnung
a	A	i_b	IB
l	L	h	H
n_{max}	NMAX	r_i	R(I)
n	N	$v_{nl}(r_i)$	VNL(I), OS(N)
b	B	$w_{nl}(r_i)$	WNL(I)

Abb. 14.4 Im Hauptprogramm KAP14 verwendete Bezeichnungen

```
      PROGRAM KAP14                                           200
      IMPLICIT DOUBLE PRECISION (A-H,O-Z)                     201
      PARAMETER (IB=480, NMAX=20, B=12.D0)                    202
      DIMENSION R(0:IB), VNL(0:IB,NMAX), WNL(0:IB,NMAX), OS(NMAX) 203
*     ( Eingabe: A,L)

      H=B/IB                                                  204
      DO 20 I=0,IB                                            205
      R(I)=I*H                                                206
      CALL RADOS(R(I),A,L,NMAX,OS)                            207
      DO 10 NN=1,NMAX                                         208
      VNL(I,NN)=OS(NN)                                        209
      WNL(I,NN)=VNL(I,NN)*VNL(I,NN)                           210
10    CONTINUE                                                211
20    CONTINUE                                                212

*     (Eingabe: N)
*     (Ausgabe: VNL,WNL)

      END                                                     213
```

Abb. 14.5 Numerischer Teil des Hauptprogramms KAP14

Das hier in Auszügen vorgestellte Programm ist auf der Diskette in der Datei KAP-14.FOR zu finden.

14.4 Übungsaufgaben

14.1 Betrachten Sie die radialen Oszillatorfunktionen $v_{nl}(r)$ und die dazugehörigen Wahrscheinlichkeitsdichten $w_{nl}(r)$ für verschiedene Quantenzahlen n und l und für verschiedene Oszillatorweiteparameter a. Achten Sie auf die Unterschiede zwischen Zuständen mit $l = 0$ und solchen mit $l \neq 0$. Richten Sie Ihre Aufmerksamkeit bei den Wahrscheinlichkeitsdichten vor allem auf große Hauptquantenzahlen n. Läßt sich ein qualitativer Zusammenhang erkennen zwischen der quantenmechanischen Aufenthaltswahrscheinlichkeit bei großen Quantenzahlen und der klassischen Aufenthaltswahrscheinlichkeit?

14.2 Schreiben Sie ein Programm, das die klassische Aufenthaltswahrscheinlichkeit $w(r)$ nach (14.23) berechnet und graphisch darstellt. Vergleichen Sie diese Dichte $w(r)$ mit der quantenmechanischen Dichte $w_{nl}(r)$.

14.5 Lösung der Übungsaufgaben

14.1 Die Oszillatorfunktionen zeigen $n-1$ Nulldurchgänge. Sie verschwinden außerdem für $r \to 0$ und für $r \to \infty$.

Die klassische Bewegung hat bei r_2 (vgl. Abb. 14.1) einen Umkehrpunkt. Der Bereich $r > r_2$ ist für die klassische Bewegung verboten. In der Quantenmechanik gibt es den Tunneleffekt, der es einem Teilchen erlaubt, in den verbotenen Bereich einzudringen. Die Art des Eindringens in den „Tunnel" wird beschrieben durch die Form der Wellenfunktion. Letztere ist bestimmt durch das Potential und durch die Energie, d. h. durch Form und Höhe des „Berges" über dem Tunnel. Der Berg über dem Tunnel steigt im wesentlichen wie r^2 an. Das entsprechende Abklingen der Wellenfunktion ist dem Abklingen einer GAUSS-Funktion bei größeren r-Werten ähnlich. Bei nichtverschwindendem Drehimpuls wird das Teilchen durch die Drehimpulsbarriere vom Ursprung ferngehalten. Zum Ursprung hin fällt die Wellenfunktion wie r^{l+1} ab. Das unterschiedliche Verhalten der Oszillatorfunktionen in den verbotenen Bereichen läßt sich bei geeigneter Wahl des Oszillatorweiteparameters a in der graphischen Darstellung gut erkennen. Abb. 14.6 zeigt die harmonische Oszillatorfunktion und deren Absolutquadrat für $n = 7$, $l = 5$ und $a = 0.5\,\text{fm}^{-2}$.

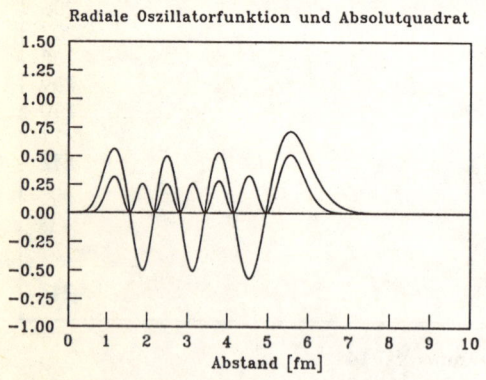

Abb. 14.6 Harmonische Oszillatorfunktion $v_{nl}(r)$ und Wahrscheinlichkeitsdichte $|v_{nl}(r)|^2$ für $n = 7$, $l = 5$ und $a = 0.5\,\text{fm}^{-2}$

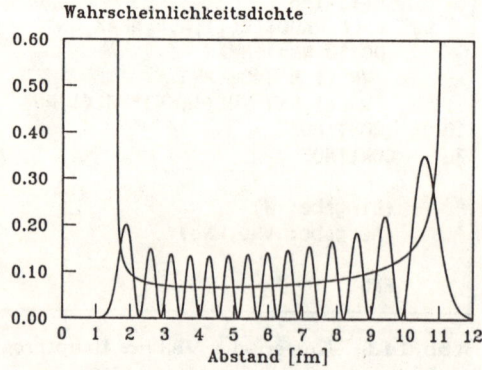

Abb. 14.7 Vergleich der klassischen Wahrscheinlichkeitsdichte $w(r)$ mit der quantenmechanischen Wahrscheinlichkeitsdichte $w_{nl}(r)$ für $n = 14$, $l = 10$ und $a = 0.3\,\text{fm}^{-2}$

Die quantenmechanische Wahrscheinlichkeitsdichte $w_{nl}(r)$ nähert sich für große Werte von n der klassischen Wahrscheinlichkeitsdichte $w(r)$. Das Interferenzmuster der Funktion $w_{nl}(r)$ ist eine typisch quantenmechanische Erscheinung und läßt sich klassisch nicht erklären. Die Einhüllende der Funktion $w_{nl}(r)$ zeigt aber schon ab $n = 7$ eine Ähnlichkeit mit der entsprechenden klassischen Funktion $w(r)$.

14.2 Bei der Berechnung von $w(r)$ nach (14.23) ist darauf zu achten, daß $w(r)$ verschwindet, wenn das Argument der Wurzel negativ ist. Die Programmieraufgabe wird am einfachsten dadurch gelöst, daß man im Hauptprogramm zwischen den Zeilen 210 und 211 die Funktion $w(r)$ berechnet und $v_{nl}(r)$ mit $w(r)$ überschreibt. Die graphische Ausgabe liefert dann die Kurven $w(r)$ und $w_{nl}(r)$ im selben Bild und ermöglicht einen unmittelbaren Vergleich. Abb. 14.7 zeigt einen solchen Vergleich für $n = 14$, $l = 10$ und $a = 0.3\,\text{fm}^{-2}$.

15. Lösung der Schrödinger-Gleichung in Oszillatordarstellung

15.1 Problemstellung

Wir haben in den Kapiteln 13 und 14 die SCHRÖDINGER-Gleichung als Differentialgleichung kennengelernt. In dieser Form wurde sie 1926 von ERWIN SCHRÖDINGER aufgestellt [15.1, 15.3]. Bereits ein Jahr früher fand WERNER HEISENBERG die Quantenmechanik in Form einer Matrixgleichung [15.2, 15.3]. Später stellte sich dann heraus, daß beide Gleichungen dieselbe physikalische Theorie in verschiedener mathematischer Darstellung enthalten: Die Gleichungen von HEISENBERG und SCHRÖDINGER können ineinander transformiert werden.

Wir wollen den Übergang von der in Kapitel 13 behandelten SCHRÖDINGER-Gleichung zur Matrixgleichung durchführen, indem wir den von den harmonischen Oszillatorfunktionen aufgespannten Funktionenraum als Darstellungsraum verwenden. Auch die HEISENBERGsche Matrixgleichung läßt sich in Gleichungen für Rotations- und Radialbewegung zerlegen, sofern das Potential V rotationssymmetrisch ist. Wir wollen wiederum annehmen, daß diese Zerlegung bereits durchgeführt sei, und spezialisieren uns auf die Behandlung der Radialgleichung (13.3).

Formal kann man (13.3) als Operatorgleichung auffassen,

$$H_l u_l = E u_l. \tag{15.1}$$

Hier ist H_l der radiale HAMILTON-Operator und u_l der radiale Teil eines quantenmechanischen Zustandes, jeweils zur Drehimpulsquantenzahl l. Sowohl H_l als auch u_l sind abstrakte Größen, die erst durch die Darstellung in einem Raum von Basiszuständen eine durch Zahlen erfaßbare Bedeutung erlangen. In Ortsdarstellung ist H_l der in (13.3) auftretende lineare Differentialoperator

$$H_l = -\frac{\hbar^2}{2m}\frac{d^2}{dr^2} + \frac{\hbar^2}{2m}\frac{l(l+1)}{r^2} + V(r). \tag{15.2}$$

Wir können auch einen vollständigen Funktionenraum als Darstellungsbasis verwenden. Als solcher bietet sich der Raum der im vorigen Kapitel behandelten radialen Oszillatorfunktionen $v_{nl}(r)$ an. Gleichung (15.1) wird dann zum linearen, homogenen Gleichungssystem

$$\sum_{n'=1}^{D} H_{nn'}^l u_{n'}^l = E u_n^l, \quad n = 1,...,D, \quad D \to \infty, \quad (15.3)$$

wobei wir aus Platzgründen den Drehimpulsindex l nach oben setzen. Die Größen $H_{nn'}^l$ sind für $n = n'$ die Erwartungswerte des HAMILTON-Operators H^l in den Oszillatorzuständen v_{nl} und für $n \neq n'$ die Übergangsmatrixelemente, d.h.

$$H_{nn'}^l = \int_0^\infty v_{nl}(r) \left(-\frac{\hbar^2}{2m} \frac{d^2}{dr^2} + \frac{\hbar^2}{2m} \frac{l(l+1)}{r^2} + V(r) \right) v_{n'l}(r) \, dr. \quad (15.4)$$

Statt einer Wellenfunktion $u_l(r)$ erhält man aus (15.3) als Lösung einen Vektor (u_n^l), dessen Komponenten die Amplituden des Zustandes u_l in der Basis der Oszillatorfunktionen sind. Der Übergang vom Lösungsvektor (u_n^l) zur Wellenfunktion $u_l(r)$ lautet

$$u_l(r) = \sum_{n=1}^{D} u_n^l v_{nl}(r). \quad (15.5)$$

Gleichung (15.3) ist eine Eigenwertgleichung. Es wird also nur zu bestimmten Werten von E Lösungen geben. Im Bereich negativer Energien sind dies die Bindungslösungen. Wir werden sie für das in Kapitel 13 verwendete Potential berechnen und mit den dort ermittelten Lösungen vergleichen.

Im Bereich positiver Energien sind (13.3) und (15.3) nicht völlig äquivalent. In Kapitel 13 haben wir gesehen, daß (13.3) für jeden positiven Wert von E eine Lösung hat, die asymptotisch nicht verschwindet. Wir können nun untersuchen, wie die Lösungen von (15.3) im Bereich der Streuenergien aussehen. In der Praxis wird man immer mit einer begrenzten Anzahl von Basiszuständen rechnen, d.h. mit einer endlichen Dimension D der Matrix $(H_{nn'}^l)$. Es gibt dann auch nur eine begrenzte Anzahl von Eigenwerten. Aber mit wachsender Dimension werden im Bereich positiver Energien die Eigenwerte immer dichter liegen, und die nach (15.5) berechneten Eigenfunktionen werden im Nahbereich den nach (13.3) berechneten Wellenfunktionen immer ähnlicher werden. Wir werden sehen, daß die Lösungen der Matrixgleichung (15.3) mit steigender Dimension die Lösungen der Differentialgleichung (13.3) approximieren, soweit dies mit einer Basis von asymptotisch verschwindenden Funktionen möglich ist. Tatsächlich kann man auch mit (15.3) Streurechnungen durchführen. Man muß nur die Dimension der Matrix $(H_{nn'}^l)$ groß genug wählen, und man muß sich überlegen, wie man die nach (15.3) berechneten Eigenfunktionen in den asymptotischen Bereich fortsetzt.

15.2 Numerisches Verfahren

Wir berechnen die Matrixelemente $H^l_{nn'}$ nach (15.4). Der Anteil der kinetischen Energie (einschließlich der Zentrifugalbarriere) ist eine Tridiagonalmatrix $(T^l_{nn'})$ mit den analytisch bekannten Elementen [15.4]

$$T^l_{nn} = \left(2n + l - \frac{1}{2}\right)\frac{\hbar\omega}{2},$$
$$T^l_{n,n+1} = T^l_{n+1,n} = \sqrt{n\left(n + l + \frac{1}{2}\right)\frac{\hbar\omega}{2}}. \tag{15.6}$$

Wir erhalten damit

$$H^l_{nn'} = T^l_{nn'} + \int_0^\infty v_{nl}(r)V(r)v_{n'l}(r)\,dr. \tag{15.7}$$

Im Integral ersetzen wir die obere Grenze durch einen großen Wert b und verwenden zur numerischen Auswertung die SIMPSON-Regel.

Ist i_b die Anzahl der Integrationsschritte, d.h. die Anzahl der Teilintervalle im Intervall $[0, b]$, h die Schrittweite,

$$h = \frac{b}{i_b}, \tag{15.8}$$

und $f(r)$ die zu integrierende Funktion

$$f(r) = v_{nl}(r)V(r)v_{n'l}(r), \tag{15.9}$$

dann folgt aus (3.14) die Formel

$$H^l_{nn'} = T^l_{nn'} + \frac{h}{3}f(0) + \frac{4h}{3}f(h) + \frac{2h}{3}f(2h) + \ldots$$
$$\ldots + \frac{2h}{3}f(i_b h - 2h) + \frac{4h}{3}f(i_b h - h) + \frac{h}{3}f(i_b h). \tag{15.10}$$

Die SIMPSON-Regel wird im vorliegenden Fall besonders einfach. Der Term mit dem Faktor $h/3$ verschwindet, weil $f(0) = 0$ ist. Die letzten Glieder der Summe verschwinden, weil in der Nähe von $r = b$ das Potential $V(r)$ soweit abgeklungen ist, daß $f(r)$ vernachlässigt werden kann. Wir müssen daher nur eine Summe mit den abwechselnden Gewichtsfaktoren $4h/3$ und $2h/3$ auswerten, wobei es keine Rolle spielt, ob die Anzahl der Glieder gerade oder ungerade ist.

Haben wir nach (15.10) die Matrixelemente $H^l_{nn'}$ bestimmt, dann müssen wir die Eigenwertgleichung (15.3) lösen. Das Lösen der Eigenwertgleichung ist gleichwertig mit einer Diagonalisierung der Matrix $(H^l_{nn'})$. Die Eigenvektoren $(u^l_n)_j$ sind die Spaltenvektoren der unitären Matrix, welche $(H^l_{nn'})$ diagonalisiert. Die Eigenwerte E_j^l sind die Diagonalelemente der diagonalisierten Matrix. Aus (15.5) folgen schließlich die zu den Eigenwerten E_j^l gehörenden radialen Wellenfunktionen $u_{lj}(r)$.

Das Diagonalisierungsverfahren, das wir anwenden werden, ist unter dem Namen JACOBI-Rotation oder JACOBI-Verfahren bekannt. Wir wollen hier nicht näher darauf eingehen, sondern den daran interessierten Leser auf die mathematische Literatur verweisen [15.5].

15.3 Programmierung

Da wir dasselbe Beispiel wie in Kapitel 13 betrachten, können wir auf das dort verwendete FUNCTION-Unterprogramm V zurückgreifen, um die Potentialwerte $V(r_i)$ an den Stützstellen zu berechnen. Die radialen Oszillatorfunktionen erhalten wir mit dem in Kapitel 14 bereitgestellten Unterprogramm RADOS.

Um das Eigenwertproblem zu lösen, erstellen wir das Unterprogramm EIGEN. Wir greifen dabei auf eine bereits existierende ALGOL-Prozedur zurück [15.6], die wir mit geringfügigen Änderungen zu einem FORTRAN-Programm umarbeiten. Der Aufruf von EIGEN geschieht folgendermaßen:

    CALL EIGEN(HMAT,NMAX,NDIM,E,UMAT,H1,H2,H3)

Die Parameter HMAT, E, UMAT, H1, H2 und H3 sind Felder, die im rufenden Programm folgendermaßen dimensioniert werden müssen:

    DOUBLE PRECISION HMAT(NMAX,NMAX),UMAT(NMAX,NMAX),H1(NMAX,NMAX)
    DOUBLE PRECISION E(NMAX),H2(NMAX),H3(NMAX)

Beim Aufruf von EIGEN enthält HMAT die Matrixelemente der zu diagonalisierenden Matrix. Es muß sich um eine reelle, symmetrische Matrix handeln. NMAX gibt die Dimensionierung des Felds HMAT an, NDIM die Dimension des tatsächlich zu lösenden Eigenwertproblems. Falls NDIM größer als NMAX ist, bricht EIGEN

Physikalische Bezeichnung	FORTRAN-Bezeichnung	Physikalische Bezeichnung	FORTRAN-Bezeichnung
D	NDIM	$V(r_i)$	VR(I)
l	L	$f(r_i)$	F
a	A	$v_{nl}(r_i)$	VNL(I,N), OS(N)
i_b	IB	$u_{lj}(r_i)$	U(I,J)
b	B	$\hbar^2/(2m)$	H2M
h	H	$(u_n^l)_j$	UMAT(N,J)
$\hbar\omega$	HQOM	E_j^l	E(J)
$m\omega^2$	OM2	$H_{nn'}^l$	HMAT(N,NP)
$r_i = i \cdot h$	R(I)	$V(r)$	V(R)

Abb. 15.1   Im Hauptprogramm KAP15 verwendete Bezeichnungen

Abb. 15.2   Numerischer Teil des Hauptprogramms KAP15 ▶

```
      PROGRAM KAP15                                                100

      IMPLICIT DOUBLE PRECISION (A-H,O-Z)                          101
      PARAMETER (IB=500, NMAX=20, B=10.D0, H2M=10.375D0)           102
      DIMENSION E(NMAX), H2(NMAX), H3(NMAX), OS(NMAX)              103
      DIMENSION HMAT(NMAX,NMAX), UMAT(NMAX,NMAX), H1(NMAX,NMAX)    104
      DIMENSION U(0:IB,NMAX), VNL(0:IB,NMAX), R(0:IB), VR(0:IB)    105

*     (Eingabe: L,A,N)

      H=B/IB                                                       106
      DO 20 I=0,IB                                                 107
      R(I)=I*H                                                     108
      VR(I)=V(R(I))                                                109
      CALL RADOS(R(I),A,L,NDIM,OS)                                 110
      DO 10 N=1,NDIM                                               111
        VNL(I,N)=OS(N)                                             112
10    CONTINUE                                                     113
20    CONTINUE                                                     114
      HQOM=4.D0*A*H2M                                              115
      OM2=8.D0*A*A*H2M                                             116
      DO 60 N=1,NDIM                                               117
       DO 50 NP=1,N                                                118
        IF(NP.EQ.N) THEN                                           119
          HMAT(N,NP)=(2.D0*N+L-0.5D0)*HQOM/2.D0                    120
        ELSE IF(NP.EQ.N-1) THEN                                    121
          HMAT(N,NP)=SQRT(NP*(NP+L+0.5D0))*HQOM/2.D0               122
        ELSE                                                       123
          HMAT(N,NP)=0.D0                                          124
        ENDIF                                                      125
        DO 30 I=1,IB-1,2                                           126
          F=VNL(I,N)*VR(I)*VNL(I,NP)                               127
          HMAT(N,NP)=HMAT(N,NP)+4.D0*H/3.D0*F                      128
30      CONTINUE                                                   129
        DO 40 I=2,IB-1,2                                           130
          F=VNL(I,N)*VR(I)*VNL(I,NP)                               131
          HMAT(N,NP)=HMAT(N,NP)+2.D0*H/3.D0*F                      132
40      CONTINUE                                                   133
        HMAT(NP,N)=HMAT(N,NP)                                      134
50     CONTINUE                                                    135
60    CONTINUE                                                     136

*     (Ausgabe: HMAT)

      CALL EIGEN(HMAT,NMAX,NDIM,E,UMAT,H1,H2,H3)                   137
      DO 90 NP=1,NDIM                                              138
       DO 80 I=0,IB                                                139
        U(I,NP)=0.D0                                               140
        DO 70 N=1,NDIM                                             141
          U(I,NP)=U(I,NP)+UMAT(N,NP)*VNL(I,N)                      142
70      CONTINUE                                                   143
80     CONTINUE                                                    144
90    CONTINUE                                                     145

*     (Ausgabe: E,U)

      END                                                          146
```

mit Fehlermeldung ab. Nach dem Aufruf von `EIGEN` enthält E die gefundenen Eigenwerte von `HMAT` und `UMAT(N,J)` die n-te Komponente des zum Eigenwert `E(J)` gehörigen Eigenvektors. Die Eigenvektoren sind normiert, die Eigenwerte in aufsteigender Reihenfolge sortiert. Die Hilfsfelder `H1`, `H2` und `H3` stellen nur Speicherplatz bereit, der für Zwischenergebnisse benötigt wird. Das Feld `HMAT` wird durch `EIGEN` nicht verändert.

Abb. 15.2 zeigt das Hauptprogramm `KAP15`. Die verwendeten Bezeichnungen findet man in Abb. 15.1. Zunächst stellt `KAP15` die Stützstellen r_i, die Potentialwerte $V(r_i)$ und die Funktionswerte $v_{nl}(r_i)$ bereit (Zeile 107 – 114). In den Zeilen 115 und 116 definieren wir die Variablen `HQOM` und `OM2` als Abkürzungen für die Ausdrücke

$$\hbar\omega = 4a\frac{\hbar^2}{2m} \tag{15.11}$$

und

$$m\omega^2 = 8a^2\frac{\hbar^2}{2m}. \tag{15.12}$$

Anschließend werden die Matrixelemente $H^l_{nn'}$ nach (15.10) ausgewertet. Zunächst werden die Matrixelemente $T^l_{nn'}$ nach (15.6) berechnet (Zeile 119 bis 125). In den Zeilen 126 bis 133 erkennt man die Integration (15.10). Bei der Berechnung der $H^l_{nn'}$ machen wir von der Tatsache Gebrauch, daß $(H^l_{nn'})$ eine symmetrische Matrix ist. Wir berechnen deshalb zunächst nur die Elemente der unteren Dreiecksmatrix. Durch die Zuweisung in Zeile 134 erhalten wir dann die volle symmetrische Matrix $(H^l_{nn'})$.

Um die Eigenwerte E^l_j der Matrix $(H^l_{nn'})$ zu berechnen, wird in Zeile 137 das Unterprogramm `EIGEN` aufgerufen. Im anschließenden Komplex von `DO`-Schleifen werden die Funktionswerte $u_{lj}(r_i)$ der Wellenfunktionen nach (15.5) berechnet (Zeile 138 – 145).

Bei der Ausgabe werden die Matrixelemente $H^l_{nn'}$ auf dem Bildschirm schachbrettartig angeordnet. Sie können bei großem D mehrere Bildschirmseiten umfassen. Die Eigenwerte E erscheinen in Form einer Tabelle. Die Wellenfunktion zu einem bestimmten Eigenwert wird graphisch und numerisch ausgegeben. Während die Eigenwerte auf jeden Fall ausgegeben werden, erfolgen alle anderen Ausgaben nur auf Wunsch.

Das hier in Auszügen vorgestellte Programm ist auf der Diskette in der Datei `KAP-15.FOR` zu finden.

15.4 Übungsaufgaben

15.1 Untersuchen Sie die Matrix $(H^l_{nn'})$ für verschiedene Oszillatorweiteparameter a. Unser Vorschlag für den Variationsbereich von a ist $0.1\,\text{fm}^{-2}$ bis $1.0\,\text{fm}^{-2}$. Es ist möglich, a so zu wählen, daß die Matrix $(H^l_{nn'})$ für $l=0$ in den ersten beiden Oszillatorzuständen fast diagonal wird. Kommen Ihnen dann die Matrixelemente H^0_{11} und H^0_{22} bekannt vor?

15.2 Fertigen Sie für $l = 0$, 2, 4 jeweils folgendes Diagramm an: Tragen Sie auf der waagrechten Achse den Oszillatorweiteparameter a auf, auf der senkrechten Achse die Energieeigenwerte E_j^l in Abhängigkeit von a. Variieren Sie a zwischen $0.1\,\text{fm}^{-2}$ und $1.0\,\text{fm}^{-2}$. Tragen Sie die Kurven für verschiedene Dimensionen D der Basis von Oszillatorzuständen auf. Nehmen Sie die Werte $D = 3$, 5, 10, 15. Sie erhalten dann für jeden Energieeigenwert E_j^l eine Kurvenschar bezüglich D. Was fällt Ihnen bei den (negativen) Bindungsenergien auf, was bei den (positiven) Streuenergien? Wie gut stimmen die Bindungsenergien mit den Werten aus Kapitel 13 überein?

15.3 Studieren Sie das Verhalten der radialen Wellenfunktionen $u_{lj}(r)$ und vergleichen Sie die graphischen Darstellungen mit denen aus Kapitel 13. Greifen Sie einen bestimmten Energieeigenwert E_j^l heraus, und versuchen Sie herauszufinden, mit welchen Werten für a und D sich die zu $E = E_j^l$ gehörige Wellenfunktion $u_l(r)$ aus Kapitel 13 gut approximieren läßt. Was fällt besonders bei positiven Energien auf?

15.5 Lösung der Übungsaufgaben

15.1 Abb. 15.3 zeigt die Matrix $(H_{nn'}^l)$ mit $l = 0$, $D = 3$ für die Oszillatorweiteparameter $a = 0.2$ und $a = 0.65\,\text{fm}^{-2}$. Bei der zweiten Matrix sind die Elemente außerhalb der Diagonalen nicht groß. Man findet dann auf der Diagonalen die Elemente -76.8 und $-26.8\,\text{MeV}$. Der erste dieser Werte ist eine gute Näherung für die Energie $-76.9\,\text{MeV}$ des niedrigsten Bindungszustandes (vgl. Lösung zu Aufgabe 13.2). Der zweite liegt nicht weit entfernt von der Energie $-29.0\,\text{MeV}$ des zweiten Bindungszustandes.

-57.355769	-22.548768	-10.961965	-76.813707	-0.683996	-2.783760
-22.548678	-23.947651	-16.482265	-0.683996	-26.829173	6.691503
-10.961965	-16.482265	-6.741064	-2.783760	6.691503	14.741595
	$a=0.2\,\text{fm}^{-2}$			$a=0.65\,\text{fm}^{-2}$	

Abb. 15.3 Die Matrizen $(H_{nn'}^l)$ für $l = 0$, $D = 3$ und für die angegebenen Werte des Oszillatorweiteparameters a.

15.2 Je größer die Basis von harmonischen Oszillatorzuständen ist, desto genauer werden die wahren Bindungsenergien durch Eigenwerte der HAMILTON-Matrix approximiert, und desto unempfindlicher wird die Approximation gegenüber Veränderungen des Weiteparameters a. Abb. 15.4 zeigt die jeweils niedrigsten Eigenwerte der mit 3, 5, 10 und 15 harmonischen Oszillatorfunktionen gebildeten Matrix $(H_{nn'}^l)$ als Funktion von a.

15.3 Wenn die Approximation der wahren Bindungsenergie durch einen Eigenwert von (15.3) eine Genauigkeit von mehreren Dezimalstellen hat, dann wird auch die wahre Wellenfunktion mit zufriedenstellender Genauigkeit approximiert. Bei positiven Energien, d.h. im Bereich der Streulösungen, werden die Wellenfunktionen von Kapitel 13 im Nahbereich noch einigermaßen gut approximiert, wenn die Dimension D groß genug ist und wenn der Weiteparameter a in dem Bereich liegt, in dem die negativen Energieeigenwerte ihre Plateaus

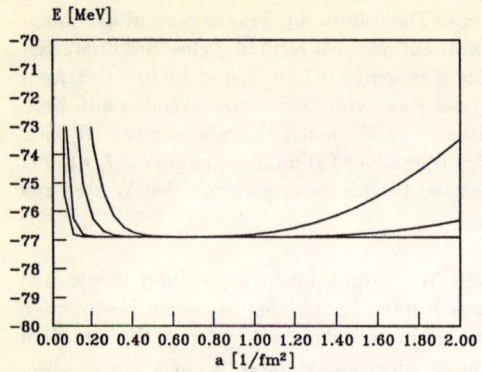

Abb. 15.4 Niedrigste Energieeigenwerte für $l = 0$, $D = 3, 5, 10, 15$ als Funktionen des Oszillatorweiteparameters a

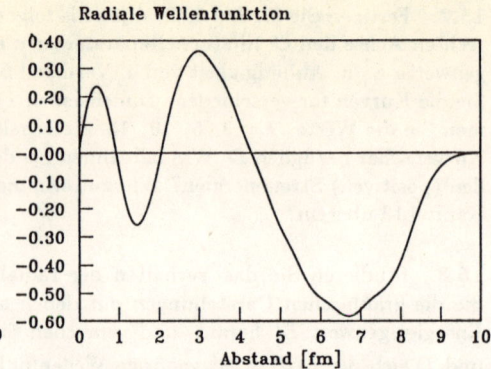

Abb. 15.5 Eigenlösung von (15.3), zur positiven Eigenenergie $E_4 = 4.3471\,\text{MeV}$; die Parameter sind $l = 0$, $D = 20$, $a = 0.5\,\text{fm}^{-2}$. Im Bereich $r > 5\,\text{fm}$ wird die Übereinstimmung mit der entsprechenden Lösung der SCHRÖDINGER-Gleichung schlecht.

haben (vgl. Abb. 15.4). Bei größeren Werten von r muß die Approximation zusammenbrechen, weil die Zustände einer endlichen Basis nur eine begrenzte Reichweite haben. Abb. 15.5 zeigt einen solchen Fall.

16. Der Grundzustand des Heliumatoms nach dem Hylleraas-Verfahren

16.1 Problemstellung

In den Kapiteln 13 und 15 haben wir gesehen, daß sich die SCHRÖDINGER-Gleichung für die Bewegung eines Teilchens im kugelsymmetrischen Potential $V(r)$ relativ einfach lösen läßt. Die SCHRÖDINGER-Gleichung für die Relativbewegung von zwei Teilchen, die über ein kugelsymmetrisches Potential miteinander wechselwirken, läßt sich auf diesen Fall zurückführen. Schwieriger wird es, wenn das Potential nicht mehr kugelsymmetrisch ist oder wenn drei Teilchen miteinander wechselwirken.

Ein interessantes Dreiteilchensystem ist das Heliumatom. Ein α-Teilchen mit der Kernladungszahl $Z = 2$ bildet den Atomkern, um den sich zwei Elektronen bewegen. Der Atomkern ist rund 7 000 mal schwerer als ein Elektron und darf als ruhend angesehen werden. Die Elektronen bewegen sich im COULOMB-Feld des Atomkerns und wechselwirken zudem noch miteinander. Die Berechnung der Energie des Grundzustandes war einer der Prüfsteine für die in den Jahren 1925/26 entdeckte Quantenmechanik. Die Rechnung wurde 1929 von HYLLERAAS durchgeführt [16.1]. Wir wollen in diesem Kapitel die historische Rechnung von HYLLERAAS nachvollziehen. Die Verwendung eines Computers wird es uns gestatten, die von HYLLERAAS gefundene Näherung zu verbessern und auf diese Weise zu überprüfen, wie genau die historische Rechnung war.

Als HAMILTON-Operator für das Heliumatom verwenden wir die Näherung

$$H = -\frac{\hbar^2}{2m}(\Delta_1 + \Delta_2) - \frac{Ze^2}{|\boldsymbol{r}_1|} - \frac{Ze^2}{|\boldsymbol{r}_2|} + \frac{e^2}{|\boldsymbol{r}_1 - \boldsymbol{r}_2|}, \qquad (16.1)$$

d. h. wir vernachlässigen alle magnetischen und relativistischen Effekte sowie die Mitbewegung des Atomkerns. Die Vektoren $\boldsymbol{r}_1$ und $\boldsymbol{r}_2$ bezeichnen den Ort der beiden Elektronen, m die Elektronenmasse, e die Elementarladung und Z die Kernladungszahl. Berechnen möchten wir die Energie des Grundzustandes und die dazugehörige Ortswellenfunktion. Die Ortswellenfunktion des Heliumatoms im Grundzustand ist gegenüber einer Vertauschung der beiden Elektronen symmetrisch. Dem PAULI-Prinzip wird durch eine antisymmetrische Spin-Wellenfunktion Rechnung getragen.

Die SCHRÖDINGER-Gleichung mit dem HAMILTON-Operator (16.1) können wir weder analytisch noch auf direkte Weise numerisch lösen. Bei der numerischen Lösung bereiten nicht nur die beiden LAPLACE-Operatoren Δ_1 und Δ_2 Schwierigkeiten, sondern auch die Randbedingungen, welche die Wellenfunktion erfüllen muß. Der Übergang zur Matrixgleichung bietet hier einen entscheidenden Vorteil. Die Randbedingungen lassen sich bereits bei der Wahl der Basisfunktionen erfüllen. Wählt man als Basis ein Produkt von Einteilchenzuständen

$$\Phi_{ij}(\boldsymbol{r}_1, \boldsymbol{r}_2) = \varphi_i(\boldsymbol{r}_1)\varphi_j(\boldsymbol{r}_2), \tag{16.2}$$

dann bereiten auch die LAPLACE-Operatoren keine Schwierigkeiten. Eine Schwierigkeit entsteht lediglich durch die (eventuell hohe) Dimension der Matrixgleichung; denn die Dimension einer Produktbasis ist das Produkt der Dimensionen der miteinander multiplizierten Basen. Würden wir z.B. Produktzustände des harmonischen Oszillators als Basis verwenden, dann bräuchten wir sehr viele Zustände und würden damit unseren Computer schnell überfordern.

Einen Ausweg fand HYLLERAAS [16.1]. Er konstruierte eine verhältnismäßig geringe Anzahl von Basiszuständen, die dem physikalischen Problem angepaßt sind. Die Basiszustände enthalten einen nichtlinearen Parameter α, der frei variiert werden darf.

Wie im vorigen Kapitel beschrieben, wird mit dem HAMILTON-Operator H und der gewählten Basis der Dimension D die Matrixgleichung

$$\sum_{n'=1}^{D} H_{nn'} a_{n'} = E a_n, \qquad n = 1, \ldots, D, \tag{16.3}$$

aufgestellt. Die Matrixelemente des HAMILTON-Operators hängen vom Variationsparameter α ab. Entsprechend werden alle Eigenwerte E_j und alle zugehörigen Eigenvektoren $(a_n)_j$ vom Parameter α abhängen.

Man verwendet nun das Theorem von HYLLERAAS und UNDHEIM [16.2]. Dieses besagt, daß die Eigenwerte E_j von (16.3) nicht tiefer liegen können als die exakten Eigenwerte der SCHRÖDINGER-Gleichung, unabhängig von speziellen Eigenschaften der gewählten Funktionenbasis, und auch unabhängig von der Dimension D und vom Variationsparameter α. Es gilt also stets

$$E_{i,\text{exakt}} \leq E_i, \tag{16.4}$$

sofern man die Eigenwerte vom niedrigsten an aufsteigend numeriert. Die Eigenwerte der Matrixgleichung (16.3) sind also jeweils obere Schranken für die wahren Eigenwerte. Das Theorem gilt im Bereich der Bindungszustände; es gilt trivialerweise auch im Bereich der Streuzustände, weil in unmittelbarer Nähe der Schwelle $E = 0$ bereits unendlich viele wahre Zustände liegen.

Das Theorem von HYLLERAAS und UNDHEIM wird sowohl verwendet, um eine beste Näherung für die wahren Eigenwerte zu finden, als auch, um die Qualität der Näherung abzuschätzen:

1. Man führt die Berechnung der Eigenwerte von (16.3) für verschiedene Werte des Parameters α durch und ermittelt das Minimum desjenigen Eigenwertes, für den man sich interessiert. Das Minimum ist die gesuchte Näherung für den Eigenwert.
2. Man trägt $E_j(\alpha, D)$ als Funktion von α für verschiedene Werte von D auf und beurteilt die Qualität der Näherung anhand der Figur (vgl. Abb. 16.1). Solange die Funktionen keine Plateaus zeigen und solange die Minima der Funktionen für steigende Werte von D keinem Häufungspunkt zustreben, hat man noch keine gute Näherung gefunden. Die Umkehrung des Satzes gilt leider nicht; es könnte z. B. sein, daß alle Basiszustände zu einer in der wahren Lösung enthaltenen Komponente orthogonal sind und daß deshalb die wahre Lösung nicht gefunden wird, obgleich die obigen Kriterien erfüllt sind.

Wir wollen uns im folgenden Abschnitt die von HYLLERAAS für den Grundzustand des Heliumatoms aufgestellte Funktionenbasis ansehen und uns mit der Lösung der Eigenwertgleichung beschäftigen.

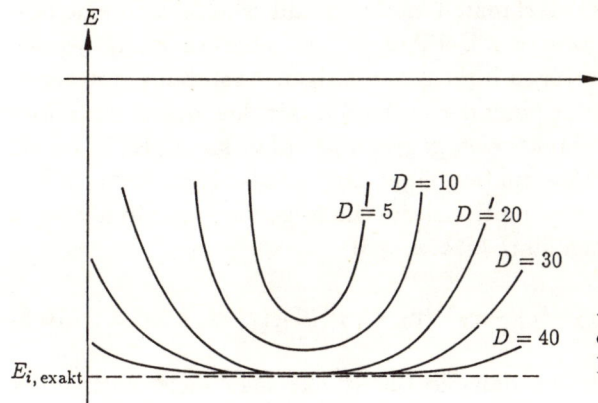

Abb. 16.1 Konvergenzverhalten des i-ten Eigenwerts beim HYLLERAAS-Verfahren

16.2 Aufstellung der Zustandsbasis und der Matrixgleichung

Wenn es keine Wechselwirkung zwischen den Elektronen gäbe, dann könnte man die Grundzustandswellenfunktion für das Heliumatom analytisch bestimmen. Man müßte nur jedes Elektron in den Grundzustand der SCHRÖDINGER-Gleichung für das Ein-Elektronenproblem setzen. Man hätte [16.3]

$$\Phi_G(\boldsymbol{r}_1, \boldsymbol{r}_2) = \exp\left(\frac{-Z}{r_0}(r_1 + r_2)\right), \tag{16.5}$$

wobei

$$r_0 = \frac{\hbar^2}{me^2} = 0.52917\,\text{Å} \tag{16.6}$$

der BOHRsche Radius ist. Wir verwenden von nun an die Abkürzung r_1 und r_2 für $|\boldsymbol{r}_1|$ und $|\boldsymbol{r}_2|$. Wenn man den Erwartungswert des HAMILTON-Operators (16.1) mit dem (normierten) Zustand (16.5) berechnet, dann entspricht dies einer Störungsrechnung erster Ordnung für die Elektron-Elektron-Wechselwirkung. Man erhält zwar eine brauchbare Abschätzung der Bindungsenergie, ist jedoch vom genauen Wert noch um mehrere eV entfernt.

Verbessern kann man die Abschätzung, wenn man in der Rechnung berücksichtigt, daß die Elektronen gegenseitig einen Teil des Kern-Elektron-Wechselwirkungspotentials abschirmen. Am einfachsten erreicht man dies, indem man in (16.5) die Kernladungszahl Z durch eine effektive Kernladungszahl $Z' = Z/\alpha$ ersetzt:

$$\Phi'_G(\boldsymbol{r}_1, \boldsymbol{r}_2) = \exp\left(\frac{-Z}{\alpha r_0}(r_1 + r_2)\right). \tag{16.7}$$

Da das Theorem von HYLLERAAS und UNDHEIM auch für $D = 1$ gilt (RITZsches Variationsprinzip!), darf man α variieren und erhält damit eine bessere Abschätzung der Bindungsenergie. Der Ansatz (16.7) berücksichtigt jedoch nicht, daß die Elektronen sich wegen ihrer gegenseitigen Abstoßung mit geringerer Wahrscheinlichkeit nahe beieinander aufhalten, als dies durch ein reines Produkt von Einteilchenwellenfunktionen gegeben ist. Man kann (16.7) jedoch zum Ausgangspunkt für die Konstruktion einer Zustandsbasis machen, indem man Φ'_G mit geeigneten Faktoren multipliziert. Die folgenden Basisfunktionen wurden von HYLLERAAS eingeführt ($j, k, m \geq 0$):

$$\tilde{\Phi}_{jkm}(\boldsymbol{r}_1, \boldsymbol{r}_2) = (r_1 + r_2)^j (r_1 - r_2)^k |\boldsymbol{r}_1 - \boldsymbol{r}_2|^m \Phi'_G(\boldsymbol{r}_1, \boldsymbol{r}_2). \tag{16.8}$$

Mit Tilde soll angedeutet werden, daß die Basisfunktionen nicht zueinander orthogonal sind. Für k sind nur gerade Werte zugelassen, weil die Ortswellenfunktion im Grundzustand gegenüber Vertauschung der beiden Elektronen symmetrisch sein muß. Der Ansatz für die Wellenfunktion lautet

$$\psi(\boldsymbol{r}_1, \boldsymbol{r}_2) = \sum_{j,k,m} \tilde{a}_{jkm} \tilde{\Phi}_{jkm}(\boldsymbol{r}_1, \boldsymbol{r}_2). \tag{16.9}$$

Die Elemente der Zustandsbasis mit $m > 0$ erlauben es uns, den Effekt der gegenseitigen Abstoßung der Elektronen auf die Wellenfunktion ψ näherungsweise zu berücksichtigen. In den Übungen werden wir sehen, daß eine Verbesserung der Abschätzung für die Energie gegenüber dem einfachen Ansatz (16.7) hauptsächlich durch die Elemente der Zustandsbasis mit $m > 0$ oder $k > 0$ hereinkommt, während die Terme mit $m = 0$, $k = 0$, $j > 0$ wenig beitragen. HYLLERAAS verwendete in seiner historischen Rechnung nur drei Zustände, nämlich $(j, k, m) = (0, 0, 0)$, $(0, 0, 1)$ und $(0, 2, 0)$. Im folgenden werden wir das Tripel (j, k, m) oft kurz mit n bezeichnen.

Die Darstellung der SCHRÖDINGER-Gleichung auf der nichtorthogonalen Basis (16.8) führt zur allgemeinen Eigenwertaufgabe

$$\sum_{n'}(\tilde{H}_{nn'} - EN_{nn'})\tilde{a}_{n'} = 0, \qquad (16.10)$$

mit
$$\tilde{H}_{nn'} = \langle \tilde{\Phi}_n | H | \tilde{\Phi}_{n'} \rangle \qquad (16.11)$$

und
$$N_{nn'} = \langle \tilde{\Phi}_n | \tilde{\Phi}_{n'} \rangle. \qquad (16.12)$$

Wir müssen die allgemeine Eigenwertgleichung (16.11) auf die spezielle Form (16.3) transformieren, um das Theorem von HYLLERAAS und UNDHEIM anwenden zu können. Wie wir sehen werden, ist die Transformation gleichbedeutend mit einer Orthonormalisierung der Zustandsbasis (16.8).

Die in (16.10) und (16.12) auftretende Matrix N heißt Normmatrix. Sie enthält alle Informationen über die Nichtorthogonalität der Zustandsbasis (16.8). Die Matrix N ist reell und symmetrisch. Wegen der linearen Unabhängigkeit der Basis ist sie auch positiv definit, d. h. alle ihre Eigenwerte sind größer als null. Damit existieren auch N^{-1}, $N^{1/2}$ und $N^{-1/2}$. Mit der Matrix $N^{-1/2}$ können wir die Basis (16.8) orthonormieren.

Wir setzen

$$\Phi_n = \sum_{n'}(N^{-1/2})_{nn'}\tilde{\Phi}_{n'}, \qquad (16.13)$$

wobei $(N^{-1/2})_{nn'}$ das nn'-Matrixelement der Matrix $N^{-1/2}$ bedeutet. Die Basis der transformierten Zustände Φ_n ist orthonormal,

$$\langle \Phi_n | \Phi_{n'} \rangle = \delta_{nn'}. \qquad (16.14)$$

Für die Matrixelemente von H auf der orthonormierten Basis erhalten wir

$$H_{nn'} = \langle \Phi_n | H | \Phi_{n'} \rangle = (N^{-1/2}\tilde{H}N^{-1/2})_{nn'}. \qquad (16.15)$$

Der letzte Ausdruck ist wieder das nn'-Element des in Klammern stehenden Matrizenprodukts. Als letztes transformieren wir noch die in (16.9) und (16.10) auftretenden Koeffizienten $\tilde{a}_n$. Aus

$$\psi = \sum_n \tilde{a}_n \tilde{\Phi}_n = \sum_n a_n \Phi_n \qquad (16.16)$$

und der Transformation (16.13) erhält man

$$\tilde{a}_n = \sum_{n'} (N^{-1/2})_{nn'} a_{n'}, \quad a_n = \sum_{n'} (N^{1/2})_{nn'} \tilde{a}_{n'}. \tag{16.17}$$

Wir können nun sehen, wie sich die Basistransformation (16.13) auf die allgemeine Eigenwertgleichung (16.10) auswirkt. In Matrixschreibweise lautet (16.10)

$$(\tilde{H} - NE)\tilde{a} = 0, \tag{16.18}$$

wobei $\tilde{a}$ den mit den Komponenten $\tilde{a}_n$ gebildeten Spaltenvektor bedeutet. Wir fügen in (16.18) zwischen $(\tilde{H} - NE)$ und $\tilde{a}$ die Einheitsmatrix in der Form $\mathbf{1} = N^{-1/2} N^{1/2}$ ein, multiplizieren mit $N^{-1/2}$ von links und erhalten

$$(N^{-1/2} \tilde{H} N^{-1/2} - E N^{-1/2} N N^{-1/2}) N^{1/2} \tilde{a} = 0. \tag{16.19}$$

Der Ausdruck $N^{-1/2} \tilde{H} N^{-1/2}$ ist nach (16.15) gleich der Matrix $(H_{nn'})$, der Ausdruck $N^{-1/2} N N^{-1/2}$ ist die Einheitsmatrix, und $N^{1/2} \tilde{a}$ ist nach (16.17) gleich dem Spaltenvektor a mit den Komponenten a_n. Das heißt, (16.19) ist identisch mit der speziellen Eigenwertgleichung (16.3).

Die Orthonormierung der Basis (16.8) hat von der allgemeinen Eigenwertgleichung (16.10) über (16.19) zur speziellen Eigenwertgleichung (16.3) geführt. Die Gleichungen (16.3) und (16.10) unterscheiden sich nur in der Darstellungsbasis der Operatoren. Sowohl die Eigenwerte als auch die aus den Eigenvektoren berechneten Wellenfunktionen ψ sind bei beiden Gleichungen dieselben. Mit (16.19) haben wir auch ein Schema erhalten, nach welchem man die allgemeine Eigenwertgleichung numerisch lösen kann. Wir werden deshalb in unserem Programm die Orthonormierung der Basis (16.8) nicht explizit durchführen. Wir werden statt dessen die allgemeine Eigenwertgleichung (16.10) aufstellen und zur Lösung ein Unterprogramm schreiben, welches im wesentlichen nach dem Schema (16.19) arbeitet. Das Unterprogramm wird unabhängig sein von dem speziellen Beispiel, das wir behandeln.

Bevor wir uns der Programmierung der Eigenwertgleichung zuwenden, müssen wir noch die Matrixelemente $N_{nn'}$ und $\tilde{H}_{nn'}$ bestimmen. Eine numerische Berechnung wäre sehr aufwendig, da man über drei unabhängige Koordinaten integrieren müßte. HYLLERAAS hat die Matrixelemente analytisch berechnet, und wir werden seinem Beispiel folgen. Die analytische Rechnung ist nicht kompliziert, aber langwierig. Sie soll daher nur für die Elemente $N_{nn'}$ vorgeführt werden. Für $\tilde{H}_{nn'}$ werden wir die Ergebnisse ohne Rechnung angeben.

Mit $n = (j, k, m)$, $n' = (j', k', m')$ und

$$\lambda = \frac{Z}{\alpha r_0} \tag{16.20}$$

folgt aus (16.12) und (16.8) die Gleichung

$$N_{nn'} = \langle \tilde{\Phi}_{jkm} | \tilde{\Phi}_{j'k'm'} \rangle = \int d^3 r_1 d^3 r_2 \tilde{\Phi}_{jkm}(\boldsymbol{r}_1, \boldsymbol{r}_2) \tilde{\Phi}_{j'k'm'}(\boldsymbol{r}_1, \boldsymbol{r}_2)$$

$$= \int d^3 r_1 d^3 r_2 (r_1 + r_2)^{j+j'} (r_1 - r_2)^{k+k'} |\boldsymbol{r}_1 - \boldsymbol{r}_2|^{m+m'} \exp(-2\lambda(r_1 + r_2)). \tag{16.21}$$

Wir sehen, daß als Exponenten nur die Summen $j + j'$, $k + k'$ und $m + m'$ auftreten, und führen deshalb die Abkürzungen

$$J = j + j', \quad K = k + k', \quad M = m + m' \tag{16.22}$$

ein. Der Integrand hängt nur von r_1, r_2 und dem Winkel γ zwischen $\boldsymbol{r}_1$ und $\boldsymbol{r}_2$ ab. Die Integration über die restlichen Winkelkoordinaten ergibt einen Faktor $8\pi^2$. Wir erhalten

$$N_{nn'} \equiv N_{JKM} = 8\pi^2 \int_0^\infty dr_1 \int_0^\infty dr_2 \int_{-1}^1 d(\cos\gamma) \Big(r_1^2 r_2^2 (r_1 + r_2)^J (r_1 - r_2)^K$$

$$\cdot (r_1^2 + r_2^2 - 2 r_1 r_2 \cos\gamma)^{M/2} \exp(-2\lambda(r_1 + r_2)) \Big). \tag{16.23}$$

Mit den Substitutionen

$$u = \cos\gamma, \quad v = r_1 + r_2, \quad w = r_1 - r_2 \tag{16.24}$$

wird das Integral (16.23) etwas übersichtlicher,

$$N_{JKM} = 4\pi^2 \int_0^\infty dv \int_{-v}^v dw \int_{-1}^1 du$$

$$\left(\frac{v^2 - w^2}{4}\right)^2 v^J w^K \left(\frac{v^2 + w^2 - u(v^2 - w^2)}{2}\right)^{M/2} \exp(-2\lambda v). \tag{16.25}$$

Die Integration über u ergibt

$$N_{KJM} = \frac{\pi^2}{M+2} \int_0^\infty dv \int_{-v}^v dw (v^2 - w^2) v^J w^K (v^{M+2} - |w|^{M+2}) \exp(-2\lambda v). \tag{16.26}$$

Nun führen wir die Integration über w aus. Für ungerade Werte von K verschwindet das Integral, da der Integrand dann eine ungerade Funktion von w ist. Für gerade Werte von K erhalten wir

$$N_{KJM} = \frac{2\pi^2}{M+2} \int_0^\infty dv$$

$$\left(\frac{1}{K+1} - \frac{1}{K+3} - \frac{1}{K+M+3} + \frac{1}{K+M+5}\right) v^{J+K+M+5} \exp(-2\lambda v). \tag{16.27}$$

Die Integration über v ergibt schließlich

$$N_{nn'} \equiv N_{JKM}$$

$$= 2\pi^2(J+K+M+5)!\left(\frac{1}{2\lambda}\right)^{J+K+M+6}\left(\frac{1}{M+2}\right)$$

$$\cdot\left(\frac{1}{K+1} - \frac{1}{K+3} - \frac{1}{K+M+3} + \frac{1}{K+M+5}\right)$$

$$\text{für} \quad K = 0, 2, 4, \ldots. \quad (16.28\text{a})$$

Wie wir bereits sahen, gilt außerdem

$$N_{nn'} \equiv N_{JKM} = 0 \qquad \text{für } K = 1, 3, 5, \ldots. \quad (16.28\text{b})$$

Der HAMILTON-Operator (16.1) besteht aus drei Anteilen,

$$H = T + C + W, \quad (16.29)$$

mit

$$C = -\frac{Ze^2}{r_1} - \frac{Ze^2}{r_2}, \quad T = -\frac{\hbar^2}{2m}(\Delta_1 + \Delta_2), \quad W = \frac{e^2}{|\mathbf{r}_1 - \mathbf{r}_2|}. \quad (16.30)$$

Ohne auf die analytische Rechnung näher einzugehen, geben wir die Formeln für die Matrixelemente. Die Matrixelemente des COULOMB-Potentials zwischen dem Atomkern und den beiden Elektronen lauten

$$\tilde{C}_{nn'} = \langle\tilde{\Phi}_{jkm}|C|\tilde{\Phi}_{j'k'm'}\rangle = -Ze^2\hat{C}_{JKM}, \quad (16.31)$$

mit

$$\hat{C}_{JKM} = \begin{cases} 8\pi^2(J+K+M+4)!\left(\frac{1}{2\lambda}\right)^{J+K+M+5} \\ \quad \cdot \left(\frac{1}{M+2}\right)\left(\frac{1}{K+1} - \frac{1}{K+M+3}\right) & \text{für } K = 0, 2, 4, \ldots, \\ 0 & \text{für } K = 1, 3, 5, \ldots. \end{cases}$$

$$(16.32)$$

Die Matrixelemente der COULOMB-Wechselwirkung zwischen den Elektronen lauten

$$\tilde{W}_{nn'} = \langle\tilde{\psi}_{jkm}|W|\tilde{\psi}_{j'k'm'}\rangle = e^2\hat{W}_{JKM}, \quad (16.33)$$

mit

$$\hat{W}_{JKM} = N_{JK,M-1}. \tag{16.34}$$

Um $\hat{W}_{JK,0}$ zu bestimmen, muß nach (16.34) $N_{JK,-1}$ ausgerechnet werden. Die Herleitung (16.23) bis (16.28) läßt sich jedoch auch für $M = -1$ durchführen, so daß dies unproblematisch ist.

Die Matrixelemente der kinetischen Energie der Elektronen lauten

$$\tilde{T}_{nn'} = \langle \tilde{\psi}_{jkm}|T|\tilde{\psi}_{j'k'm'}\rangle = \frac{\hbar^2}{2m}\hat{T}_{jkmj'k'm'}, \tag{16.35}$$

mit

$$\hat{T}_{jkmj'k'm'} = 2\Big[\lambda^2 N_{JKM} - J\lambda N_{J-1,KM}$$
$$+ jj'N_{J-2,KM} + kk'N_{J,K-2,M} + mm'N_{JK,M-2}\Big]$$
$$+ 1/2\Big[-M\lambda(\hat{C}_{JKM} - \hat{C}_{J,K+2,M-2})$$
$$+ (mj' + m'j)(\hat{C}_{J-1,KM} - \hat{C}_{J-1,K+2,M-2})$$
$$+ (mk' + m'k)(\hat{C}_{J+1,K,M-2} - \hat{C}_{J-1,KM})\Big]. \tag{16.36}$$

Falls M gleich 0 ist, müssen in (16.36) die Matrixelemente $N_{JK,-2}$, $\hat{C}_{J,K+2,-2}$, $\hat{C}_{J-1,K+2,-2}$ und $\hat{C}_{J+1,K,-2}$ berechnet werden. Die Ausdrücke (16.28) und (16.32) sind in diesem Fall nicht mehr definiert. Die entsprechenden Matrixelemente erhalten jedoch in (16.36) den Vorfaktor null. Wir können (16.36) also trotzdem auswerten. Bei der numerischen Berechnung müssen wir aber für $M = -2$ eine Sonderfallbehandlung einführen, um zu verhindern, daß der Computer eine Division durch null versucht.

Als Matrixelemente des HAMILTON-Operators haben wir damit

$$\tilde{H}_{nn'} = \tilde{T}_{nn'} + \tilde{C}_{nn'} + \tilde{W}_{nn'}. \tag{16.37}$$

16.3 Programmierung

Die allgemeine Eigenwertgleichung (16.10), (16.18) wollen wir uns losgelöst von dem in diesem Kapitel behandelten Problem ansehen. Wir gehen aus von der reellen, symmetrischen Matrix A und der reellen, symmetrischen, positiv definiten Matrix B und suchen die Eigenwerte α und die dazugehörigen Eigenvektoren x der allgemeinen Eigenwertgleichung

$$Ax = \alpha Bx. \tag{16.38}$$

Wir wollen diese allgemeine Eigenwertgleichung auf die Form der speziellen Eigenwertgleichung bringen und lösen zu diesem Zweck zunächst die Eigenwertgleichung

$$By = \beta y. \tag{16.39}$$

Die Diagonalmatrix, deren Diagonalelemente die Eigenwerte β sind, bezeichnen wir mit (β) und die orthogonale Matrix, deren Spalten die normierten Eigenvektoren y sind, mit Y. Es gilt dann die Beziehung

$$(\beta) = Y^{\mathrm{T}} BY, \tag{16.40}$$

oder

$$B = Y(\beta)Y^{\mathrm{T}}. \tag{16.41}$$

Da (β) eine Diagonalmatrix ist, können wir auf einfache Weise $(\beta)^{1/2}$ und $(\beta)^{-1/2}$ erhalten. Wir müssen dazu nur die Diagonalelemente entsprechend potenzieren. Wir multiplizieren nun (16.38) von links mit $(\beta)^{-1/2}Y^{\mathrm{T}}$ und fügen sowohl zwischen A und x als auch zwischen B und x die Einheitsmatrix in der Form $\mathbf{1} = Y(\beta)^{-1/2}(\beta)^{1/2}Y^{\mathrm{T}}$ ein. Unter Beachtung von (16.41) erhalten wir die spezielle Eigenwertgleichung

$$Cz = \alpha z, \tag{16.42}$$

mit

$$C = (\beta)^{-1/2}Y^{\mathrm{T}}AY(\beta)^{-1/2} \tag{16.43}$$

und

$$z = (\beta)^{1/2}Y^{\mathrm{T}}x. \tag{16.44}$$

Die Eigenwerte von (16.42) sind identisch mit denen von (16.38). Die Eigenvektoren x von (16.38) erhalten wir aus den Eigenvektoren z von (16.42) mittels der aus (16.44) folgenden Transformation

$$x = Y(\beta)^{-1/2}z. \tag{16.45}$$

Leider bietet FORTRAN keine Matrixoperationen an, so daß wir gezwungen sind, auf Komponentenschreibweise überzugehen. Wir verwenden die Bezeichnungen A_{ik}, B_{ik} und C_{ik} für die Matrixelemente der Matrizen A, B und C, die Bezeichnungen α_k und β_k für die Eigenwerte und die Bezeichnungen x_{ik}, y_{ik} und z_{ik} für die i-ten Komponenten der zum k-ten Eigenwert gehörenden Eigenvektoren (wobei die y_{ik} gleichzeitig die Matrixelemente von Y sind). Aus (16.43) folgt dann

$$C_{ij} = \sum_{k=1}^{n} \beta_i^{-1/2} y_{ki} \left(\sum_{l=1}^{n} A_{kl} y_{lj} \right) \beta_j^{-1/2} \tag{16.46}$$

und aus (16.45)

$$x_{ij} = \sum_{k=1}^{n} y_{ik} \beta_k^{-1/2} z_{kj}. \qquad (16.47)$$

Für das Lösen der beiden speziellen Eigenwertgleichungen (16.39) und (16.42) steht uns bereits das Unterprogramm EIGEN zur Verfügung, das wir in Kapitel 15 kennengelernt haben. Um die allgemeine Eigenwertgleichung (16.38) zu lösen, erstellen wir ein Unterprogramm EIGENX, das neben dem zweimaligen Aufruf von EIGEN im wesentlichen die Aufgabe hat, die Formeln (16.46) und (16.47) abzuarbeiten. Für eine ausführlichere Behandlung des Eigenwertproblems symmetrischer Matrizen verweisen wir wieder auf Ref. [16.4].

Die Parameterliste von EIGENX (Abb. 16.3) ist recht umfangreich (Zeile 100): Das rufende Programm (in unserem Fall das Hauptprogramm KAP16) übergibt an EIGENX die zweidimensionalen Felder A und B, die die Elemente der betreffenden Matrizen enthalten, die Dimension N der Matrizen sowie die maximal zulässige Dimension NMAX. Nach erfolgreicher Durchführung gibt EIGENX an das rufende Programm das eindimensionale Feld ALPHA mit den Eigenwerten α und das zweidimensionale Feld X mit den Eigenvektoren x zurück. Die restlichen Felder dienen als Hilfsfelder; außer dem bereitgestellten Speicherplatz wird mit diesen Feldern nichts übergeben. Der Programmablauf wird abgebrochen, wenn die Bedingung 1≤N≤NMAX verletzt ist (Zeile 106) oder wenn die Matrix B nicht positiv definit ist (Zeile 110).

Nachdem durch den Aufruf von EIGEN in Zeile 107 die Eigenwertgleichung (16.39) gelöst ist, werden in der nachfolgenden DO-Schleife (ab Zeile 108) die Größen $\beta_k^{-1/2}$ berechnet. Um die Berechnung der Matrixelemente C_{ij} vorzubereiten, bestimmen wir zunächst den in (16.46) von Klammern umgebenen Ausdruck, da dieser nicht vom Index i abhängt (Zeile 113–120). Da das Feld X erst am Ende von EIGENX benötigt wird, können wir die Zwischenergebnisse auf diesem abspeichern. In dem DO-Schleifen-Komplex von Zeile 121 bis Zeile 128 werden nun die Elemente der Matrix C berechnet. Mit dem zweiten Aufruf von EIGEN wird die Eigenwertgleichung (16.42) gelöst (Zeile 130). Wie schon beim ersten Aufruf von EIGEN wird X als Hilfsfeld verwendet. In einem weiteren Schleifen-Komplex wird Formel (16.47) abgearbeitet (Zeile 131 bis 138).

Mathematische Bezeichnung	FORTRAN-Bezeichnung	Mathematische Bezeichnung	FORTRAN-Bezeichnung
A_{ik}	A(I,K)	n	N
B_{ik}	B(I,K)	x_{ik}	X(I,K)
C_{ik}	C(I,K)	y_{ik}	Y(I,K)
α_k	ALPHA(K)	z_{ik}	Z(I,K)
$\beta_k, \beta_k^{-1/2}$	BETA(K)		

Abb. 16.2 Im Unterprogramm EIGENX verwendete Bezeichnungen

```
      SUBROUTINE EIGENX(A,B,NMAX,N,ALPHA,X,Y,Z,C,BETA,H1,H2)         100
      IMPLICIT DOUBLE PRECISION (A-H,O-Z)                            101
      DIMENSION ALPHA(NMAX), BETA(NMAX), H1(NMAX), H2(NMAX)          102
      DIMENSION A(NMAX,NMAX), B(NMAX,NMAX), C(NMAX,NMAX)             103
      DIMENSION X(NMAX,NMAX), Y(NMAX,NMAX), Z(NMAX,NMAX)             104
      IF((N.LT.1).OR.(N.GT.NMAX)) STOP                               105
     &'Fehler in SUBROUTINE EIGENX: 1 ≤ N ≤ NMAX nicht erfüllt'      106
      CALL EIGEN(B,NMAX,N,BETA,Y,X,H1,H2)                            107
      DO 10 I=1,N                                                    108
      IF(BETA(I).LE.0.D0) STOP 'Fehler in SUBROUTINE EIGENX: B       109
     & singulär oder nicht pos. definit'                             110
      BETA(I)=SQRT(1.D0/BETA(I))                                     111
   10 CONTINUE                                                       112
      DO 40 K=1,N                                                    113
      DO 30 J=1,N                                                    114
      X(K,J)=0.D0                                                    115
      DO 20 L=1,N                                                    116
      X(K,J)=X(K,J)+A(K,L)*Y(L,J)                                    117
   20 CONTINUE                                                       118
   30 CONTINUE                                                       119
   40 CONTINUE                                                       120
      DO 70 I=1,N                                                    121
      DO 60 J=1,N                                                    122
      C(I,J)=0.D0                                                    123
      DO 50 K=1,N                                                    124
      C(I,J)=C(I,J)+Y(K,I)*X(K,J)                                    125
   50 CONTINUE                                                       126
      C(I,J)=BETA(I)*C(I,J)*BETA(J)                                  127
   60 CONTINUE                                                       128
   70 CONTINUE                                                       129
      CALL EIGEN(C,NMAX,N,ALPHA,Z,X,H1,H2)                           130
      DO 100 J=1,N                                                   131
      DO 90 I=1,N                                                    132
      X(I,J)=0.D0                                                    133
      DO 80 K=1,N                                                    134
      X(I,J)=X(I,J)+Y(I,K)*BETA(K)*Z(K,J)                            135
   80 CONTINUE                                                       136
   90 CONTINUE                                                       137
  100 CONTINUE                                                       138
      END                                                            139
```

Abb. 16.3   Unterprogramm EIGENX

Physikalische Bezeichnung	FORTRAN-Bezeichnung	Physikalische Bezeichnung	FORTRAN-Bezeichnung
j	J1	J	J
k	K1	K	K
m	M1	M	M
j'	J2	λ	LAMBDA
k'	K2	π	PI
m'	M2		

Abb. 16.4   In den FUNCTION-Unterprogrammen NN, TDACH, CDACH und WDACH verwendete Bezeichnungen

```
      DOUBLE PRECISION FUNCTION NN(J,K,M)
      IMPLICIT DOUBLE PRECISION (A-H,O-Z)
      PARAMETER (PI=3.1415926535D0)
      DOUBLE PRECISION LAMBDA
      COMMON /LAMCOM/LAMBDA
      IF((K.NE.2*(K/2)).OR.(M.EQ.-2)) THEN
        NN=0.D0
      ELSE
        NN=2.D0*PI*FAK(J+K+M+5)*(0.5D0/LAMBDA)**(J+K+M+6)
     &     *1.D0/(M+2.D0)*(1.D0/(K+1.D0)-1.D0/(K+3.D0)
     &     -1.D0/(K+M+3.D0)+1.D0/(K+M+5.D0))
      ENDIF
      END

      DOUBLE PRECISION FUNCTION TDACH(J1,K1,M1,J2,K2,M2)
      IMPLICIT DOUBLE PRECISION (A-H,O-Z)
      DOUBLE PRECISION NN
      DOUBLE PRECISION LAMBDA
      COMMON /LAMCOM/LAMBDA
      J=J1+J2
      K=K1+K2
      M=M1+M2
      TDACH=2.D0*(LAMBDA*LAMBDA*NN(J,K,M)-J*LAMBDA*NN(J-1,K,M)
     &     +J1*J2*NN(J-2,K,M)+K1*K2*NN(J,K-2,M)
     &     +M1*M2*NN(J,K,M-2))+0.5D0
     &     *(-M*LAMBDA*(CDACH(J,K,M)-CDACH(J,K+2,M-2))
     &     +(M1*J2+M2*J1)*(CDACH(J-1,K,M)-CDACH(J-1,K+2,M-2))
     &     +(M1*K2+M2*K1)*(CDACH(J+1,K,M-2)-CDACH(J-1,K,M)))
      END

      DOUBLE PRECISION FUNCTION CDACH(J,K,M)
      IMPLICIT DOUBLE PRECISION (A-H,O-Z)
      PARAMETER (PI=3.1415926535D0)
      DOUBLE PRECISION LAMBDA
      COMMON /LAMCOM/LAMBDA
      IF((K.NE.2*(K/2)).OR.(M.EQ.-2)) THEN
        CDACH=0.D0
      ELSE
        CDACH=8.D0*PI*PI*FAK(J+K+M+4)*(0.5D0/LAMBDA)**(J+K+M+5)
     &        *1.D0/(M+2.D0)*(1.D0/(K+1.D0)-1.D0/(K+M+3.D0))
      ENDIF
      END

      DOUBLE PRECISION FUNCTION WDACH(J,K,M)
      IMPLICIT DOUBLE PRECISION (A-H,O-Z)
      DOUBLE PRECISION NN
      WDACH=NN(J,K,M-1)
      END

      DOUBLE PRECISION FUNCTION FAK(N)
      IMPLICIT DOUBLE PRECISION (A-H,O-Z)
      FAK=1.D0
      DO 10 I=2,N
        FAK=FAK*I
10    CONTINUE
      END
```

Abb. 16.5 FUNCTION-Unterprogramme NN, TDACH, CDACH, WDACH und FAK

Vor dem Aufruf von EIGENX müssen die Matrixelemente $\tilde{H}_{nn'}$ und $N_{nn'}$ von $\tilde{H}$ und N berechnet werden. Diese Berechnung wird größtenteils außerhalb des Hauptprogramms KAP16 in den vier FUNCTION-Unterprogrammen NN, CDACH, TDACH und WDACH ablaufen (Abb. 16.5). Durch NN erhalten wir N_{JKM} nach (16.28), durch CDACH $\hat{C}_{JKM}$ nach (16.32), durch TDACH $\hat{T}_{jkmj'k'm'}$ nach (16.36) und durch WDACH $\hat{W}_{JKM}$ nach (16.34).

Durch den COMMON-Block /LAMCOM/ wird λ übergeben (Zeilen 204, 217 und 232). Für die Berechnung der Fakultät in NN und CDACH steht das FUNCTION-Unterprogramm FAK bereit (Abb. 16.5). Zu beachten ist hierbei, daß der Parameter N ein INTEGER-Ausdruck ist, das Ergebnis FAK(N) jedoch vom Typ DOUBLE PRECISION ist. Dies ist sinnvoll, weil die Fakultät sehr schnell in den Bereich hoher Werte kommt, die der Computer nicht mehr als INTEGER-Zahlen darstellen kann.

Abb. 16.7 zeigt den numerischen Teil des Hauptprogramms KAP16, die verwendeten Bezeichnungen findet man in Abb. 16.6. In Zeile 312 bestimmen wir $\hbar^2/(2m)$ nach der Formel

$$\frac{\hbar^2}{2m} = \frac{1}{2}\frac{\hbar^2}{me^2}e^2 = \frac{1}{2}r_0 e^2, \qquad (16.48)$$

mit r_0 nach (16.6) und $e^2 = 14.40\,\text{eV\AA}$. In Zeile 313 erhalten wir λ nach (16.20).

Die beiden ineinandergeschachtelten DO-Schleifen, beginnend ab Zeile 314 bzw. 318, dienen dazu, die Matrixelemente $N_{nn'}$, $\tilde{T}_{nn'}$, $\tilde{C}_{nn'}$, $\tilde{W}_{nn'}$ und $\tilde{H}_{nn'}$ zu berechnen. Dazu werden zuerst die Indizes j, k, m und j', k', m' umgespeichert (Zeilen 315 bis 317 und 319 bis 321) und die Zahlen J, K und M nach

Physikalische Bezeichnung	FORTRAN-Bezeichnung	Physikalische Bezeichnung	FORTRAN-Bezeichnung
$\hbar^2/(2m)$	H2M	N_{JKM}	NN(J,K,M)
e^2	EQUAD	$\hat{C}_{JKM}$	CDACH(J,K,M)
r_0	RO	$\hat{T}_{jkmj'k'm'}$	TDACH(J1,K1,M1,
λ	LAMBDA		J2,K2,M2)
Z	Z	$\hat{W}_{JKM}$	WDACH(J,K,M)
α	ALPHA	$N_{nn'}$	NMAT(N,NP)
D	NDIM	$\tilde{T}_{nn'}$	TMAT(N,NP)
j	J1,JN(N)	$\tilde{C}_{nn'}$	CMAT(N,NP)
k	K1,KN(N)	$\tilde{W}_{nn'}$	WMAT(N,NP)
m	M1,MN(N)	$\tilde{H}_{nn'}$	HMAT(N,NP)
j'	J2,JN(NP)	E_j	E(J)
k'	K2,KN(NP)	$\tilde{a}_{nj}$	AMAT(N,J)
m'	M2,MN(NP)	$\langle T \rangle$	ERWT
J	J	$\langle C \rangle$	ERWC
K	K	$\langle W \rangle$	ERWW
M	M	$\langle H \rangle$	ERWH

Abb. 16.6 Im Hauptprogramm KAP16 verwendete Bezeichnungen

Abb. 16.7 Numerischer Teil des Hauptprogramms KAP16 ▶

```
      PROGRAM KAP16                                                      300

      IMPLICIT DOUBLE PRECISION (A-H,O-Z)                                301
      DOUBLE PRECISION NN, NMAT, NORM                                    302
      INTEGER Z                                                          303
      PARAMETER (NMAX=20, EQUAD=14.40D0, R0=0.52917D0)                   304
      DIMENSION JN(NMAX), KN(NMAX), MN(NMAX)                             305
      DIMENSION E(NMAX), HF4(NMAX), HF5(NMAX), HF6(NMAX)                 306
      DIMENSION HF1(NMAX,NMAX), HF2(NMAX,NMAX), HF3(NMAX,NMAX)           307
      DIMENSION CMAT(NMAX,NMAX), TMAT(NMAX,NMAX), WMAT(NMAX,NMAX)        308
      DIMENSION AMAT(NMAX,NMAX), HMAT(NMAX,NMAX), NMAT(NMAX,NMAX)        309
      DOUBLE PRECISION LAMBDA                                            310
      COMMON /LAMCOM/LAMBDA                                              311

*     (Eingabe: Z,IEE,NDIM,JN,KN,MN,ALPHA)

      H2M=0.5D0*R0*EQUAD                                                 312
      LAMBDA=Z/(R0*ALPHA)                                                313
      DO 30 N=1,NDIM                                                     314
        J1=JN(N)                                                         315
        K1=KN(N)                                                         316
        M1=MN(N)                                                         317
        DO 20 NP=1,N                                                     318
          J2=JN(NP)                                                      319
          K2=KN(NP)                                                      320
          M2=MN(NP)                                                      321
          J=J1+J2                                                        322
          K=K1+K2                                                        323
          M=M1+M2                                                        324
          NMAT(N,NP)=NN(J,K,M)                                           325
          NMAT(NP,N)=NMAT(N,NP)                                          326
          TMAT(N,NP)=H2M*TDACH(J1,K1,M1,J2,K2,M2)                        327
          TMAT(NP,N)=TMAT(N,NP)                                          328
          CMAT(N,NP)=-Z*EQUAD*CDACH(J,K,M)                               329
          CMAT(NP,N)=CMAT(N,NP)                                          330
          WMAT(N,NP)=IEE*EQUAD*WDACH(J,K,M)                              331
          WMAT(NP,N)=WMAT(N,NP)                                          332
          HMAT(N,NP)=CMAT(N,NP)+WMAT(N,NP)                               333
     &                         +TMAT(N,NP)                               334
          HMAT(NP,N)=HMAT(N,NP)                                          335
20      CONTINUE                                                         336
30    CONTINUE                                                           337
      CALL EIGENX(HMAT,NMAT,NMAX,NDIM,E,AMAT,HF1,HF2,HF3,HF4,HF5,HF6)    338
      ERWT=0.D0                                                          339
      ERWC=0.D0                                                          340
      ERWW=0.D0                                                          341
      DO 50 N=1,NDIM                                                     342
        DO 40 NP=1,NDIM                                                  343
          ERWT=ERWT+AMAT(N,1)*TMAT(N,NP)*AMAT(NP,1)                      344
          ERWC=ERWC+AMAT(N,1)*CMAT(N,NP)*AMAT(NP,1)                      345
          ERWW=ERWW+AMAT(N,1)*WMAT(N,NP)*AMAT(NP,1)                      346
40      CONTINUE                                                         347
50    CONTINUE                                                           348
      ERWH=ERWT+ERWC+ERWW                                                349

*     (Ausgabe: E,ERWT,ERWC,ERWW,ERWH,AMAT)

      END                                                                350
```

(16.22) berechnet (Zeilen 322 bis 324). Ab Zeile 325 erfolgt die Bestimmung der Matrixelemente nach folgenden Formeln: $N_{nn'}$ nach (16.28) in Zeile 325, $\tilde{T}_{nn'}$ nach (16.35) in Zeile 327, $\tilde{C}_{nn'}$ nach (16.31) in Zeile 329, $\tilde{W}_{nn'}$ nach (16.33) in Zeile 331 und $\tilde{H}_{nn'}$ nach (16.37) in Zeile 333 (plus Fortsetzungszeile 334). Dadurch, daß der Index NP anstatt von 1 bis NDIM nur von 1 bis N läuft (Zeile 318, vgl. auch Zeile 314), werden nur die unteren Dreiecksmatrizen bestimmt. Durch Vertauschen von Zeilen- und Spaltenindizes erhalten wir die vollen, symmetrischen Matrizen (Zeilen 326, 328, 330, 332 und 335). Die Variable IEE in Zeile 331 schaltet die Elektron-Elektron-Wechselwirkung W ein (IEE=1) oder aus (IEE=0).

Als nächstes wird durch den Aufruf von EIGENX in Zeile 338 die Eigenwertgleichung (16.19) gelöst. EIGENX liefert nach Übergabe der Matrizen $(\tilde{H}_{nn'})$ und $(N_{nn'})$ die Energieeigenwerte E_j, sowie die Eigenvektoren $(\tilde{a}_n)_j$ in Form einer auf dem zweidimensionalen Feld AMAT abgespeicherten Koeffizientenmatrix. Der erste Index von AMAT bezeichnet die einzelnen Komponenten eines Vektors, während der zweite Index angibt, zu welchem Eigenwert der betreffende Eigenvektor gehört. In der ersten Spalte von AMAT steht der Eigenvektor $(\tilde{a}_n)$ des Grundzustandes ψ. Die vom Unterprogramm EIGEN berechneten Eigenvektoren sind auf eins normiert. Dadurch sind die vom Unterprogramm EIGENX nach (16.45) berechneten Eigenvektoren so normiert, daß gilt

$$\langle\psi|\psi\rangle = \sum_{n,n'} \tilde{a}_n N_{nn'} \tilde{a}_{n'} = 1. \tag{16.49}$$

In den Zeilen 344 bis 346 werden die Erwartungswerte von T, C und W berechnet,

$$\langle\psi|T|\psi\rangle = \sum_{n,n'} \tilde{a}_n \tilde{T}_{nn'} \tilde{a}_{n'}, \quad \langle\psi|C|\psi\rangle = \sum_{n,n'} \tilde{a}_n \tilde{C}_{nn'} \tilde{a}_{n'},$$
$$\langle\psi|W|\psi\rangle = \sum_{n,n'} \tilde{a}_n \tilde{W}_{nn'} \tilde{a}_{n'}. \tag{16.50}$$

Zuletzt wird noch die Summe

$$\langle H \rangle = \langle T \rangle + \langle C \rangle + \langle W \rangle \tag{16.51}$$

gebildet. Wir erhalten damit eine kleine Rechenkontrolle, denn der Erwartungswert von H im Grundzustand muß mit dem niedrigsten Eigenwert identisch sein.

Folgende Größen müssen eingegeben werden: die Kernladungszahl Z, die Dimension D der Basis, die Indizes j, k, m der Basiszustände und der nichtlineare Variationsparameter α. Ausgegeben werden nur die Daten für den Grundzustand. Man erhält den Energieeigenwert E und die Erwartungswerte der kineti-

```
Ergebnisse für den Grundzustand, d.h. für
den tiefsten Eigenzustand (zur Erinnerung: ALPHA = 1.101):

Energieeigenwert    E = -78.982216 eV

Erwartungswerte:
   Kinetische Energie                  <T> =   79.009224 eV
   Elektron-Kern-Wechselwirkung        <C> = -183.769615 eV
   Elektron-Elektron-Wechselwirkung    <W> =   25.778174 eV
   Hamiltonoperator                    <H> =  -78.982216 eV

Verwendete Basiszustände und entsprechende Komponenten des Eigenvektors:

              | j   k   m    Komponenten des Eigenvektors
   1. Zustand | 0   0   0           8.984912
   2. Zustand | 0   2   0           4.196493
   3. Zustand | 0   0   1           4.963162
```

Abb. 16.8 Bildschirmausgabe für $\alpha = 1.101$ mit den von HYLLERAAS verwendeten drei Basiszuständen

schen Energie T, der Elektron-Kern-Wechselwirkung C, der Elektron-Elektron-Wechselwirkung W und des HAMILTON-Operators H sowie die Komponenten des Eigenvektors $(\tilde{a}_n)$. In Abb. 16.8 sehen wir als Beispiel die Bildschirmausgabe für die Originalrechnung nach HYLLERAAS.

Das hier in Auszügen vorgestellte Programm ist auf der Diskette in der Datei KAP-16.FOR zu finden.

16.4 Übungsaufgaben

16.1 Das Programm erlaubt die Behandlung der Elektron-Elektron-Wechselwirkung im Rahmen einer SCHRÖDINGERschen Störungsrechnung erster Ordnung. Man setzt dazu $\alpha = 1$ und verwendet nur den Basiszustand mit den Indizes $(j,k,m) = (0,0,0)$. Um wieviel wird bei dieser Methode die Bindungsenergie durch die Elektron-Elektron-Wechselwirkung reduziert?

16.2 Das Programm erlaubt die Durchführung einer einfachen RITZschen Variationsrechnung. Man verwendet dazu nur den Basiszustand mit den Indizes $(j,k,m) = (0,0,0)$ und variiert den Parameter α. Bei welchem Wert von α liegt das Minimum? Wieviel Bindungsenergie gewinnt man gegenüber der Störungsrechnung erster Ordnung?

16.3 Verwenden Sie für die Berechnung der Grundzustandsenergie von Helium alle Basiszustände mit $j + k + m \leq 3$. Wieviel Bindungsenergie gewinnt man gegenüber der HYLLERAASschen Rechnung mit den 3 Basiszuständen (0,0,0), (0,0,1) und (0,2,0)? Wieviel Bindungsenergie gewinnt man gegenüber der Störungsrechnung erster Ordnung?

16.5 Lösung der Übungsaufgaben

16.1 Die Bindungsenergie wird um den Erwartungswert des Elektron-Elektron-Wechselwirkungspotentials $\langle W \rangle = 34.016$ eV reduziert. Die Störungsrechnung erster Ordnung liefert für die Energie des Grundzustandes von Helium den Wert -74.834 eV.

16.2 Das Minimum liegt bei $\alpha = 1.185$. Für die Energie des Grundzustandes von Helium erhält man den Wert -77.492 eV. Gegenüber der Störungsrechnung erster Ordnung gewinnt man 2.658 eV.

16.3 Mit den drei von HYLLERAAS verwendeten Basiszuständen liegt das Minimum für die Energie des Grundzustandes bei $\alpha = 1.101$. Die Energie des Grundzustandes hat den Wert -78.982216 eV. Mit $j + k + m \leq 3$ ehält man 13 Basiszustände. Das Minimum der Energie für den Grundzustand liegt bei $\alpha = 1.050$, und die Energie hat den Wert -79.015104 eV. Gegenüber der historischen Rechnung von HYLLERAAS gewinnt man daher nur 0.0329 eV. Gegenüber der Störungsrechnung erster Ordnung gewinnt man rund 4.2 eV.

Wir haben in der HAMILTON-Funktion (16.29) die Mitbewegung des Kerns, die Spin-Bahn-Wechselwirkung und relativistische Effekte in der kinetischen Energie vernachlässigt. Auch wenn wir einen exakten Grundzustand für (16.29) ermitteln könnten, würde unser Ergebnis deshalb um einige hundertstel eV von der experimentellen Grundzustandsenergie abweichen. Da der experimentelle Wert für die Grundzustandsenergie bei 79.0 eV liegt, haben wir also offensichtlich bereits die beste zu erwartende Übereinstimmung erzielt.

17. Die Kugelfunktionen

17.1 Problemstellung

In den Kapiteln 13, 14 und 15 haben wir die Bewegung eines Teilchens der Masse m unter der Wirkung eines kugelsymmetrischen Potentials $V(r)$ untersucht. Bei einem solchen Potential wirken die Kräfte nur in Richtung der Verbindungslinie vom Koordinatenursprung zum Ort des Teilchens, d. h. in einem System von Polarkoordinaten (r, ϑ, φ) wirken die Kräfte nur in Richtung der Koordinate r. Die Bewegung eines Teilchens bezüglich der Winkelkoordinaten ϑ und φ ist eine kräftefreie Bewegung. Wie wir sehen werden, läßt sich in diesem Fall von der SCHRÖDINGER-Gleichung eine Differentialgleichung abspalten, die nur diese Winkelkoordinaten enthält und daher nicht an die Bewegung in r gekoppelt ist. Die Lösungen dieser Differentialgleichung in ϑ und φ lassen sich anschaulich darstellen als Wellenfunktionen auf der Einheitskugel. Einen diskreten Satz von Eigenlösungen erhält man, wenn man die Bedingung stellt, daß sich die Wellenfunktionen bei jedem Umlauf um die Einheitskugel schließen, d. h. daß die Wellenfunktionen eindeutige Funktionen von ϑ und φ sind. Als zweite Bedingung fordert man, daß das über die Kugelfläche integrierte Absolutquadrat der Wellenfunktion gleich eins sein muß. Man nennt die normierten Eigenlösungen die Kugelfunktionen und bezeichnet sie mit $Y_{l,m}(\vartheta, \varphi)$. Wir wollen uns diese Funktionen im folgenden näher ansehen.

In der Quantenmechanik führen verschiedene Wege zur Differentialgleichung für die Kugelfunktionen. Ein Weg führt über die Separation der SCHRÖDINGER-Gleichung. Wie bereits in Kapitel 13 erwähnt, lautet die SCHRÖDINGER-Gleichung für die Bewegung eines Massenpunktes unter dem Einfluß eines kugelsymmetrischen Potentials:

$$\left(-\frac{\hbar^2}{2m}\Delta + V(r)\right)\psi(\boldsymbol{r}) = E\psi(\boldsymbol{r}). \tag{17.1}$$

Man führt Polarkoordinaten (r, ϑ, φ) ein und macht für die Wellenfunktion $\psi(\boldsymbol{r})$ den Ansatz

$$\psi(r, \vartheta, \varphi) = R(r)Y(\vartheta, \varphi). \tag{17.2}$$

Der LAPLACE-Operator Δ lautet in Polarkoordinaten

$$\Delta = \frac{1}{r^2}\frac{\partial}{\partial r}\left(r^2\frac{\partial}{\partial r}\right) + \frac{1}{r^2\sin\vartheta}\frac{\partial}{\partial\vartheta}\left(\sin\vartheta\frac{\partial}{\partial\vartheta}\right) + \frac{1}{r^2\sin^2\vartheta}\frac{\partial^2}{\partial\varphi^2}. \qquad (17.3)$$

Setzt man die Gleichungen (17.2) und (17.3) in (17.1) ein, dann sieht man, daß die Gleichung separiert, d. h. man hat Terme, die nur von der Koordinate r abhängen, und solche, die nur von ϑ und φ abhängen. Man bringt letztere auf die rechte Seite und erhält

$$\frac{1}{R}\frac{\partial}{\partial r}\left(r^2\frac{\partial R}{\partial r}\right) + \frac{2m}{\hbar^2}r^2(E - V(r))$$
$$= -\frac{1}{Y}\left(\frac{1}{\sin\vartheta}\frac{\partial}{\partial\vartheta}\left(\sin\vartheta\frac{\partial Y}{\partial\vartheta}\right) + \frac{1}{\sin^2\vartheta}\frac{\partial^2 Y}{\partial\varphi^2}\right). \qquad (17.4)$$

Da beide Seiten von verschiedenen Koordinaten abhängen, muß jede Seite für sich gleich einer Konstanten sein, die wir λ nennen wollen. Wir erhalten so die beiden Gleichungen

$$\frac{1}{R}\frac{\partial}{\partial r}\left(r^2\frac{\partial R}{\partial r}\right) + \frac{2m}{\hbar^2}r^2(E - V(r)) = \lambda \qquad (17.5)$$

und

$$-\frac{1}{Y}\left(\frac{1}{\sin\vartheta}\frac{\partial}{\partial\vartheta}\left(\sin\vartheta\frac{\partial Y}{\partial\vartheta}\right) + \frac{1}{\sin^2\vartheta}\frac{\partial^2 Y}{\partial\varphi^2}\right) = \lambda. \qquad (17.6)$$

Gleichung (17.5) läßt sich noch etwas vereinfachen, indem man mittels

$$R(r) = \frac{1}{r}u(r) \qquad (17.7)$$

die Wellenfunktion $u(r)$ definiert. Einsetzen von (17.7) und (17.8) in (17.5) führt nach kurzer Rechnung auf die radiale SCHRÖDINGER-Gleichung, die wir in Kapitel 13 schon behandelt haben.

Die Lösungen von (17.6) sind in der Mathematik wohlbekannt. Die Bedingung, daß sich die Lösungen beim Umlauf um die Einheitskugel schließen, läßt sich nur erfüllen, wenn gilt:

$$\lambda = l(l+1) \quad \text{mit} \quad l = 0, 1, 2, 3, \ldots . \qquad (17.8)$$

Nach Multiplikation mit $\sin^2\vartheta$ separiert der in (17.6) auftretende Differentialoperator in einen Term, der nur von ϑ abhängt, und einen Term, der nur von φ abhängt. Mit dem Ansatz

$$Y(\vartheta, \varphi) = \Theta(\vartheta)\Phi(\varphi) \qquad (17.9)$$

separiert (17.6) in die beiden Gleichungen

$$-\frac{1}{\Phi}\frac{d^2\Phi}{d\varphi^2} = \nu \qquad (17.10)$$

und

$$\frac{1}{\Theta}\sin\vartheta\frac{d}{d\vartheta}\left(\sin\vartheta\frac{d\Theta}{d\vartheta}\right) + \lambda\sin^2\vartheta = \nu. \qquad (17.11)$$

Aus Gleichung (17.10) liest man ab, daß die Konstante ν gleich dem Quadrat einer ganzen Zahl m sein muß,

$$\nu = m^2 \quad \text{mit} \quad m = 0, \pm 1, \pm 2, \pm 3, \ldots, \qquad (17.12)$$

denn nur dann wird $\Phi(\varphi)$ eine eindeutige Funktion des Winkels φ. Die (normierten) Lösungen von (17.10) sind

$$\Phi_m(\varphi) = \frac{1}{(2\pi)^{1/2}} e^{im\phi}. \qquad (17.13)$$

Bevor man versucht, (17.11) zu lösen, ist es vorteilhaft, die Gleichung umzuformen. Man multipliziert (17.11) mit $\Theta/\sin^2\vartheta$, transformiert von der Variablen ϑ auf die Variable $w = \cos\vartheta$ und sucht dann nach Lösungen $P(w)$ mit der Bezeichnung

$$P(w) = P(\cos\vartheta) = \Theta(\vartheta). \qquad (17.14)$$

Die Differentialgleichung für $P(w)$ lautet

$$\frac{d}{dw}\left((1-w^2)\frac{dP_l^m(w)}{dw}\right) + \left(l(l+1) - \frac{m^2}{1-w^2}\right)P_l^m(w) = 0. \qquad (17.15)$$

Hier haben wir die Bedingungen (17.8) und (17.12), unter denen die Lösungen der Differentialgleichung eindeutige Funktionen werden, bereits verwendet und die Lösungen $P_l^m(w)$ entsprechend indiziert. Man nennt die Funktionen $P_l^m(w)$ die zugeordneten LEGENDRE-Polynome. Die gesuchten Kugelfunktionen lauten somit:

$$Y_{l,m}(\vartheta,\varphi) = N_{lm} P_l^m(\cos\vartheta) \Phi_m(\varphi), \qquad (17.16)$$

wobei N_{lm} eine Normierungskonstante ist.

Der Zusammenhang der auftretenden Quantenzahlen l und m mit physikalischen Größen wird deutlich, wenn wir uns den zweiten Weg zur Gewinnung der Differentialgleichung für die Kugelfunktionen ansehen.

Wir betrachten den Operator für den Drehimpuls

$$\boldsymbol{L} = (L_x, L_y, L_z) \qquad (17.17)$$

mit
$$L_x = -i\hbar\left(y\frac{\partial}{\partial z} - z\frac{\partial}{\partial y}\right), \quad L_y = -i\hbar\left(z\frac{\partial}{\partial x} - x\frac{\partial}{\partial z}\right),$$
$$L_z = -i\hbar\left(x\frac{\partial}{\partial y} - y\frac{\partial}{\partial x}\right). \tag{17.18}$$

Die Transformation auf Polarkoordinaten (r, ϑ, φ) ergibt
$$L_z = -i\hbar\frac{\partial}{\partial \varphi} \tag{17.19}$$
und
$$L^2 = -\hbar^2\left(\frac{1}{\sin\vartheta}\frac{\partial}{\partial\vartheta}\left(\sin\vartheta\frac{\partial}{\partial\vartheta}\right) + \frac{1}{\sin^2\vartheta}\frac{\partial^2}{\partial\varphi^2}\right). \tag{17.20}$$

Die mit dem Operator (17.20) aufgestellte Eigenwertgleichung ist identisch mit Gleichung (17.6). Es folgt, daß die Lösungen von (17.6) Eigenlösungen zum Quadrat des Drehimpulsoperators mit den Eigenwerten $\hbar^2\lambda = \hbar^2 l(l+1)$ sind. Man nennt daher l die Drehimpulsquantenzahl. Die mit dem Operator (17.19) aufgestellte Eigenwertgleichung hat als Lösungen die Funktionen (17.13). Ihre Eigenwerte sind $\hbar m$. Man nennt daher m die Quantenzahl der z-Komponente des Drehimpulses oder auch die magnetische Quantenzahl.

17.2 Numerische Methode

Die zugeordneten LEGENDRE-Polynome $P_l^m(w)$ kann man für $l \geq m \geq 0$ und $|w| \leq 1$ aus den LEGENDRE-Polynomen $P_l(w)$ ableiten. Es gilt * [17.1, 17.2, 17.3]:
$$P_l^m(w) = (1-w^2)^{m/2}\frac{d^m}{dw^m}P_l(w). \tag{17.21}$$

Die LEGENDRE-Polynome $P_l(w)$ lassen sich aus der RODRIGUES-Formel
$$P_l(w) = \frac{1}{2^l l!}\frac{d^l}{dw^l}(w^2-1)^l \tag{17.22}$$

gewinnen. Da m quadratisch in Gleichung (17.15) eingeht, erhält man für $m < 0$ die Lösungen $P_l^{|m|}(w)$. Wir können also in unserer Definition (17.21) m als positiv voraussetzen. Aus (17.21) folgt auch
$$P_l^m(w) = 0 \quad \text{für} \quad 0 \leq l < m, \tag{17.23}$$

---
* In [17.2] und [17.3] enthält die Definition noch einen zusätzlichen Phasenfaktor $(-1)^m$.

da in diesem Fall ein Polynom vom Grad $2 \cdot l$ mehr als $(2 \cdot l)$-fach abgeleitet wird.

Besonders einfach ist der Fall $l = m$, da dann bei der Differentiation nur der Term

$$P_m^m(w) = (1-w^2)^{m/2} \frac{d^m}{dw^m} P_m(w) = \frac{(2m)!}{2^m m!} \bar{w}^m \qquad (17.24)$$

übrigbleibt, wobei wir

$$\bar{w} = (1-w^2)^{1/2} \qquad (17.25)$$

gesetzt haben.

Die zugeordneten LEGENDRE-Polynome lassen sich mit einer Rekursionsformel berechnen [17.1, 17.2, 17.3],

$$P_{l+1}^m(w) = \frac{1}{l-m+1}((2l+1)wP_l^m(w) - (l+m)P_{l-1}^m(w)). \qquad (17.26)$$

Man erhält, ausgehend von P_m^m, die Polynome $P_{m+1}^m, P_{m+2}^m, \ldots$ bis zum Polynom mit dem gewünschten Wert von l. Als Startpolynome für die Rekursion haben wir P_m^m nach (17.24) und (17.25) sowie P_{m+1}^m nach der Formel

$$P_{m+1}^m(w) = (2m+1)wP_m^m(w), \qquad (17.27)$$

die aus (17.26) und (17.23) folgt. Neben der einfachen Anwendung hat (17.26) den Vorteil einer guten numerischen Stabilität.

Der in (17.16) auftretende Faktor N_{lm} ist bis auf einen Phasenfaktor vom Betrag 1 durch die Normierungsbedingung

$$\int_0^\pi d\vartheta \int_0^{2\pi} |Y_{l,m}(\vartheta,\varphi)|^2 \sin\vartheta \, d\varphi = 1 \qquad (17.28)$$

festgelegt. Mit der üblichen Wahl des Phasenfaktors lauten dann die Kugelfunktionen [17.1]

$$Y_{l,m}(\vartheta,\varphi) = c_m \left(\frac{(2l+1)(l-|m|)!}{4\pi(l+|m|)!}\right)^{1/2} P_l^{|m|}(\cos\vartheta) e^{im\varphi}, \qquad (17.29)$$

wobei $c_m = (-1)^m$ für $m \geq 0$ und $c_m = 1$ für $m < 0$. Der Phasenfaktor c_m wird allerdings nicht in allen Lehrbüchern gleich gewählt.

Die ersten vier Kugelfunktionen sind

$$\begin{aligned} Y_{0,0} &= \frac{1}{(4\pi)^{1/2}}, & Y_{1,1} &= -\left(\frac{3}{8\pi}\right)^{1/2} \sin\vartheta e^{i\varphi}, \\ Y_{1,0} &= \left(\frac{3}{4\pi}\right)^{1/2} \cos\vartheta, & Y_{1,-1} &= \left(\frac{3}{8\pi}\right)^{1/2} \sin\vartheta e^{-i\varphi}. \end{aligned} \qquad (17.30)$$

17.3 Programmierung

Die zugeordneten LEGENDRE-Polynome berechnen wir im FUNCTION-Unterprogramm PLM (Abbn. 17.1 und 17.2). Man übergibt diesem den Winkel ϑ im Bogenmaß, die Drehimpulsquantenzahl l und die magnetische Quantenzahl m. Man erhält die Funktionswerte $P_l^m(\cos\vartheta)$. Für $m < 0$ bricht das Programm ab.

Nach der Berechnung von $w = \cos\vartheta$ und $\bar w = \sin\vartheta$ (Zeilen 104 und 108) wird $P_m^m(w)$ nach (17.24) berechnet (Zeile 109). Zur Berechnung der Fakultät verwenden wir das FUNCTION-Unterprogramm FAK aus Kapitel 16. Der Fall $m = 0$ wird gesondert behandelt (Zeile 105), weil für $\bar w = 0$ der Term $\bar w^m = 0^0$ nicht

Mathematische Bezeichnung	FORTRAN-Bezeichnung	Mathematische Bezeichnung	FORTRAN-Bezeichnung
l	L	w	W
m	M	$\bar w$	WQUER
$m!$	FAK(M)	ϑ	THETA
		$P_l^m(w)$	PLM

Abb. 17.1 Im FUNCTION-Unterprogramm PLM verwendete Bezeichnungen

```
      DOUBLE PRECISION FUNCTION PLM(THETA,L,M)                100
      IMPLICIT DOUBLE PRECISION (A-H,O-Z)                     101
      IF (M.LT.0)                                             102
     & STOP 'Fehler in FUNCTION PLM: 0 ≤ M ≤ L verletzt'      103
      W=COS(THETA)                                            104
      IF(M.EQ.0) THEN                                         105
       P0=1.D0                                                106
      ELSE                                                    107
       WQUER=SIN(THETA)                                       108
       P0=FAK(2*M)/(2.D0**M*FAK(M))*WQUER**M                  109
      ENDIF                                                   110
      IF (M.LE.L-1) THEN                                      111
       P1=(2*M+1)*W*P0                                        112
       IF (M.LE.L-2) THEN                                     113
        DO 10 I=M+1,L-1                                       114
         P2=1.D0/(I-M+1)*((2*I+1)*W*P1-(I+M)*P0)              115
         P0=P1                                                116
         P1=P2                                                117
10      CONTINUE                                              118
       END IF                                                 119
       PLM=P1                                                 120
      ELSE IF (M.EQ.L) THEN                                   121
       PLM=P0                                                 122
      ELSE                                                    123
       PLM=0                                                  124
      ENDIF                                                   125
      END                                                     126
```

Abb. 17.2 FUNCTION-Unterprogramm PLM

Physikalische Bezeichnung	FORTRAN-Bezeichnung	Physikalische Bezeichnung	FORTRAN-Bezeichnung
π	PI	l	L
i_π	IPI	m	M
h	H	$|m|$	MABS
c_m	CM	$l!$	FAK(L)
φ	PHI	$P_l^m(\cos\vartheta_i)$	PLM(THETA(I),L,M)
ϑ_i	THETA(I)	$\mathrm{Re}[Y_{lm}(\vartheta_i,\varphi)]$	REY(I)
		$\mathrm{Im}[Y_{lm}(\vartheta_i,\varphi)]$	IMY(I)

Abb. 17.3 Im Hauptprogramm KAP17 verwendete Bezeichnungen

```
      PROGRAM KAP17                                              200

      IMPLICIT DOUBLE PRECISION (A-H,O-Z)                        201
      DOUBLE PRECISION IMY                                       202
      PARAMETER (IPI=180, PI=3.1415926535D0)                     203
      DIMENSION THETA(0:IPI), REY(0:IPI), IMY(0:IPI)             204
*     (Eingabe von L, M, PHI)

      H=PI/IPI                                                   205
      MABS=ABS(M)                                                206
      CM=1.D0                                                    207
      IF (M.GE.0) CM=(-1.D0)**M                                  208
      DO 10 I=0,IPI                                              209
        THETA(I)=I*H                                             210
        REY(I)=CM*SQRT((2.D0*L+1.D0)*FAK(L-MABS)/(4.D0*PI*FAK(L  211
     &        +MABS)))*PLM(THETA(I),L,MABS)*COS(M*PHI)           212
        IMY(I)=CM*SQRT((2.D0*L+1.D0)*FAK(L-MABS)/(4.D0*PI*FAK(L  213
     &        +MABS)))*PLM(THETA(I),L,MABS)*SIN(M*PHI)           214
10    CONTINUE                                                   215

*     (Ausgabe von REY, IMY)

      END                                                        216
```

Abb. 17.4 Numerischer Teil des Hauptprogramms KAP17

definiert ist. Es gilt $P_0^0(w) = 1$ (Zeile 106). In Zeile 112 kommt dann (17.27) zur Anwendung, und in der DO-Schleife ab Zeile 114 werden mit der Rekursion (17.26) alle restlichen Polynome berechnet.

Abb. 17.4 zeigt das Hauptprogramm KAP17. Die verwendeten Bezeichnungen findet man in Abb. 17.3. Wir nehmen als Winkelbereich für ϑ das Intervall $[0, \pi]$, das wir in i_π Teilintervalle der Größe

$$h = \frac{\pi}{i_\pi} \tag{17.31}$$

aufteilen. Die Stützstellen sind

$$\vartheta_i = ih, \qquad 0 \leq i \leq i_\pi. \tag{17.32}$$

In der DO-Schleife von Zeile 209 bis 215 werden die Stützstellen bestimmt und der Real- und Imaginärteil von $Y_{lm}(\vartheta_i, \varphi)$ nach (17.29) berechnet, wobei von der Beziehung

$$e^{im\varphi} = \cos(m\varphi) + i\sin(m\varphi) \qquad (17.33)$$

Gebrauch gemacht wird.

Die Werte für π und i_π sind in einer PARAMETER-Anweisung vorgegeben (Zeile 203). Die Drehimpulsquantenzahl l, die magnetische Quantenzahl m und der Azimutwinkel φ werden eingegeben. Als Ausgabe erhalten wir den Realteil $\text{Re}[Y_{l,m}(\vartheta,\varphi)]$ und den Imaginärteil $\text{Im}[Y_{l,m}(\vartheta,\varphi)]$ der entsprechenden Kugelfunktion im Bereich $0 \leq \vartheta \leq \pi$. Die Ausgabe erfolgt graphisch und auf Wunsch auch numerisch.

Das hier in Auszügen vorgestellte Programm ist auf der Diskette in der Datei KAP-17.FOR zu finden.

17.4 Übungsaufgaben

17.1 Die Kugelfunktionen beschreiben den Winkelanteil von quantenmechanischen Wellenfunktionen zu festen Eigenwerten für L^2 und L_z. Die mit solchen Wellenfunktionen errechnete Wahrscheinlichkeitsdichte ist eine Funktion des Polarwinkels ϑ, hängt aber nicht vom Azimutwinkel φ ab. Das klassische Analogon zu einer quantenmechanischen Bewegung mit vorgegebenen Werten für L^2 und L_z ist eine Kreisbahn auf der (Einheits-)Kugel. Wir können einen Zusammenhang zwischen der klassischen und der quantenmechanischen Wahrscheinlichkeitsdichte herstellen, indem wir über alle klassischen Bahnen mitteln, die die gleiche Neigung zum Äquator haben. Zur Veranschaulichung können wir uns die Bahn eines künstlichen Erdsatelliten vorstellen. Da sich die Erde unter der Bahn dreht, findet eine Mittelung der Aufenthaltswahrscheinlichkeit statt. Für alle Orte auf demselben Breitengrad besteht die gleiche Wahrscheinlichkeit, vom Satelliten überflogen zu werden.

Studieren Sie den Zusammenhang zwischen der klassischen Bewegung und den quantenmechanischen Wellenfunktionen in folgenden Fällen:
  a) Klassische Bahnen längs des Äquators, Kugelfunktionen mit $l = m \ (\neq 0)$.
  b) Klassische Bahnen über die Pole, Kugelfunktionen mit $l \neq 0, m = 0$.
  c) Klassische Bahnen zwischen zwei Breitenkreisen, Kugelfunktionen mit $l \neq 0, m \neq l$.

17.2 Studieren Sie unter Zuhilfenahme der numerischen Ausgabe das Verhalten der Kugelfunktionen in der Nähe der Pole ($\vartheta \to 0°$), ($\vartheta \to 180°$). Können Sie eine einfache Gesetzmäßigkeit feststellen?

17.5 Lösung der Übungsaufgaben

17.1 a) Man erhält bezüglich des Winkels ϑ Wellenfunktionen, welche denen von Nullpunktschwingungen ähnlich sind. In der Tat ist auch der physikalische Sachverhalt ähnlich. Klassisch würde man eine Deltafunktion am Äquator erwarten. Quantenmechanisch ist

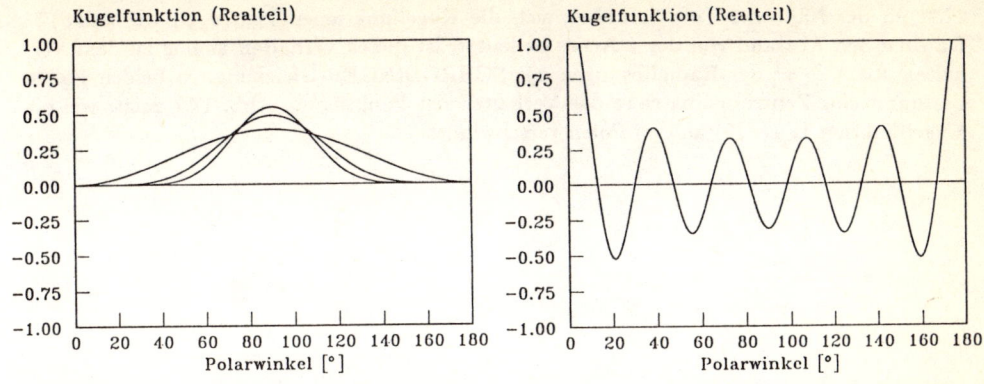

Abb. 17.5 Die Kugelfunktionen $Y_{ll}(\vartheta, 0)$ für $l = 2, 6, 10$

Abb. 17.6 Die Kugelfunktion $Y_{10,0}(\vartheta, 0)$

eine scharfe Lokalisierung nur bei unendlich hohen Quantenzahlen möglich. Abb. 17.5 zeigt $Y_{ll}(\vartheta, 0)$ für $l = 2, 6,$ und 10. Man erkennt, wie für größer werdende Drehimpulsquantenzahl die Lokalisierung am Äquator schärfer wird. Bezüglich des Winkels φ haben alle Kugelfunktionen das gleiche einfache Verhalten $e^{im\varphi}$.

b) Man erhält bezüglich des Winkels ϑ Wellenfunktionen, die ihre größten Amplituden an den Polen haben. Bei größeren l-Werten erkennt man deutlich eine Abnahme der Amplituden zum Äquator hin (vgl. Abb. 17.6). Diesem Verhalten entspricht bei der klassischen Bewegung die Tatsache, daß man einen Satelliten in einer Umgebung in Polnähe mit größerer Wahrscheinlichkeit antrifft als in einer gleichgroßen Umgebung in Äquatornähe. Die bei der Bildung des Absolutquadrates der Kugelfunktionen auftretenden Minima haben kein klassisches Analogon.

c) Die Kugelfunktionen haben ihre größten Amplituden in der Nähe derjenigen Breitenkreise, bei denen die klassischen Bahnen umkehren, um sich wieder dem Äquator zu nähern, vgl. Abb. 17.7. Wie bei den Oszillatorfunktionen in Kapitel 14 besteht auch hier ein näherungsweiser Zusammenhang zwischen dem Absolutquadrat der Wellenfunktion und der Aufenthaltswahrscheinlichkeit eines Teilchens auf einem Bahnelement der entsprechenden klassischen Bewegung.

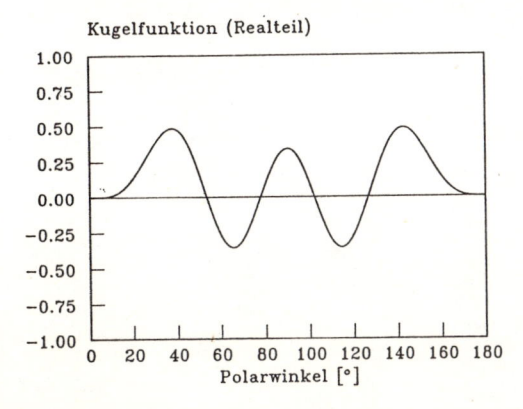

Abb. 17.7 Die Kugelfunktion $Y_{8,4}(\vartheta, 0)$

17.2 In der Nähe der Pole verhalten sich die Kugelfunktionen $Y_{l,m}(\vartheta,\varphi)$ wie $(\sin\vartheta)^m$. Da $\sin\vartheta$ den Abstand von der z-Achse bedeutet, ist dieses Verhalten analog zu dem Verhalten $R_l(r) \to r^l$ der Radiallösungen der SCHRÖDINGER-Gleichung. In beiden Fällen bestimmt eine Zentrifugalbarriere das Verhalten der Funktionen. Abb. 17.7 zeigt, wie die Kugelfunktion $Y_{8,4}(\vartheta,0)$ an den Polen verschwindet.

18. Die sphärischen Bessel-Funktionen

18.1 Problemstellung

Wir haben bereits in mehreren Kapiteln die Lösungen der Einteilchen-SCHRÖDINGER-Gleichung

$$-\frac{\hbar^2}{2m}\Delta\psi(\boldsymbol{r}) + V(r)\psi(\boldsymbol{r}) = E\psi(\boldsymbol{r}) \tag{18.1}$$

untersucht. Die Gleichung gilt, wie wir wissen, auch für die Relativbewegung von zwei Teilchen. In diesem Fall ist $\boldsymbol{r}$ der Abstandsvektor und m die reduzierte Masse der beiden Teilchen. Für ein kugelsymmetrisches Potential läßt sich (18.1) relativ leicht lösen. Man führt Kugelkoordinaten (r,ϑ,φ) ein und zerlegt die Wellenfunktion in Drehimpuls-Partialwellen (vgl. Kapitel 17),

$$\psi(r,\vartheta,\varphi) = \sum_{l,m} c_{lm}\frac{1}{r}u_l(r)Y_{l,m}(\vartheta,\varphi). \tag{18.2}$$

Die Radialwellenfunktionen $u_l(r)$ lassen sich nach der in Kapitel 13 gegebenen Methode berechnen, die Kugelfunktionen $Y_{l,m}(\vartheta,\varphi)$ nach der in Kapitel 17 gegebenen Methode.

Etwas fehlt uns noch: Wir konnten in Kapitel 13 die radiale Wellenfunktion $u_l(r)$ nur auf einem endlichen Intervall $[0,b]$ berechnen. Wenn wir die Lösung $\psi(\boldsymbol{r})$ im gesamten Ortsraum bestimmen wollen, dann müssen wir die Radialwellenfunktionen in das Intervall $[b,\infty]$ fortsetzen.

Nehmen wir an, daß $V(r)$ für große Werte von r rasch gegen null geht und daß wir b bereits so groß gewählt haben, daß das Potential $V(r)$ für $r > b$ vernachlässigt werden kann. Dann geht die radiale SCHRÖDINGER-Gleichung (13.3) im Intervall $[b,\infty]$ über in die freie Radialgleichung

$$-\frac{\hbar^2}{2m}\frac{d^2}{dr^2}\bar{u}_l(r) + \frac{\hbar^2}{2m}\frac{l(l+1)}{r^2}\bar{u}_l(r) = E\bar{u}_l(r). \tag{18.3}$$

Die Lösungen dieser Gleichung sind analytisch bekannte Funktionen. Wir können sie verwenden, um die nach dem FOX-GOODWIN-Verfahren im Intervall $[0,b]$ berechneten Lösungen $u_l(r)$ ins Intervall $[b,\infty]$ fortzusetzen.

Das Fortsetzen der Lösungen läßt sich am einfachsten im Fall $l = 0$ demonstrieren. Für $l = 0$ lautet die allgemeine Lösung der Gleichung (18.3) im Intervall $[b, \infty]$

$$\bar{u}_0(r) = a_0 \sin(kr + \delta_0) = a_0[\cos(\delta_0)\sin(kr) + \sin(\delta_0)\cos(kr)], \tag{18.4}$$

wobei

$$k = \frac{(2mE)^{1/2}}{\hbar} \tag{18.5}$$

die Wellenzahl ist.

An der Intervallgrenze $r = b$ muß die Lösung $u_0(r)$ der Radialgleichung (13.3) mit stetiger erster Ableitung in die freie Lösung $\bar{u}_0(r)$ übergehen. Die erste Ableitung der Funktion $u_0(r)$ ist uns aber nicht bekannt. Wir müßten sie aus der im Intervall $[0,b]$ tabellierten Funktion berechnen. Statt dessen können wir aber auch auf die Berechnung der Ableitung verzichten und einfach die Funktionen $u_0(r)$ und $\bar{u}_0(r)$ an den letzten beiden Stützstellen $b - h$ und b des Intervalls $[0,b]$ gleichsetzen:

$$\begin{aligned} u_0(b-h) &= a_0[\cos(\delta_0)\sin(k(b-h)) + \sin(\delta_0)\cos(k(b-h))], \\ u_0(b) &= a_0[\cos(\delta_0)\sin(kb) + \sin(\delta_0)\cos(kb)]. \end{aligned} \tag{18.6}$$

Aus diesen beiden Gleichungen lassen sich a_0 und δ_0 berechnen. Zunächst erhält man

$$\tan(\delta_0) = \frac{\sin(k(b-h))u_0(b) - \sin(kb)u_0(b-h)}{-\cos(k(b-h))u_0(b) + \cos(kb)u_0(b-h)} \tag{18.7}$$

und bekommt daraus δ_0 modulo π. Man nennt δ_0 die Streuphase zum Drehimpuls $l = 0$. Sie hat folgende Bedeutung. Die Lösung der freien Radialgleichung (18.3) für $l = 0$ mit physikalischer Randbedingung am Ursprung ist $a_0 \sin(kr)$, und die Streuphase δ_0 ist die Phasenverschiebung der Streulösung gegenüber der freien Lösung im asymptotischen Bereich. Hat man die Streuphase δ_0 modulo π, dann sind auch $\sin(\delta_0)$ und $\cos(\delta_0)$ bis auf das Vorzeichen bekannt, und man kann, nachdem man sich auf ein Vorzeichen festgelegt hat, aus Gleichung (18.6) die Amplitude a_0 berechnen. Die Amplitude a_0 hängt von der Normierung von $u_0(r)$ ab.

Wir müssen nun die Betrachtung auf den Fall $l \neq 0$ ausdehnen. Die allgemeine Lösung von Gleichung (18.3) lautet

$$\bar{u}_l(r) = a_l kr[\cos(\delta_l)j_l(kr) - \sin(\delta_l)n_l(kr)]. \tag{18.8}$$

Die Funktionen $j_l(kr)$ und $n_l(kr)$ nennt man die regulären und irregulären sphärischen BESSEL-Funktionen. Das Herausziehen des Faktors kr in (18.8) ist Konvention und gehört mit zur Definition der sphärischen BESSEL-Funktionen. Die sphärischen BESSEL-Funktionen sind Radialfunktionen vom Typ $R_l(r) = (1/r)\bar{u}_l(r)$, vgl. (17.5) und (17.7). Regulär heißt, daß die Funktionen $j_l(kr)$ am Koordinatenursprung einer physikalischen Randbedingung genügen, während die Funktionen $n_l(kr)$ am Ursprung divergieren und asymptotisch gegenüber den regulären Funktionen eine Phasenverschiebung von $-\pi/2$ haben.

Die sphärischen BESSEL-Funktionen sind analytisch bekannte Funktionen. Wir werden sie berechnen und sie uns am Bildschirm ansehen. Für die Berechnung werden wir Rekursionsformeln benutzen, ohne diese herzuleiten. Der interessierte Leser findet die Herleitungen im Lehrbüchern der Mathematik unter „Sphärische BESSEL-Funktionen" oder unter „Lösungen der BESSELschen Differentialgleichung mit halbzahligem Index". Die wichtigsten Formeln mit Angabe ihrer Herkunft findet man auch in Ref. [18.1] und [18.2].*

Wir können die Radiallösungen $u_l(r)$, ähnlich wie für $l = 0$, auch für $l \neq 0$ in den Bereich $r > b$ fortsetzen, wenn wir die Gleichung (18.4) durch (18.8) ersetzen. Zur Bestimmung von δ_l und a_l müssen wir dann nur in (18.6) und (18.7) die Funktionen $\sin(kr)$ und $\cos(kr)$ durch $krj_l(kr)$ und $-krn_l(kr)$ ersetzen. Wir erhalten die Gleichungen

$$u_l(b-h) = a_l k(b-h)[\cos(\delta_l)j_l(k(b-h)) - \sin(\delta_l)n_l(k(b-h))],$$
$$u_l(b) = a_l kb[\cos(\delta_l)j_l(kb) - \sin(\delta_l)n_l(kb)] \qquad (18.9)$$

und

$$\tan(\delta_l) = \frac{(b-h)j_l(k(b-h))u_l(b) - bj_l(kb)u_l(b-h)}{(b-h)n_l(k(b-h))u_l(b) - bn_l(kb)u_l(b-h)}. \qquad (18.10)$$

Für $l = 0$ gehen diese Gleichungen in (18.6) und (18.7) über.

Interessant ist für uns auch die asymptotische Form der sphärischen BESSEL-Funktionen. Es gilt für $r \to \infty$

$$krj_l(kr) \to \sin\left(kr - l\frac{\pi}{2}\right) \qquad (18.11)$$

und

$$krn_l(kr) \to -\cos\left(kr - l\frac{\pi}{2}\right). \qquad (18.12)$$

Wie schon durch Gleichung (18.8) zum Ausdruck gebracht, erfüllen sowohl $krj_l(kr)$ als auch $krn_l(kr)$ die Radialgleichung (18.3) der freien Bewegung. Im asymptotischen Bereich, wo das Zentrifugalpotential abgeklungen ist, müssen die Funktionen $krj_l(kr)$ und $krn_l(kr)$ durch (18.4) darstellbar sein. Man erkennt, daß die Phasenverschiebung $-l\pi/2$ von der Wirkung des Zentrifugalpotentials herrührt.

---

* In [18.2] ist $n_l(kr)$ mit entgegengesetztem Vorzeichen definiert.

Wenn wir in (18.9) die Anschlußstelle b sehr groß wählen, dann können wir für die sphärischen BESSEL-Funktionen ihre asymptotische Form (18.11) und (18.12) einsetzen. Unter Verwendung von (18.4) sehen wir dann, daß unsere asymptotische Lösung die Form

$$\bar{u}_l(r) \to a_l \sin\left(kr - l\frac{\pi}{2} + \delta_l\right) \tag{18.13}$$

hat. Damit erklärt sich die Bedeutung der Größe δ_l für $l \neq 0$. Es ist der asymptotische Phasenunterschied zwischen der physikalischen Lösung der SCHRÖDINGERschen Radialgleichung mit Potential $V(r)$ und Zentrifugalpotential, und der Lösung der SCHRÖDINGERschen Radialgleichung mit Zentrifugalpotential allein.

18.2 Mathematische Methode

Wie schon im vorigen Kapitel bei den Kugelfunktionen, wollen wir auch bei den BESSEL-Funktionen die Berechnung über eine Rekursionsformel durchführen. Da die sphärischen BESSEL-Funktionen nur vom Produkt kr abhängen, führen wir im folgenden die Schreibweise

$$x = kr \tag{18.14}$$

ein.

Durch Vergleich von (18.8) mit (18.4) sieht man, daß für $l = 0$ die folgenden Beziehungen gelten:

$$j_0(x) = \frac{\sin x}{x}, \qquad n_0(x) = -\frac{\cos x}{x}. \tag{18.15}$$

Für $l = 1$ gilt [18.1]

$$j_1(x) = \frac{\sin x}{x^2} - \frac{\cos x}{x}, \qquad n_1(x) = -\frac{\cos x}{x^2} - \frac{\sin x}{x}. \tag{18.16}$$

Die weiteren sphärischen BESSEL-Funktionen lassen sich mit der Rekursionsformel [18.1]

$$f_{l+1}(x) = \frac{2l+1}{x} f_l(x) - f_{l-1}(x) \tag{18.17}$$

berechnen, wobei f_l entweder j_l oder n_l bedeutet. Die Berechnung der regulären sphärischen BESSEL-Funktionen mit dieser Formel ist für große Werte von l in der Nähe des Ursprungs numerisch nicht stabil. Es werden bei jedem Rekursionsschritt nahezu gleiche Größen voneinander abgezogen, wobei sich Rundungsfehler aufschaukeln. Wir werden deshalb bei der graphischen Wiedergabe das Intervall $0 \leq x \leq 0.2$ aussparen. Die numerische Ausgabe wird die Instabilität zeigen. Der wahre Funktionsverlauf in der Nähe des Ursprungs ist recht einfach. Wie man durch Einsetzen einer Reihenentwicklung in die Rekursionsformel ersehen kann, gilt für $x \to 0$

$$j_l(x) \to \frac{x^l}{1 \cdot 3 \cdot 5 \cdots (2l+1)}, \qquad (18.18a)$$

$$n_l(x) \to -\frac{1 \cdot 3 \cdot 5 \cdots (2l-1)}{x^{l+1}}. \qquad (18.18b)$$

In der mathematischen Literatur werden statt der sphärischen BESSEL-Funktionen j_l meist die BESSEL-Funktionen J_ν angegeben, die mit den j_l über die Beziehung

$$j_l(x) = \left(\frac{\pi}{2x}\right)^{1/2} J_{l+1/2}(x) \qquad (18.19)$$

zusammenhängen. Wie man sich durch Einsetzen in (18.3) und anschließendem Umformen überzeugen kann, erfüllen die J_ν die Differentialgleichung

$$x^2 J_\nu''(x) + x J_\nu'(x) + (x^2 - \nu^2) J_\nu(x) = 0, \qquad (18.20)$$

die als BESSELsche Differentialgleichung bezeichnet wird.

18.3 Programmierung

Für die Berechnung der regulären und der irregulären sphärischen BESSEL-Funktionen erstellen wir jeweils ein FUNCTION-Unterprogramm. Im ersten Fall nennen wir das Unterprogramm BESJ, im zweiten Fall BESN (Abbn. 18.1 bis 18.4). Da beide Programme formal gleich aufgebaut und zudem recht einfach sind, können wir sie gemeinsam besprechen.

Die sphärischen BESSEL-Funktionen für $l = 0$ und $l = 1$ werden nach (18.15) und (18.16) berechnet (Zeilen 104 und 107 bzw. 204 und 207). Für höhere Werte von l kommt die Rekursionsformel (18.17) zur Anwendung (Zeile 111 bzw. 211).

Physikalische Bezeichnung	FORTRAN-Bezeichnung	Physikalische Bezeichnung	FORTRAN-Bezeichnung
x	X	l $j_l(x)$	L BESJ

Abb. 18.1 Im FUNCTION-Unterprogramm BESJ verwendete Bezeichnungen

```
      DOUBLE PRECISION FUNCTION BESJ(X,L)                        100

      IMPLICIT DOUBLE PRECISION (A-H,O-Z)                        101
      IF(X.LE.0.D0) STOP                                         102
     &'Fehler in SUBROUTINE BESJ: x > 0 nicht erfüllt'           103
      B0=SIN(X)/X                                                104
      BESJ=B0                                                    105
      IF(L.GE.1) THEN                                            106
       B1=SIN(X)/(X*X)-COS(X)/X                                  107
       BESJ=B1                                                   108
       IF(L.GE.2) THEN                                           109
        DO 10 I=1,L-1                                            110
         BESJ=(2*I+1)/X*B1-B0                                    111
         B0=B1                                                   112
         B1=BESJ                                                 113
10      CONTINUE                                                 114
       ENDIF                                                     115
      ENDIF                                                      116
      END                                                        117
```

Abb. 18.2   FUNCTION-Unterprogramm BESJ

Physikalische Bezeichnung	FORTRAN-Bezeichnung	Physikalische Bezeichnung	FORTRAN-Bezeichnung
x	X	l $n_l(x)$	L BESN

Abb. 18.3   Im FUNCTION-Unterprogramm BESN verwendete Bezeichnungen

```
      DOUBLE PRECISION FUNCTION BESN(X,L)                        200

      IMPLICIT DOUBLE PRECISION (A-H,O-Z)                        201
      IF(X.LE.0.D0) STOP                                         202
     &'Fehler in SUBROUTINE BESN: x > 0 nicht erfüllt'           203
      B0=-COS(X)/X                                               204
      BESN=B0                                                    205
      IF(L.GE.1) THEN                                            206
       B1=-COS(X)/(X*X)-SIN(X)/X                                 207
       BESN=B1                                                   208
       IF(L.GE.2) THEN                                           209
        DO 10 I=1,L-1                                            210
         BESN=(2*I+1)/X*B1-B0                                    211
         B0=B1                                                   212
         B1=BESN                                                 213
10      CONTINUE                                                 214
       ENDIF                                                     215
      ENDIF                                                      216
      END                                                        217
```

Abb. 18.4   FUNCTION-Unterprogramm BESN

Im Hauptprogramm KAP18 (Abb. 18.6) teilen wir ein Intervall $[0,b]$ wie üblich in eine Anzahl von Teilintervallen i_b auf, ermitteln die Schrittweite

$$h = \frac{b}{i_b} \qquad (18.21)$$

(Zeile 305) und bestimmen damit die Stützstellen

$$x_i = ih, \qquad 1 \leq i \leq i_b \qquad (18.22)$$

(Zeile 307). Die Berechnung der Funktionswerte der sphärischen BESSEL-Funktionen an den Stützstellen erfolgt dann durch Aufruf der FUNCTION-Unterprogramme BESJ und BESN (Zeilen 309 und 310).

Physikalische Bezeichnung	FORTRAN-Bezeichnung	Physikalische Bezeichnung	FORTRAN-Bezeichnung
i_b	IB	l	L
b	B	$j_l(x_i)$	BESJ(L)
h	H	$n_l(x_i)$	BESN(L)
x_i	X(I)		

Abb. 18.5 Im Hauptprogramm KAP18 verwendete Bezeichnungen

```
      PROGRAM KAP18                                       300

      IMPLICIT DOUBLE PRECISION (A-H,O-Z)                 301
      DOUBLE PRECISION JL, NL                             302
      PARAMETER (IB=200, B=20.D0)                         303
      DIMENSION JL(IB), NL(IB), X(IB)                     304
*     (Eingabe: L)

      H=B/IB                                              305
      DO 20 I=1,IB                                        306
        X(I)=I*H                                          307
        H1=X(I)                                           308
        JL(I)=BESJ(H1,L)                                  309
        NL(I)=BESN(H1,L)                                  310
20    CONTINUE                                            311

*     (Ausgabe: JL, NL)

      END                                                 312
```

Abb. 18.6 Numerischer Teil des Hauptprogramms KAP18

Die Werte $b = 20$ und $i_b = 200$ sind in einer PARAMETER-Anweisung (Zeile 303) vorgegeben. Eingegeben wird lediglich die Drehimpulsquantenzahl l. Als Ausgabe erhält man die zu diesem l gehörenden sphärischen BESSEL-Funktionen $j_l(x)$ und $n_l(x)$.

Das hier in Auszügen vorgestellte Programm ist auf der Diskette in der Datei KAP-18.FOR zu finden.

18.4 Übungsaufgaben

18.1 Sehen Sie sich für $0 \leq l \leq 10$ die regulären und irregulären sphärischen BESSEL-Funktionen am Bildschirm an.

18.2 Überprüfen Sie die Genauigkeit der numerisch ausgegebenen Funktionswerte für $j_l(x)$ und $n_l(x)$ im Bereich $0 < x \leq 1$ durch Vergleich mit (18.18).

18.5 Lösung der Übungsaufgaben

18.1 Abb. 18.7 zeigt die regulären und irregulären sphärischen BESSEL-Funktionen für $l = 0, 1, 2,$ und 10.

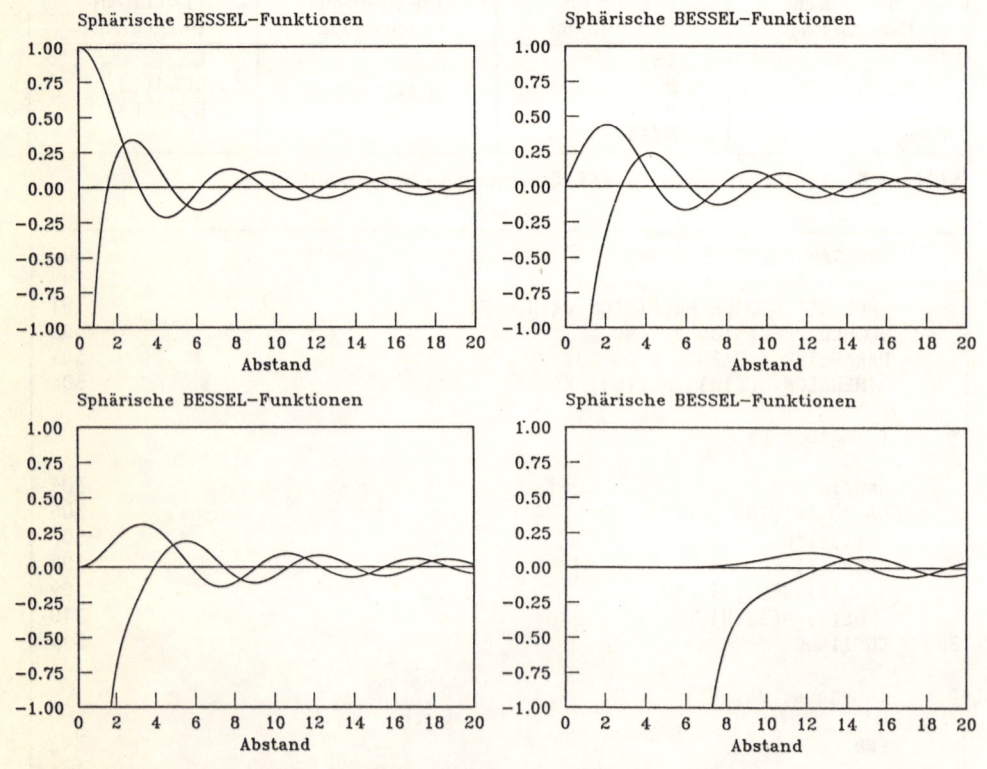

Abb. 18.7 Die sphärischen BESSEL-Funktionen $j_l(x)$ und $n_l(x)$ für $l = 0, 1, 2, 10$

18.2 Der Vergleich der numerisch ausgegebenen Funktionswerte mit den nach (18.18) errechneten Werten ergibt, daß die irregulären Funktionen für $l \gg 0$ und $x \ll 1$ keine Fehler erkennen lassen; die Abweichungen von 0.1 % bei $x = 0.2$, 0.5 % bei $x = 0.4$ und 0.9 % bei $x = 0.6$ für $l = 10$ sagen nur aus, daß (18.18) bei größeren Werten von x zunehmend ungenauer wird. Die regulären Funktionen dagegen werden z. B. bei $x = 0.2$ und $l = 10$ so ungenau, daß es sogar bei der graphischen Ausgabe stören würde. Die graphische Ausgabe beginnt daher erst bei $x > 0.2$. Für größere Werte von x werden die Ergebnisse sowohl für die regulären als auch für die irregulären sphärischen BESSEL-Funktionen sehr genau. Man kann dies z. B. mit Hilfe der Beziehung [18.1]

$$n_{l-1}(x)j_l(x) - n_l(x)j_{l-1}(x) = \frac{1}{x^2}, \qquad l > 0, \tag{18.23}$$

kontrollieren.

Wenn es darauf ankommt, die regulären sphärischen BESSEL-Funktionen auch für kleine Argumente genau zu berechnen, dann muß man auf die Rekursionsformel (18.17) verzichten und mit anderen Methoden arbeiten.

19. Streuung eines ungeladenen Teilchens am kugelsymmetrischen Potential

19.1 Problemstellung

Mit den in den Kapiteln 13, 17 und 18 behandelten Methoden sind wir nun in der Lage, einen differentiellen Wirkungsquerschnitt zu berechnen. Wir betrachten dabei ein einfaches optisches Modell für die elastische Streuung von Neutronen an mittelschweren oder schweren Atomkernen.

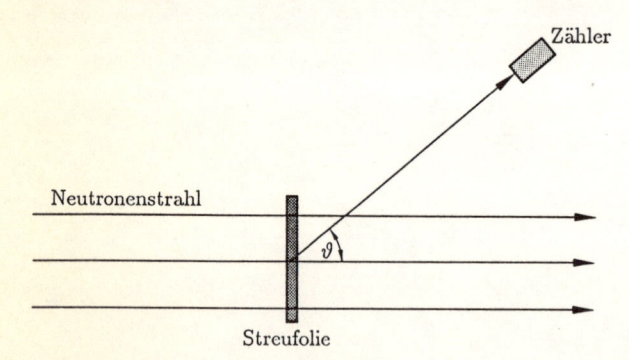

Abb. 19.1 Schematische Darstellung eines Streuexperiments

Der physikalische Vorgang ist in Abb. 19.1 skizziert. Mit einem Teilchenbeschleuniger und einer Kernreaktion gewinnt man einen monoenergetischen Neutronenstrahl. In einer Streukammer trifft der Neutronenstrahl auf eine dünne Folie, welche die streuenden Atomkerne enthält. Wenn ein Neutron einen der Atomkerne trifft, dann wird es aus der ursprünglichen Richtung um den Streuwinkel ϑ abgelenkt. Auf einem Schwenkarm ist ein Neutronenzähler montiert, der die gestreuten Neutronen zählt. Die über einen gewissen Zeitraum gemessene Anzahl hängt ab vom Streuwinkel ϑ, von der Intensität des Neutronenstrahls, von der Belegung der Folie mit streuenden Atomkernen und vom Raumwinkel $d\Omega$, den die Eingangsöffnung des Zählers gegenüber dem Streuzentrum hat. Wenn weder die Neutronen noch die streuenden Atomkerne polarisiert sind, dann ist der Streuvorgang symmetrisch gegenüber Drehungen um die Strahlachse, d.h. unabhängig vom Azimutwinkel φ.

Was uns interessiert, ist die Wahrscheinlichkeit, daß ein Neutron von einem Atomkern um den Streuwinkel ϑ abgelenkt wird. Man hat als Maß für diese Wahrscheinlichkeit eine anschauliche Größe eingeführt, die man den differentiellen Wirkungsquerschnitt nennt. Man stelle sich eine kleine Blende mit der

Öffnung $d\sigma$ vor, die man in den Strahl der einlaufenden Neutronen hält. Wenn diese Blende gerade so viele Neutronen ausblendet, wie von einem streuenden Atomkern in den Zähler mit der Öffnung $d\Omega$ gestreut werden, dann gilt

$$\frac{d\sigma}{d\Omega} = \text{differentieller Wirkungsquerschnitt.} \tag{19.1}$$

Der differentielle Wirkungsquerschnitt ist eine Funktion des Streuwinkels ϑ und hängt außerdem ab von der Energie der einlaufenden Neutronen und von der Art der streuenden Atomkerne. Bei leichten Kernen hängt er auch noch davon ab, ob man als Bezugssystem das Laborsystem wählt, in dem die streuenden Atomkerne ruhen, oder das Schwerpunktsystem, in dem der Schwerpunkt des Systems Neutron-Atomkern ruht. Da wir als streuende Kerne mittelschwere oder schwere Atomkerne gewählt haben, müssen wir diesen Unterschied nicht berücksichtigen.

Der Streuvorgang läßt sich theoretisch mit der SCHRÖDINGER-Gleichung beschreiben,

$$-\frac{\hbar^2}{2m}\Delta\psi(\boldsymbol{r}) + V(r)\psi(\boldsymbol{r}) = E\psi(\boldsymbol{r}). \tag{19.2}$$

Der Vektor $\boldsymbol{r}$ kennzeichnet den Ort des Neutrons relativ zum streuenden Atomkern. Das kugelsymmetrische Potential $V(r)$ repräsentiert die Wirkung des Atomkerns auf das Neutron. Wir wählen für $V(r)$ ein WOODS-SAXON-Potential,

$$V(r) = \frac{-V_0}{1 + \exp\left(\dfrac{r - R}{a}\right)}, \tag{19.3}$$

das die in Abb. 19.2 gezeigte Form hat.

Für eine realistische Analyse gemessener differentieller Wirkungsquerschnitte sollte das Potential auch einen Imaginärteil haben sowie einen Spin-Bahn-

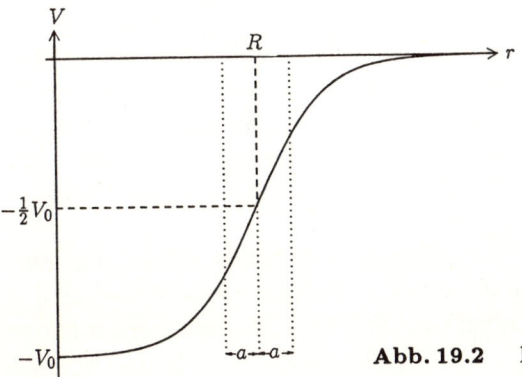

Abb. 19.2 Form eines WOODS-SAXON-Potentials

Abb. 19.3 Asymptotische Form einer Streulösung

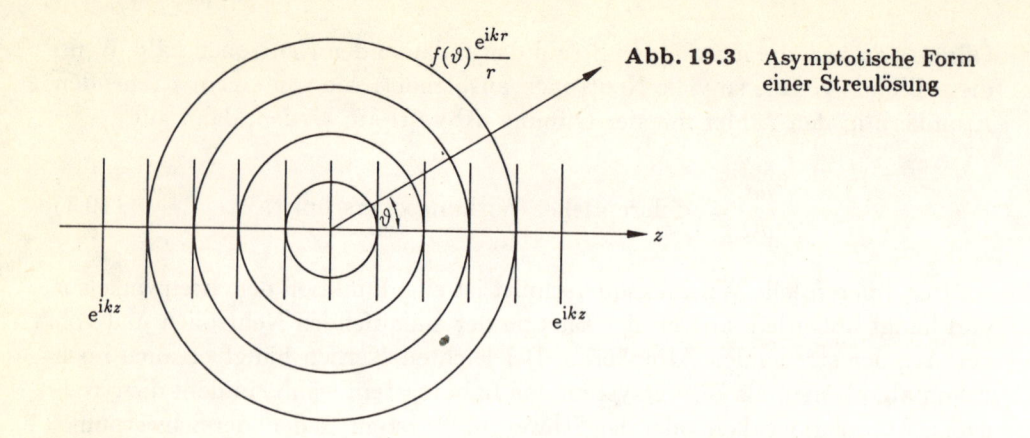

Term. Wir beschränken uns aber auf das Potential (19.3) und werden damit schon recht vernünftige differentielle Wirkungsquerschnitte erhalten.

Wie schon mehrfach erwähnt, benötigt man Randbedingungen, um die Lösung der SCHRÖDINGER-Gleichung (19.2) festzulegen. Gleichwertig mit der Vorgabe von Randbedingungen ist aber auch die Festlegung der asymptotischen Form der Wellenfunktion $\psi(\mathbf{r})$. Diese zweite Möglichkeit erlaubt es uns, die physikalischen Gegebenheiten des Streuvorganges in die mathematische Beschreibung einzubringen.

Wie in Abb. 19.3 skizziert, beschreiben wir den Neutronenstrahl durch eine ebene Welle $\exp(ikz)$. Diese ebene Welle ist ein Eigenszustand des Impulses, wobei der Impulsvektor in die Richtung der z-Achse zeigt. Das Potential kann die ebene Welle nur dadurch modifizieren, daß es eine Streuwelle erzeugt. Die Streuwelle muß ein auslaufendes Neutron beschreiben, d. h. sie muß bezüglich r die Form $\exp(ikr)/r$ haben. Die Amplitude f der Streuwelle darf vom Streuwinkel ϑ abhängen. Wir verlangen daher, daß die Wellenfunktion $\psi(\mathbf{r})$ die asymptotische Form

$$\psi(\mathbf{r}) \to e^{ikz} + f(\vartheta)\frac{e^{ikr}}{r} \quad \text{für} \quad r \to \infty \tag{19.4}$$

hat, wobei k die in (18.5) eingeführte Wellenzahl ist. Damit ist sichergestellt, daß ein einlaufendes Neutron auf jeden Fall von der Neutronenquelle kommt und daß ein auslaufendes Neutron entweder gestreut wurde oder am Streuzentrum vorbeigelaufen ist. In der Streuamplitude tritt der Winkel φ nicht auf, weil das kugelsymmetrische Potential $V(r)$ dem Neutron keinen Drehimpuls um die z-Achse geben kann.

Aus der asymptotischen Form (19.4) der Wellenfunktion $\psi(\mathbf{r})$ kann man den differentiellen Wirkungsquerschnitt ablesen. Da das Absolutquadrat der Wellenfunktion der Wahrscheinlichkeitsdichte für das Auftreten des Neutrons proportional ist, erhält man

$$\frac{d\sigma}{d\Omega} = |f(\vartheta)|^2. \tag{19.5}$$

Dabei wurde die übliche Annahme gemacht, daß man im asymptotischen Bereich die Interferenzterme zwischen Streuwelle und ebener Welle nicht beachten muß, da sie von der Idealisierung des Neutronenstrahls durch die unendlich ausgedehnte, ebene Welle herrühren. Wir erhalten also den differentiellen Wirkungsquerschnitt, wenn es uns gelingt, eine Lösung $\psi(\mathbf{r})$ von (19.2) zu finden, die die asymptotische Gestalt (19.4) hat.

In den vorangegangenen Kapiteln haben wir gelernt, Teillösungen der SCHRÖDINGER-Gleichung (19.2), mit und ohne Potential $V(r)$, in Polarkoordinaten (r, ϑ, φ) zu berechnen. Wir müssen jetzt die Teillösungen so überlagern, daß eine Gesamtlösung mit der asymptotischen Gestalt (19.4) entsteht. Diese Aufgabe werden wir im folgenden Abschnitt behandeln.

19.2 Mathematische Behandlung des Streuproblems

Wir gehen von der Partialwellenzerlegung (18.2) der Wellenfunktion $\psi(\mathbf{r})$ aus und setzen für die Radialfunktionen $u_l(r)$ die asymptotische Form (18.13) ein. Wir erhalten so die im asymptotischen Bereich gültige Entwicklung

$$\psi(\mathbf{r}) \to \sum_{l,m} c_{lm} \frac{\sin(kr - l\pi/2 + \delta_l)}{kr} Y_{l,m}(\vartheta, \varphi), \tag{19.6}$$

wobei die Entwicklungskoeffizienten c_{lm} durch Randbedingungen bestimmt sind. Die für unser Streusystem gültigen Randbedingungen sind in (19.4) enthalten, d. h. wir müssen die Koeffizienten c_{lm} so wählen, daß die Wellenfunktionen (19.4) und (19.6) asymptotisch übereinstimmen. Wir erreichen dies, indem wir $\psi(\mathbf{r})$ aus (19.4) nach Partialwellen entwickeln und einen Koeffizientenvergleich machen.

Als erstes sieht man, daß alle c_{lm} für $m \neq 0$ verschwinden, weil $\psi(\mathbf{r})$ in (19.4) nur von r und ϑ, nicht aber von φ abhängt. Wir müssen deshalb nur die Koeffizienten c_{l0} berechnen.

Die Entwicklung der ebenen Welle in (19.4) nach Kugelwellen lautet [19.1, 19.2]

$$e^{ikz} = e^{ikr\cos\vartheta} = \sum_{l=0}^{\infty} (2l+1) i^l j_l(kr) P_l(\cos\vartheta). \tag{19.7}$$

Nach (18.11) gilt für $r \to \infty$

$$j_l(kr) \to \frac{\sin(kr - l\pi/2)}{kr} = \frac{1}{2ikr}\left(e^{i(kr-l\pi/2)} - e^{-i(kr-l\pi/2)}\right)$$
$$= \frac{1}{2ikr}\left((-i)^l e^{ikr} - i^l e^{-ikr}\right). \tag{19.8}$$

Wir können daher für $r \to \infty$ schreiben

$$e^{ikz} \to \frac{1}{2ikr} \sum_{l=0}^{\infty} (2l+1) \left(e^{ikr} - (-1)^l e^{-ikr} \right) P_l(\cos\vartheta). \tag{19.9}$$

Die Streuwelle in (19.4) können wir ebenfalls in Partialwellen zerlegen, indem wir $f(\vartheta)$ nach LEGENDRE-Polynomen entwickeln. Wir schreiben

$$f(\vartheta) = \frac{1}{2ik} \sum_{l=0}^{\infty} (2l+1) b_l P_l(\cos\vartheta), \tag{19.10}$$

wobei wir zur Vereinfachung der weiteren Rechnung gleich den Vorfaktor $(2l+1)/2ik$ aus den Koeffizienten b_l herausgezogen haben. Insgesamt erhalten wir für $r \to \infty$

$$\psi(\mathbf{r}) \to e^{ikz} + f(\vartheta) \frac{e^{ikr}}{r}$$

$$= \frac{1}{2ikr} \sum_{l=0}^{\infty} (2l+1) \left\{ (1+b_l) e^{ikr} - (-1)^l e^{-ikr} \right\} P_l(\cos\vartheta). \tag{19.11}$$

Gleichung (19.6) läßt sich wegen $c_{lm} = 0$ für $m \neq 0$ und $Y_{l,0}(\vartheta,\varphi) = P_l(\cos\vartheta)$ folgendermaßen schreiben:

$$\psi(\mathbf{r}) \to \sum_l c_{l0} \frac{\sin(kr - l\pi/2 + \delta_l)}{kr} P_l(\cos\vartheta)$$

$$= \sum_l c_{l0} \frac{1}{2ikr} \left\{ (-i)^l e^{ikr} e^{i\delta_l} - i^l e^{ikr} e^{i\delta_l} \right\} P_l(\cos\vartheta)$$

$$= \frac{1}{2ikr} \sum_l c_{l0} (-i)^l e^{-i\delta_l} \left\{ e^{2i\delta_l} e^{ikr} - (-1)^l e^{-ikr} \right\} P_l(\cos\vartheta). \tag{19.12}$$

Aus (19.11) und (19.12) erhält man durch Koeffizientenvergleich

$$c_{l0} = (2l+1) i^l e^{i\delta_l}, \quad b_l = e^{2i\delta_l} - 1. \tag{19.13}$$

Aus (19.10) folgt damit

$$f(\vartheta) = \frac{1}{2ik} \sum_{l=0}^{\infty} (2l+1)(e^{2i\delta_l} - 1) P_l(\cos\vartheta)$$

$$= \frac{1}{k} \sum_{l=0}^{\infty} (2l+1) e^{i\delta_l} \sin(\delta_l) P_l(\cos\vartheta)$$

$$= \frac{1}{k} \sum_{l=0}^{\infty} (2l+1) \left(\cos(\delta_l)\sin(\delta_l) + i\sin^2(\delta_l)\right) P_l(\cos\vartheta) \tag{19.14}$$

$$= \frac{1}{2k} \sum_{l=0}^{\infty} (2l+1) \sin(2\delta_l) P_l(\cos\vartheta) + \frac{i}{k} \sum_{l=0}^{\infty} (2l+1) \sin^2(\delta_l) P_l(\cos\vartheta).$$

Als differentiellen Wirkungsquerschnitt erhalten wir damit gemäß (19.5)

$$\frac{d\sigma}{d\Omega} = \frac{1}{k^2} \left| \sum_{l=0}^{\infty} (2l+1) e^{i\delta_l} \sin(\delta_l) P_l(\cos\vartheta) \right|^2, \tag{19.15}$$

oder ausführlich geschrieben,

$$\frac{d\sigma}{d\Omega} = \left(\text{Re}[f(\vartheta)]\right)^2 + \left(\text{Im}[f(\vartheta)]\right)^2, \tag{19.16}$$

mit

$$\text{Re}[f(\vartheta)] = \frac{1}{2k} \sum_{l=0}^{\infty} (2l+1) \sin(2\delta_l) P_l(\cos\vartheta) \tag{19.17a}$$

und

$$\text{Im}[f(\vartheta)] = \frac{1}{k} \sum_{l=0}^{\infty} (2l+1) \sin^2(\delta_l) P_l(\cos\vartheta). \tag{19.17b}$$

Eine weitere physikalisch interessante Größe ist der totale Wirkungsquerschnitt σ, den man durch Integration des differentiellen Wirkungsquerschnittes über alle Raumwinkel erhält. Anschaulich können wir uns σ als die Fläche vorstellen, die das Streuzentrum aus dem einlaufenden Strahl herausschneidet.

Für die Berechnung des totalen Wirkungsquerschnitts σ brauchen wir die Orthogonalitätsrelation der LEGENDRE-Polynome (vgl. Kapitel 3 und Ref. [19.3, 19.4]):

$$\int_{-1}^{1} P_l(\cos\vartheta) P_{l'}(\cos\vartheta) \, d(\cos\vartheta) = \frac{2}{2l+1} \delta_{ll'}. \tag{19.18}$$

Damit erhalten wir aus (19.15):

$$\sigma = \int \frac{d\sigma}{d\Omega}(\vartheta) \, d\Omega$$

$$= \int_{0}^{2\pi} d\varphi \int_{-1}^{1} \frac{d\sigma}{d\Omega}(\vartheta) \, d(\cos\vartheta) = 2\pi \int_{-1}^{1} \frac{d\sigma}{d\Omega}(\vartheta) \, d(\cos\vartheta)$$

$$= \frac{2\pi}{k^2} \int_{-1}^{1} \left| \sum_{l=0}^{\infty} (2l+1) e^{i\delta_l} \sin(\delta_l) P_l(\cos\vartheta) \right|^2 d(\cos\vartheta)$$

$$= \frac{2\pi}{k^2} \int_{-1}^{1} \sum_{l,l'=0}^{\infty} (2l+1)(2l'+1) e^{i(\delta_l - \delta_{l'})} \sin(\delta_l) \sin(\delta_{l'})$$
$$\qquad\qquad \cdot P_l(\cos\vartheta) P_{l'}(\cos\vartheta) \, d(\cos\vartheta)$$

$$= \frac{4\pi}{k^2} \sum_{l=0}^{\infty} (2l+1) \sin^2(\delta_l). \tag{19.19}$$

Beim totalen Wirkungsquerschnitt addieren sich die Beiträge der einzelnen Partialwellen, während beim differentiellen Wirkungsquerschnitt Interferenzterme auftreten. Wir können dies etwa folgendermaßen interpretieren: Für jeden bestimmten Winkel gibt es Beiträge zum Wirkungsquerschnitt, die durch Interferenz verschiedener Partialwellen entstehen. Diese Interferenzterme heben sich im Mittel über alle Raumwinkel weg, da Partialwellen mit verschiedenen Drehimpulsquantenzahlen zueinander orthogonal sind.

Wenn wir (19.19) mit (19.17b) vergleichen und dabei berücksichtigen, daß für alle $l \geq 0$

$$P_l(1) = 1 \tag{19.20}$$

ist [19.3, 19.4], dann erkennen wir eine Beziehung, die unter dem Namen „Optisches Theorem" bekannt ist:

$$\sigma = \frac{4\pi}{k}\mathrm{Im}[f(0)]. \tag{19.21}$$

19.3 Programmierung

In unserem Programm zur Berechnung von Wirkungsquerschnitten können wir mehrere, in früheren Kapiteln bereitgestellte Unterprogramme verwenden. Wir werden auf die Unterprogramme BESJ, BESN (beide Kapitel 18) und PLM (Kapitel 17) sowie auf das FUNCTION-Unterprogramm FAK (Kapitel 16) zurückgreifen.

Zur Berechnung des Streupotentials nach (19.3) schreiben wir das FUNCTION-Unterprogramm V (Abb. 19.5). Wir verwenden die folgenden Potentialparameter [19.5]:

$$V_0 = V_1 - V_2 E - \left(1 - \frac{2Z}{A}\right)V_3, \tag{19.22a}$$

mit

$$V_1 = 56.3\,\mathrm{MeV}, \qquad V_2 = 0.32, \qquad V_3 = 24.0\,\mathrm{MeV}, \tag{19.22b}$$

$$R = r_0 A^{1/3} \quad \text{mit} \quad r_0 = 1.17\,\mathrm{fm}, \tag{19.22c}$$

$$a = 0.75\,\mathrm{fm}. \tag{19.22d}$$

Physikalische Bezeichnung	FORTRAN-Bezeichnung	Physikalische Bezeichnung	FORTRAN-Bezeichnung
V_1	V1	E	E
V_2	V2	A	A
V_3	V3	Z	Z
a	A0	r	R
r_0	R0	R	R1
V_0	V0		

Abb. 19.4 Im FUNCTION-Unterprogramm V verwendete Bezeichnungen

```
      DOUBLE PRECISION FUNCTION V(R,E,A,Z)                          100
      IMPLICIT DOUBLE PRECISION (A-H,O-Z)                           101
      INTEGER A, Z                                                  102
      PARAMETER (V1=56.3D0, V2=0.32D0, V3=24.D0, R0=1.17D0, A0=0.75D0) 103
      PARAMETER (EXPMAX=700.D0)                                     104
      V0=V1-V2*E-V3*(1.D0-(2.D0*Z)/A)                               105
      R1=R0*A**(1.D0/3.D0)                                          106
      IF((R-R1)/A0.LE.EXPMAX) THEN                                  107
        V=-V0/(1.D0+EXP((R-R1)/A0))                                 108
      ELSE                                                          109
        V=0.D0                                                      110
      ENDIF                                                         111
      END                                                           112
```

Abb. 19.5 FUNCTION-Unterprogramm V

Hier ist A die Massenzahl und Z die Kernladungszahl des streuenden Atomkerns, und E ist die kinetische Energie des einfallenden Neutrons. Die Parameterwerte gelten im Bereich $E \leq 50\,\text{MeV}$ und $A \geq 40$.

Das FUNCTION-Unterprogramm V ist in Abb. 19.5 wiedergegeben. Die Werte der unveränderlichen Parameter werden in einer PARAMETER-Anweisung vorgegeben (Zeile 103). Der IF-Block (Zeile 107 bis 111) soll einen eventuellen Exponentenüberlauf verhindern.

Abb. 19.7 zeigt den numerischen Teil des Hauptprogramms; die verwendeten Bezeichnungen sind in Abb. 19.6 zusammengestellt. Wie eingangs erwähnt, betrachten wir die Streuung eines Neutrons an einem mittelschweren oder schweren Atomkern. In diesem Fall ist die reduzierte Masse m nicht sehr verschieden

Physikalische Bezeichnung	FORTRAN-Bezeichnung	Physikalische Bezeichnung	FORTRAN-Bezeichnung
h_b	HB	r_i	RR(I)
b	B	$V(r_i)$	VV(RR(I))
i_b	IB	$w(r_{i+1})$	W2
h_π	HPI	$u(r_{i+1})$	U2
π	PI	$w(r_i), u(r_i)$	W1, U1
i_π	IPI	$w(r_{i-1}), u(r_{i-1})$	W0, U0
$\hbar$	HQUER	$j_l(x)$	BESJ(X,L)
$\hbar^2/2m$	H2M	$n_l(x)$	BESN(X,L)
m_N	MN	δ_l	DELTA(L)
A	A	$P_l(\cos x)$	PLM(X,L,0)
Z	Z	ϑ_i	THETA(I)
k	K	$P_l(\cos \vartheta_i)$	PLTH
E	E	$\text{Re}[f(\vartheta_i)]$	REF
l	L	$\text{Im}[f(\vartheta_i)]$	IMF
l_P	LP	$d\sigma/d\Omega(\vartheta_i)$	DSIGMA(I)
$l_{\max}$	LMAX	σ	SIGMA

Abb. 19.6 Im Hauptprogramm KAP19 verwendete Bezeichnungen

```
        PROGRAM KAP19                                                    200

            IMPLICIT DOUBLE PRECISION (A-H,O-Z)                          201
            DOUBLE PRECISION IMF, K, MN                                  202
            INTEGER A, Z                                                 203
            PARAMETER (LMAX=18, IPI=90, PI=3.1415926535D0, IB=500, B=20.D0)  204
            PARAMETER (HQUER=6.4655D0, MN=1.008665D0)                    205
            DIMENSION VV(IB),RR(IB)                                      206
            DIMENSION THETA(0:IPI), DSIGMA(0:IPI), DELTA(0:LMAX)         207
*           (Eingabe: A, Z, E, LP)

            H2M=HQUER*HQUER*(MN+A)/(2.D0*MN*A)                           208
            K=SQRT(E/H2M)                                                209
            HB=B/IB                                                      210
            DO 10 I=1,IB                                                 211
              RR(I)=I*HB                                                 212
              VV(I)=V(RR(I),E,A,Z)                                       213
10          CONTINUE                                                     214
            DO 30 L=0,LP                                                 215
              W0=0.D0                                                    216
              W1=(E-VV(1))/H2M-L*(L+1)/(HB*HB)                           217
              U0=0.D0                                                    218
              U1=1.D0                                                    219
              DO 20 I=1,IB-1                                             220
                W2=(E-VV(I+1))/H2M-L*(L+1)/(RR(I+1)*RR(I+1))             221
                U2=(2.D0*U1-U0-HB*HB/12.D0*(10.D0*W1*U1+W0*U0))          222
     &             /(1.D0+HB*HB/12.D0*W2)                                223
                W0=W1                                                    224
                W1=W2                                                    225
                U0=U1                                                    226
                U1=U2                                                    227
20            CONTINUE                                                   228
              A1=(B-HB)*BESJ(K*(B-HB),L)*U1-B*BESJ(K*B,L)*U0             229
              A2=(B-HB)*BESN(K*(B-HB),L)*U1-B*BESN(K*B,L)*U0             230
              DELTA(L)=ATAN(A1/A2)                                       231
30          CONTINUE                                                     232
            HPI=PI/IPI                                                   233
            DO 50 I=0,IPI                                                234
              THETA(I)=I*HPI                                             235
              REF=0.D0                                                   236
              IMF=0.D0                                                   237
              DO 40 L=0,LP                                               238
                PLTH=PLM(THETA(I),L,0)                                   239
                REF=REF+0.5D0/K*(2.D0*L+1.D0)*SIN(2.D0*DELTA(L))*PLTH    240
                IMF=IMF+ 1.D0/K*(2.D0*L+1.D0)*(SIN(DELTA(L)))**2*PLTH    241
40            CONTINUE                                                   242
              DSIGMA(I)=(REF*REF+IMF*IMF)                                243
              IF(I.EQ.0)  SIGMA=4.D0*PI/K*IMF                            244
50          CONTINUE                                                     245
*           (Ausgabe: DSIGMA, SIGMA)

            END                                                          246
```

Abb. 19.7 Numerischer Teil des Hauptprogramms KAP19

von der Neutronenmasse m_N. Wir wollen trotzdem mit der reduzierten Masse

$$m = \frac{m_N m_K}{m_N + m_K} \tag{19.23}$$

rechnen und für die Masse m_K des Atomkerns die Näherung $m_K = A\,[u]$ einsetzen (u ist die atomare Masseneinheit). Die Neutronenmasse m_N in atomaren Masseneinheiten und $\hbar$ in der Einheit $(\text{MeV}\,u)^{1/2}$ sind in PARAMETER-Anweisungen vorgegeben. Wir erhalten damit die Konstante $\hbar^2/(2m)$ in Zeile 208 und die Wellenzahl nach (18.5) in Zeile 209. Zur Lösung der radialen SCHRÖDINGER-Gleichung verwenden wir die in Kapitel 13 behandelte Methode. Auf dem Intervall $[0,b]$ führen wir i_b Stützstellen mit der Schrittweite h_b ein (Zeile 212). In den Zeilen 220 bis 227 erfolgt die Integration der radialen SCHRÖDINGER-Gleichung mit dem FOX-GOODWIN-Verfahren, vgl. (13.3) und (13.31). Da wir die Lösungen $u_l(r)$ nur an den letzten beiden Stützstellen b und $(b - h_b)$ brauchen, verwenden wir nicht das Unterprogramm FOX, das die Funktionswerte an allen Stützstellen liefern würde. Um Rechenzeit zu sparen, berechnen wir die Potentialwerte an den Stützstellen nur einmal und speichern sie auf dem Zahlenfeld VV(I), vgl. Zeile 213.

Nach dem Durchlaufen der FOX-GOODWIN-Rekursion liegen die Funktionswerte $u_l(b - h_b)$ und $u_l(b)$ unter den Bezeichnungen U0 und U1 vor. Mit diesen Werten wird nach (18.10) die Streuphase δ_l berechnet, wobei von den FUNCTION-Unterprogrammen BESJ und BESN Gebrauch gemacht wird (Zeile 229 bis 231). Sowohl die Berechnung der radialen Wellenfunktion als auch die Berechnung der Streuphase werden innerhalb einer DO-Schleife (Zeile 215 bis 232) für alle Drehimpulsquantenzahlen von $l = 0$ bis $l = l_P$ durchgeführt.

In den Zeilen 240 und 241 erfolgt die Berechnung des Realteils und des Imaginärteils der Streuamplitude $f(\vartheta)$ nach (19.17). Der Streuwinkel ϑ wird im Intervall $[0,\pi]$ durch $i_\pi + 1$ Stützstellen diskretisiert. Die Schrittweite $h_\pi = \pi/i_\pi$ wird in Zeile 233 berechnet. Die in (19.17) auftretenden LEGENDRE-Polynome werden durch Aufruf des FUNCTION-Unterprogramms PLM berechnet (Zeile 239). Das Programm PLM ist sowohl zur Berechnung der zugeordneten LEGENDRE-Polynome $P_l^m(\cos\vartheta)$ als auch zur Berechnung der LEGENDRE-Polynome $P_l(\cos\vartheta) \equiv P_l^0(\cos\vartheta)$ geeignet. Die obere Grenze für die Summationen über l in (19.17) ist l_P, wobei l_P nicht größer sein darf als die zur Dimensionierung der Felder verwendete maximale Drehimpulsquantenzahl $l_{\max}$.

Aus der Streuamplitude gewinnt man schließlich nach (19.16) und (19.21) den differentiellen Wirkungsquerschnitt $d\sigma/d\Omega$ und den totalen Wirkungsquerschnitt σ (Zeilen 243 und 244).

Durch die PARAMETER-Anweisungen in den Zeilen 204 und 205 sind folgende Größen vorgegeben: die obere Intervallgrenze $b = 20\,\text{fm}$, die Anzahl der Teilintervalle $i_b = 500$ im Intervall $[0,b]$, die Anzahl der Teilintervalle $i_\pi = 90$ im Intervall $[0,\pi]$, die maximale Drehimpulsquantenzahl $l_{\max} = 18$, die Konstante $\hbar = 6.4655\,\text{fm}(\text{MeV}\,u)^{1/2}$ und die Neutronenmasse $m_N = 1.008665\,u$. Eingegeben werden die Massenzahl A und die Kernladungszahl Z des streuenden Atomkerns, die Energie E des Neutrons und die Drehimpulsquantenzahl l_P, bei der die Summation über Drehimpuls-Partialwellen abgebrochen wird. Als Ausgabe erhält man den differentiellen Wirkungsquerschnitt $d\sigma/d\Omega$ und den totalen Wirkungsquerschnitt σ. Die Ausgabe von $d\sigma/d\Omega$ als Funktion des Streuwinkels ϑ erfolgt graphisch und auf Wunsch numerisch. Es sind jeweils zwei Diagramme zu sehen: Im ersten ist $d\sigma/d\Omega$ linear, im zweiten logarithmisch aufgetragen. Bei der Ausgabe werden alle Winkel vom Bogen- ins Gradmaß umgerechnet, und die Wirkungsquerschnitte werden von fm^2 in die gebräuchliche Einheit Millibarn (mb) umgerechnet. Ein Millibarn entspricht 0.1 fm^2.

Das hier in Auszügen vorgestellte Programm ist auf der Diskette in der Datei KAP-19.FOR zu finden.

19.4 Übungsaufgaben

19.1 Nehmen Sie verschiedene Atomkerne, und suchen Sie für verschiedene Energien E nach dem jeweils kleinsten Wert von l_P, ab welchem sich die Ergebnisse nicht mehr ändern.

19.2 Berechnen Sie die differentiellen Wirkungsquerschnitte für verschiedene mittelschwere und schwere Atomkerne und verschiedene Neutronen-Energien. Welchen Trend bezüglich der Energie E und der Massenzahl A können Sie feststellen?

19.3 Stellen Sie sich vor, die berechneten Wirkungsquerschnitte seien gemessene Größen, und suchen Sie nach Resonanzen. Können Sie erkennen, welchen Drehimpuls ein Resonanzzustand hat?

19.5 Lösung der Übungsaufgaben

19.1 Zunächst stellt man fest, daß bei einer Vergrößerung der Zahl l_P die Form des differentiellen Wirkungsquerschnittes sich genau dann nicht mehr ändert, wenn der totale Wirkungsquerschnitt sich nicht mehr ändert. Man muß bei der Prüfung der Konvergenz daher nur auf den totalen Wirkungsquerschnitt achten. Bei einem mittelschweren Streukern und Energien unter 10 MeV genügt $l_P = 5$. Bei schweren Kernen und einer Energie von 50 MeV genügt $l_P = 16$.

19.2 Bei niedrigen Energien hat der differentielle Wirkungsquerschnitt nur wenige Maxima und Minima. Dies rührt daher, daß hier nur wenige Partialwellen zum Streuquerschnitt beitragen. Mit wachsender Energie steigt zunächst die Anzahl der Maxima und Minima. Bei hohen Energien nehmen die differentiellen Wirkungsquerschnitte dann wieder eine einfache Gestalt an. Sie zeigen ein ausgeprägtes Maximum in Vorwärtsrichtung und einen starken Abfall für größere Streuwinkel. Dieser Trend ist umso ausgeprägter, je schwerer der streuende Atomkern ist. Abb. 19.8 zeigt den differentiellen Wirkungsquerschnitt für die Streuung von Neutronen an $^{56}_{26}$Fe bei einer Einschußenergie von 10 MeV. Abb. 19.9 zeigt den differentiellen Wirkungsquerschnitt für die Streuung von Neutronen an $^{238}_{92}$U bei einer Neutronen-Energie von 50 MeV; man erkennt deutlich den starken Abfall des differentiellen Wirkungsquerschnitts mit wachsendem Streuwinkel.

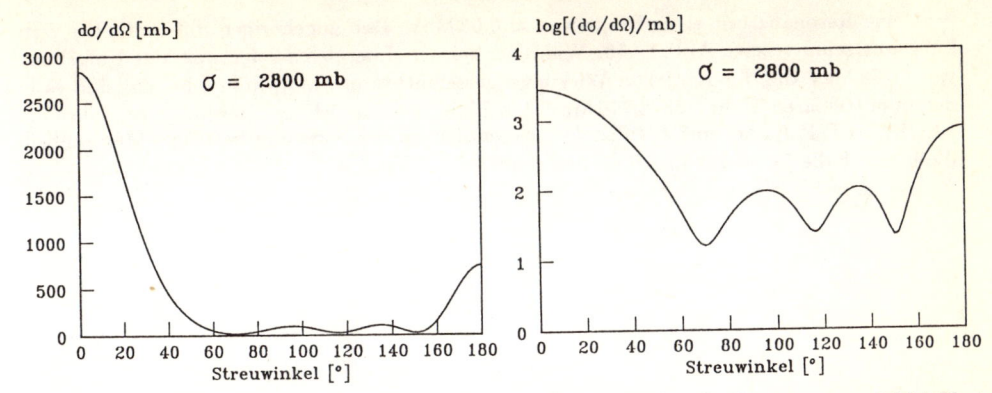

Abb. 19.8 Differentieller und totaler Wirkungsquerschnitt für die Streuung von 10-MeV-Neutronen an $^{56}_{26}$Fe ($l_P = 5$)

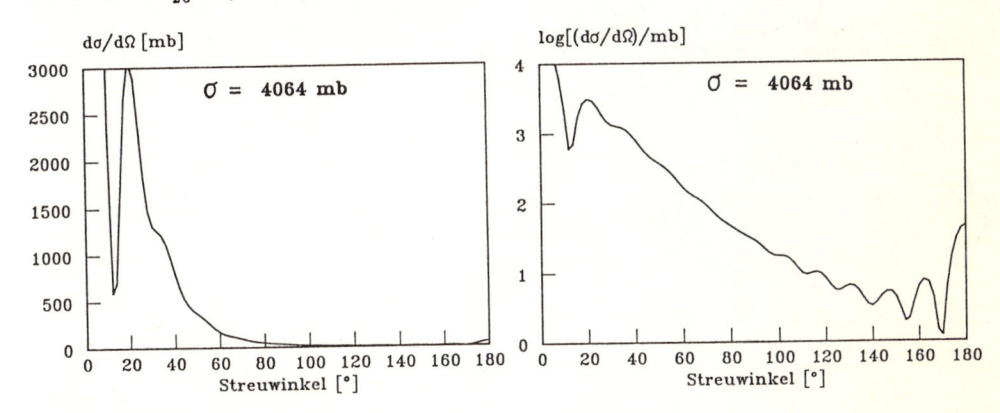

Abb. 19.9 Differentieller und totaler Wirkungsquerschnitt für die Streuung von 50-MeV-Neutronen an $^{238}_{92}$U ($l_P = 16$)

19.3 Man findet Resonanzen durch Auftragen der Anregungskurve, d. h. des totalen Wirkungsquerschnitts als Funktion der Energie. Der für die Streuung von Neutronen an $^{56}_{26}$Fe berechnete totale Wirkungsquerschnitt z. B. hat ein scharfes Maximum bei 2.776 MeV. Hier

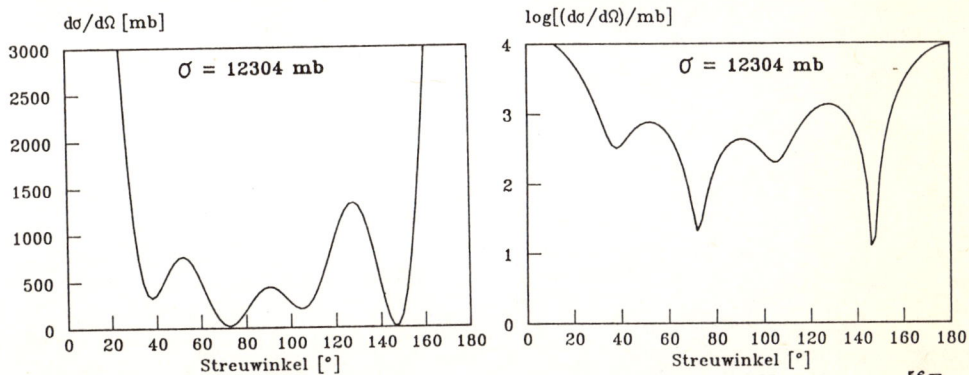

Abb. 19.10 Differentieller Wirkungsquerschnitt für die Streuung von Neutronen an $^{56}_{26}$Fe bei der Resonanzenergie $E = 2.776$ MeV

liegt eine Resonanz mit einer Breite von ≈ 0.05 MeV. Den zugehörigen differentiellen Wirkungsquerschnitt zeigt Abb. 19.10. Während bei den Energien in der weiteren Umgebung von 2.776 MeV die differentiellen Wirkungsquerschnitte nur zwei Minima haben, sind es in der unmittelbaren Nähe von 2.776 MeV 4 Minima. Im Bereich der Resonanz ist daher ein LEGENDRE-Polynom mit 4 Nullstellen wesentlich an der Streuung beteiligt. Man schließt daraus, daß die Resonanz den Bahndrehimpuls $l = 4$ hat.

Literatur

Zu Kapitel 3

[3.1] J. Stoer: *Numerische Mathematik I*. Eine Einführung unter Berücksichtigung von Vorlesungen von F.L. Bauer, 5. Aufl. (Springer, Berlin, Heidelberg 1989)

[3.2] A. Erdelyi, W. Magnus, F. Oberhettinger, F. Tricomi: *Higher Transcendental Functions*, Bd. 1 und 2 (McGraw-Hill, New York 1953)

[3.3] I.S. Gradstein, I.M. Ryshik: *Summen-, Produkt- und Integraltafeln*, Bd. 2 (Harri Deutsch, Frankfurt 1981)

[3.4] I.S. Gradshteyn, I.M. Ryzhik: *Tables of Integrals, Series and Products*, korrigierte und erweiterte Aufl. (Academic Press, New York 1980)

[3.5] M. Abramowitz, I.A. Stegun (eds.); *Handbook of Mathematical Functions*, 7. Aufl. (Dover Publications, New York 1970)
Gekürzte Ausgabe als; *Pocketbook of Mathematical Functions* (Harri Deutsch, Frankfurt 1984)

Zu Kapitel 5

[5.1] J. Stoer, R. Bulirsch: *Numerische Mathematik II. Eine Einführung*. Unter Berücksichtigung von Vorlesungen von F.L. Bauer (Springer, Berlin, Heidelberg 1990)

Zu Kapitel 7

[7.1] J. Stoer, R. Bulirsch: *Numerische Mathematik II. Eine Einführung*. Unter Berücksichtigung von Vorlesungen von F.L. Bauer (Springer, Berlin, Heidelberg 1990)

Zu Kapitel 8

[8.1] M. Schneider: *Himmelsmechanik*, Bd. I: Grundlagen, Determinierung, 3. Aufl. (Bibliographisches Institut, Mannheim 1992)

[8.2] S.F. Dermott: Nucl. Phys. **A 416**, 535c (1984)

Zu Kapitel 9

[9.1] G. Forsythe, W. Wasow: *Finite Difference Methods for Partial Differential Equations*, 3. Aufl. (Wiley, New York 1965)

Zu Kapitel 10

[10.1] G. Kortüm, H. Lachmann: *Einführung in die chemische Thermodynamik*, 7. Aufl. (Vandenhoeck & Ruprecht, Göttingen (1981)
[10.2] D'Ans; Lax: *Taschenbuch für Chemiker und Physiker*, Bd. 1, 4. Aufl. (Springer, Berlin, Heidelberg 1992)

Zu Kapitel 12

[12.1] A. Sommerfeld: *Vorlesungen über Theoretische Physik*, Bd. 2, Nachdruck der 8. Aufl. (Harri Deutsch, Thun 1977)

Zu Kapitel 13

[13.1] Bis auf eine unbedeutende Änderung für V_0 übernehmen wir die Werte aus B. Buck, H. Friedrich, C. Wheatley: Nucl. Phys. **A** 275, 246 (1977)
[13.2] B. Alder, S. Fernbach, M. Rothenberg (eds.): *Methods in Computational Physics*, Bd. 6, Nuclear Physics (Academic Press, New York 1966)
[13.3] M. Abramowitz, I.A. Stegun (eds.): *Handbook of Mathematical Functions*, 7. Aufl. (Dover Publications, New York 1970)
Gekürzte Ausgabe als: Pocketbook of Mathematical Functions (Harri Deutsch, Frankfurt 1984)

Zu Kapitel 14

[14.1] G. Eder: *Kernkräfte, Einführung in die theoretische Kernphysik* (Braun, Karlsruhe 1965)

Zu Kapitel 15

[15.1] E. Schrödinger: Ann. Phys. **79**, 361 (1926)
[15.2] W. Heisenberg: Z. Phys. **33**, 879 (1925)
[15.3] Die beiden Veröffentlichungen [15.1] und [15.2] sind außerdem abgedruckt in G. Ludwig: *Wellenmechanik*, Einführung und Originaltexte, WTB Texte (Vieweg & Sohn, Braunschweig 1969)
[15.4] G. Eder: *Kernkräfte*, Einführung in die theoretische Kernphysik (Braun, Karlsruhe 1965)
[15.5] H.R. Schwarz, E. Stiefel, H. Rutishauser: *Numerik symmetrischer Matrizen*, 2. Aufl. (Teubner, Stuttgart 1972)
[15.6] H. Rutishauser: Num. Math. **9**, 1 (1966)

Zu Kapitel 16

[16.1] E.A. Hylleraas: Z. Phys. **54**, 347 (1929)
[16.2] E.A. Hylleraas, B. Undheim: Z. Phys. **65**, 759 (1930)
[16.3] T. Mayer-Kuckuk: *Atomphysik*, 3. Aufl. (Teubner, Stuttgart 1985)
[16.4] H.R. Schwarz, E. Stiefel, H. Rutishauser: *Numerik symmetrischer Matrizen*, 2. Aufl. (Teubner, Stuttgart 1972)

Zu Kapitel 17

[17.1] A. Messiah: *Quantenmechanik*, Bd. 1, 2. Aufl. (de Gruyter, Berlin 1991)
[17.2] I.S. Gradstein, I.M. Ryshik: *Summen-, Produkt- und Integraltafeln*, Bd. 2 (Harri Deutsch, Frankfurt 1981)
[17.3] I.S. Gradshteyn, I.M. Ryzhik: *Tables of Integrals, Series and Products*, korrigierte und erweiterte Aufl. (Academic Press, New York 1980)

Zu Kapitel 18

[18.1] L.I. Schiff: *Quantum Mechanics*, 3. Aufl. (McGraw-Hill, New York 1968)
[18.2] A. Messiah: *Quantenmechanik*, Bd. 1, 2. Aufl. (de Gruyter, Berlin 1991)

Zu Kapitel 19

[19.1] M. Mayer-Kuckuk: *Kernphysik*, 5. Aufl. (Teubner, Stuttgart 1992)
[19.2] L.I. Schiff: *Quantum Mechanics*, 3. Aufl. (McGraw-Hill, New York 1968)
[19.3] I.S. Gradstein, I.M. Ryshik: *Summen-, Produkt- und Integraltafeln*, Bd. 2 (Harri Deutsch, Frankfurt 1981)
[19.4] I.S. Gradshteyn, I.M. Ryzhik: *Tables of Integrals, Series and Products*, korrigierte und erweiterte Aufl. (Academic Press, New York 1980)
[19.5] F.D. Becchetti JR., G.W. Greenlees: Phys. Rev. **182**, 1190 (1969)

Stichwortverzeichnis

α-α-Wechselwirkung   152f, 159, 162f
Ableitung, numerische   siehe Differentiation, numerische
Äquipotentiallinien   105f–108
Ausgabe
 – alphanumerische   16–19
 – graphische   siehe Graphik-Unterprogramme

BESSEL-Funktionen
 – gewöhnliche   213
 – sphärische   209–212, 216f
Bindungszustände, quantenmechanische
   151–153, 160f, 179f
Bisektionsverfahren   116f

COULOMB-Wechselwirkung   159, 162
COWELL-Methode   siehe FOX-GOODWIN-Verfahren
CURSOR (Unterprogramm)   6, 19
Cursorsteuerung   6, 19

Dampfdruck   112–116, 123–125
Datei, interne   33
Dateibearbeitung   32f
Deklaration   siehe Typvereinbarung
Differentialgleichungen, gewöhnliche
 – Lösungsmethoden   38f, 46–49, 68–70, 154f
 – Verringerung des Grades   37f
Differentialgleichungen, partielle
 – Lösungsmethoden   97–99, 128–130
 – Variablenseparation   199–201
Differentiation, numerische   13f, 20f
Dispersion   138f
Drehimpulsbarriere   siehe Zentrifugalpotential
Drehimpulsoperator   201f
Dreikörperproblem
 – himmelsmechanisches   65–67, 87–91
 – quantenmechanisches   siehe Helium-Atom

Dreipunkt-Formel   14

Eigenwertproblem
 – für symmetrische Matrizen   175f
 – verallgemeinertes   185f, 189–191
Eingabe
 – alphanumerische   16–19
 – graphische   siehe Graphik-Unterprogramme
elektromagnetische Wellen   siehe Lichtwellen
Elektronenlinse   97f, 110
elektrostatisches Feld   97f
erdbebensichere Gebäude   57f
Erde-Mond-System   65, 80
EULER-Verfahren
 – gewöhnliches   38f, 43
 – verbessertes   46–48

FORTRAN-Norm   2, 6
FOURIER-Reihe   126, 129f, 134f
FOX-GOODWIN-Verfahren   154f, 159f

Gasgleichung
 – ideale   111, 123f
 – reale nach VAN DER WAALS
   111–116, 123f
GAUSS-LEGENDRE-Integration   26–29, 35
GAUSSsche Fehlerfunktion   159, 162
GBOX (Graphik-Unterprogramm)   108
GCHART (Graphik-Unterprogramm)   146f
GCIRCL (Graphik-Unterprogramm)   83f
GCLOSE (Graphik-Unterprogramm)   42
GCOLOR (Graphik-Unterprogramm)   43
GDRAW (Graphik-Unterprogramm)   42, 60
Geokraftwerk   126–128, 135f
GINIT (Graphik-Unterprogramm)   82f
GINKEY (Graphik-Unterprogramm)   82
GINPUT (Graphik-Unterprogramm)   122

Gleitkommazahlen
- Exponentenüberlauf 131
- Genauigkeit 12
- Wertebereich 12

Gleitreibung 36
GLINE (Graphik-Unterprogramm) 42
GMARK (Graphik-Unterprogramm) 83
GMOVE (Graphik-Unterprogramm) 42, 60
GOPEN (Graphik-Unterprogramm) 41f
Graphik-Bibliothek
- Farbpalette umdefinieren 10
- Graphikmodus wählen 9f
- Hardware-Voraussetzungen 1f, 7f
- Installation 2f, 10
- Software-Voraussetzungen 2f, 6–9
- Versionen 3f, 6–10

Graphik-Unterprogramme
- Ausgabe von Texten 84, 122
- Eingabe mit Fadenkreuz 122
- Eingabe von Zahlen 145f
- Eingabe von Zeichen 82
- Farbwahl 43
- Öffnen der Graphik 41f, 82f
- Schließen der Graphik 42, 82f
- Umdefinieren des Fensters 146
- Zeichnen von Kreisen 83f
- Zeichnen von Markierungen 83
- Zeichnen von Rechtecken 108
- Zeichnen von Achsen und Rahmen 146f
- Zeichnen von Geraden 42
- Zeichnen von Kurven 42, 60

Gruppengeschwindigkeit 139f, 147f
GVALUE (Graphik-Unterprogramm) 145f
GWINDO (Graphik-Unterprogramm) 146
GWRITE (Graphik-Unterprogramm) 84, 122

Haftreibung 37
HAMILTON-Funktion 64, 66f, 88
HAMILTON-Gleichungen 63–67, 88–90
HAMILTON-Operator 149, 173f, 181, 188–190
Hardware-Voraussetzungen 1f, 7f
Heliumatom 181–190, 197f
Himmelsmechanik 63–68, 87–91
Hot Dry Rock Verfahren 126–128
Hufeisenbahn 91, 95f
HYLLERAAS-Verfahren 182–190, 197f

Integration, numerische 22–29, 34f
Intervallschachtelung 115–117

JACOBI-Rotation 170

Kommentare 16f, 18
Kondensation *siehe* Dampfdruck
Koordinatentransformation 70–72
kritischer Punkt 113f
Kugelfunktionen 200f, 203
Kugelkoordinaten 149f, 199–201

LAGRANGE-Funktion 64, 66f, 88
LAGUERRE-Polynom, verallgemeinertes 166
LAPLACE-Gleichung 97–100
LEGENDRE-Polynome
- gewöhnliche 27–29, 221–223
- zugeordnete 202f

Librationsschwingungen 91, 95f
Lichtwellen 138f

MAXWELLsche Gerade 112–116

Neutronenstreuung 218f, 224, 228f
NEWTON-COTES-Verfahren 25
NOUMEROV-Methode *siehe* FOX-GOODWIN-Verfahren

optisches Theorem 224
Oszillator
- klassischer *siehe* Schwingung
- quantenmechanischer 164f, 172
Oszillatorfunktionen 165–168, 172, 173f

PAULI-Prinzip 152f, 181
Pendel *siehe* Schwingung
Phasengeschwindigkeit 137–140, 147f
Phasenverschiebung *siehe* Streuphase
Polarkoordinaten
- ebene 65f
- sphärische 149f, 199–201
Programmiermethoden 4–6, 16–18

quantenmechanische Wellenpakete 139f

Randwertproblem 97–99, 128f, 150–153, 181f
Raumschiffbahn 63–68, 84–86
Reibungskräfte 36f

Rekursionsformeln
- für Differentialgleichungen *siehe* Differentialgleichungen
- für Oszillatorfunktionen 166, 168
- für sphärische BESSEL-Funktionen 212
- für trigonometrische Funktionen 143
- für verallgemeinerte LAGUERRE-Polynome 166
- für zugeordnete LEGENDRE-Polynome 202f

Resonanzen
- klassische 55, 57f, 91
- quantenmechanische 153, 162f, 228f

RITZsches Variationsprinzip 184, 198
RODRIGUES-Formel 27, 202
Rundungsfehler 12, 19f
RUNGE-KUTTA-Verfahren 48f, 53, 68–70, 85

SCHRÖDINGER-Gleichung
- als Matrixgleichung 173f, 182, 185
- als Operatorgleichung 173
- für freie Teilchen 209f
- für Helium-Atom 181f
- in Ortsdarstellung 149, 199–201, 209f
- Radialanteil 149–153, 199f, 209f
- Randbedingungen 150–153, 181f
- Separation 199f–201
- Winkelanteil 199–201

SCHRÖDINGERsche Störungsrechnung 197f

Schwingung
- anharmonische 45f, 53–55
- erzwungene 45f, 55, 57
- gedämpfte 36f, 43f, 57
- gekoppelte 56–58, 61f
- harmonische 36f, 56–58, 61f

Siedetemperaturen 123–125
SIMPSON-Regel 24f, 34f, 175
Software-Voraussetzungen 2f, 6–8
Störungsrechnung nach SCHRÖDINGER 197f
Streuamplitude 220, 222–224
Streuexperiment 218
Streuphase 210f, 222f
Streuwellen 151, 174, 179f, 220–224
Superpositionsprinzip 137

TAYLOR-Reihe 12f, 47
Trapezregel 23f, 34f, 142f
Trojanerbahn 91, 95f
Typvereinbarung 30

Überrelaxation, sukzessive 101f, 109f

VAN DER WAALSsche Gleichung 111–116, 123f

Wahrscheinlichkeitsdichte
- klassische 168, 172, 206f
- quantenmechanische 150–152, 172, 206f

Wärmeleitungsgleichung 128
Wasserwellen 140–142, 147f
Wellenausbreitung 137–142
Wellenpaket 137–142, 147f
Wirkungsquerschnitt
- differentieller 219–224, 228f
- totaler 223f, 228

Zentrifugalpotential 150, 161, 167, 172
Zustandsbasis 173f, 182–185
Zweipunkt-Formel 14
Zylinderkoordinaten 99

Druck: COLOR-DRUCK DORFI GmbH, Berlin
Verarbeitung: Buchbinderei Lüderitz & Bauer, Berlin